建筑与市政工程施工现场专业人员职业标准培训教材

施工员岗位知识与专业技能（土建方向）

（第三版）

中国建设教育协会　组织编写

危道军　主　编

中国建筑工业出版社

图书在版编目（CIP）数据

施工员岗位知识与专业技能. 土建方向 / 中国建设
教育协会组织编写；危道军主编. — 3 版. — 北京：
中国建筑工业出版社，2023.3（2024.9重印）
建筑与市政工程施工现场专业人员职业标准培训教材
ISBN 978-7-112-28180-0

Ⅰ. ①施… Ⅱ. ①中… ②危… Ⅲ. ①土木工程－工
程施工－技术培训－教材 Ⅳ. ①TU7

中国版本图书馆 CIP 数据核字（2022）第 218244 号

本书是根据中华人民共和国住房和城乡建设部颁布的《建筑与市政工程施工现场专业
人员职业标准》JGJ/T 250—2011 和建筑与市政工程施工员（土建方向）考核评价大纲编
写，与《施工员通用与基础知识（土建方向）》一书配套使用。

本书是建筑与市政工程施工现场专业人员培训教材，也可供相关人员学习参考。

责任编辑：李　慧　李　明　李　杰
责任校对：芦欣甜

建筑与市政工程施工现场专业人员职业标准培训教材
施工员岗位知识与专业技能（土建方向）
（第三版）
中国建设教育协会　组织编写
危道军　主　编

*

中国建筑工业出版社出版、发行（北京海淀三里河路9号）
各地新华书店、建筑书店经销
北京红光制版公司制版
建工社（河北）印刷有限公司印刷

*

开本：787毫米×1092毫米　1/16　印张：19¼　字数：477千字
2023年3月第三版　　2024年9月第五次印刷
定价：**59.00** 元
ISBN 978 - 7 - 112 - 28180 - 0
（40232）

建筑与市政工程施工现场专业人员职业标准培训教材

编 审 委 员 会

主　任： 赵　琦　李竹成

副主任： 沈元勤　张鲁风　何志方　胡兴福　危道军
　　　　　尤　完　赵　研　邵　华

委　员： （按姓氏笔画为序）

王兰英　王国梁　孔庆璐　邓明胜　艾永祥

艾伟杰　吕国辉　朱吉顶　刘尧增　刘哲生

孙沛平　李　平　李　光　李　奇　李　健

李大伟　杨　苗　时　炜　余　萍　沈　汛

宋岩丽　张　晶　张　颖　张亚庆　张晓艳

张悠荣　张燕娜　陈　曦　陈再捷　金　虹

郑华孚　胡晓光　侯洪涛　贾宏俊　钱大治

徐家华　郭庆阳　韩炳甲　鲁　麟　魏鸿汉

建筑与市政工程施工现场专业人员队伍素质是影响工程质量和安全生产的关键因素。我国从 20 世纪 80 年代开始,在建设行业开展关键岗位培训考核和持证上岗工作。对于提高建设行业从业人员的素质起到了积极的作用。进入 21 世纪,在改革行政审批制度和转变政府职能的背景下,建设行业教育主管部门转变行业人才工作思路,积极规划和组织职业标准的研发。在住房和城乡建设部人事司的主持下,由中国建设教育协会、苏州二建建筑集团有限公司等单位主编了建设行业的第一部职业标准——《建筑与市政工程施工现场专业人员职业标准》,已由住房和城乡建设部发布,作为行业标准于 2012 年 1 月 1 日起实施。为推动该标准的贯彻落实,进一步编写了配套的 14 个考核评价大纲。

该职业标准及考核评价大纲有以下特点:(1)系统分析各类建筑施工企业现场专业人员岗位设置情况,总结归纳了 8 个岗位专业人员核心工作职责,这些职业分类和岗位职责具有普遍性、通用性。(2)突出职业能力本位原则,工作岗位职责与专业技能相互对应,通过技能训练能够提高专业人员的岗位履职能力。(3)注重专业知识的完整性、系统性,基本覆盖各岗位专业人员的知识要求,通用知识具有各岗位的一致性,基础知识、岗位知识能够体现本岗位的知识结构要求。(4)适应行业发展和行业管理的现实需要,岗位设置、专业技能和专业知识要求具有一定的前瞻性、引导性,能够满足专业人员提高综合素质和适应岗位变化的需要。

为落实职业标准,规范建设行业现场专业人员岗位培训工作,我们依据与职业标准相配套的考核评价大纲,组织编写了《建筑与市政工程施工现场专业人员职业标准培训教材》。

本套教材覆盖《建筑与市政工程施工现场专业人员职业标准》涉及的施工员、质量员、安全员、标准员、材料员、机械员、劳务员、资料员 8 个岗位 14 个考核评价大纲。每个岗位、专业,根据其职业工作的需要,注意精选教学内容、优化知识结构、突出能力要求,对知识、技能经过合理归纳,编写为《通用与基础知识》和《岗位知识与专业技能》两本,供培训配套使用。本套教材共 28 本,作者基本都参与了《建筑与市政工程施工现场专业人员职业标准》的编写,使本套教材的内容能充分体现《建筑与市政工程施工现场专业人员职业标准》的要求,促进现场专业人员专业学习和能力的提高。

第三版教材在上版教材的基础上,依据考核评价大纲,总结使用过程中发现的不足之处,参照最新法律法规现行标准、规范,结合"四新"内容对教材内容进行了调整、修改、补充,使之更加贴近学员需求,方便学员顺利通过培训测试。

我们的编写工作难免存在不足,因此,我们恳请使用本套教材的培训机构、教师和广大学员多提宝贵意见,以便进一步的修订,使其不断完善。

建筑与市政工程施工现场专业人员职业标准培训教材编审委员会

第三版前言

本书是根据中华人民共和国住房和城乡建设部颁布的《建筑与市政工程施工现场专业人员职业标准》JGJ/T 250—2011 和建筑与市政工程施工员（土建方向）考核评价大纲编写的，是土建施工员职业能力评价考核用书。第二版于 2017 年出版上市，为施工现场专业人员的培训工作起到了重要的支撑作用。近年来，随着建设行业法律法规、标准规范、新工艺、新材料等的不断涌现，建筑产业转型升级迅猛发展，教材的部分内容已不能够满足专业人员知识更新及培训测试的需求。

本次修订，依据我国现行的建筑工程施工方面的标准、规范对第二版进行了修改，文字上深入浅出、通俗易懂、便于自学，以适应建筑工程施工现场专业人员学习与备考。

施工现场专业人员职业能力评价用书不同于一般的系统阐述一门学科的教材，其章、节、目和条的编写与考核评价大纲基本一致，以便查阅。修订后的内容仍然是针对考核评价大纲的知识点和技能点逐条进行阐述和展开，以帮助考生和现场专业人员理解职业标准及考核评价大纲的要求，便于其更好地学习掌握。如果阅读了该书而对有些概念和内容的理解还有困难，或感到系统性不强，则应查阅有关的教材和书籍。

《施工员岗位知识与专业技能（土建方向）》（第三版）分为岗位知识与专业技能两大部分。本次修订的重点包括：

1. 对涉及新的法律法规、标准规范进行修订或增减；
2. 对新工艺、新技术、新材料进行适当增补，已经过时的给予删除；
3. 增加了新设备和智能建造相关内容；
4. 替换了部分案例。

本书涉及面广、实践性强、综合性强、施工工艺发展快，必须紧密结合工程实际，综合运用本专业的基础理论和现代科学技术的成果，重点讲授一些基本的和重要的知识与技能。本书突出职业岗位特点，所编内容以理论知识够用为度，重在实践能力、动手能力的培养。本书注重理论联系实际，解决实际问题，技能部分以典型案例的形式将一个个技能点串在一起，既保证全书的系统性和完整性，又体现内容的先进性、实用性、可操作性，便于案例教学，实践学习。

本次修订工作主要由主编危道军完成，参与资料收集整理工作的还有李华珍、袁明、邹宏萍、覃艳、危莹等。

本教材在编写修订过程中，参阅和引用了不少专家学者的著作，在此一并表示衷心的感谢。由于修订工作时间仓促，编者水平有限，书中难免存在不足之处，敬请读者批评指正。

　　本书是根据中华人民共和国住房和城乡建设部颁布的《建筑与市政工程施工现场专业人员职业标准》JGJ/T 250—2011和建筑与市政工程施工员（土建方向）考核评价大纲编写的，是土建施工员职业能力评价考核用书。本次修订，依据我国现行的建筑工程施工方面的标准、规范对上一版进行了修改，文字上深入浅出、通俗易懂、便于自学，以适应建筑工程施工现场专业人员学习与备考。

　　施工现场专业人员职业能力评价用书不同于一般的系统阐述一门学科的教材，其章、节、目和条的编写与考核评价大纲基本一致，以便查阅。其内容主要是针对考核评价大纲的知识点和技能点逐条进行阐述和展开的，以帮助考生和现场专业人员理解职业标准及考核评价大纲的要求，更好地学习掌握。如果阅读了该书而对有些概念和内容的理解还有困难，或感到系统性不强，则应查阅有关的教材和书籍。

　　本次修订后，《施工员岗位知识与专业技能（土建方向）》（第二版）分为岗位知识与专业技能两大部分。本次修订主要替换了部分工程案例，增加了装配式混凝土结构施工技术等方面的内容。

　　本书涉及面广、实践性强、综合性强、工艺发展快，必须紧密结合工程实际，综合运用本专业的基础理论和近代科学技术的成果，重点讲授一些基本的和重要的知识与技能。本书突出职业岗位特点，所编内容以理论知识够用为度，重在实践能力、动手能力的培养。本书注重理论联系实际，解决实际问题，既保证全书的系统性和完整性，又体现内容的先进性、实用性、可操作性，便于案例教学、实践教学。

　　本次修订是由危道军编写完成的，由于作者水平有限，加之时间仓促，错误之处在所难免，恳切希望广大读者批评指正。

第一版前言

本书是根据中华人民共和国住房和城乡建设部颁布的《建筑与市政工程施工现场专业人员职业标准》JGJ/T 250—2011 和建筑与市政工程施工员（土建方向）考核评价大纲编写的，是土建施工员职业能力评价考核用书。在本书编写过程中，依据我国最新颁布的建筑工程施工方面的新标准、新规范，文字上深入浅出、通俗易懂、便于自学，以适应建筑工程施工现场专业人员学习与备考。

施工现场专业人员职业能力评价用书不同于一般的系统阐述一门学科的教材，其章、节、目和条的编写与考核评价大纲基本一致，以便查阅。其内容主要是针对考核评价大纲的知识点和技能点逐条进行阐述和展开的，以帮助考生和现场专业人员理解职业标准及考核评价大纲的要求，更好地学习掌握。如果阅读了该书而对有些概念和内容的理解还有困难，或感到系统性不强，则应查阅有关的教材和书籍。

《施工员岗位知识与专业技能（土建方向）》分为岗位知识与专业技能两大部分。其中岗位知识包括土建施工相关的管理规定和标准、施工组织设计及专项施工方案的编制、施工进度计划的编制、环境与职业健康安全管理的基本知识、工程质量管理的基本知识、工程成本管理基本知识、常用施工机械机具的性能。专业技能包括编制施工组织设计和专项施工方案、识读施工图和其他工程设计、施工文件、编写技术交底文件，实施技术交底、使用测量仪器进行施工测量、划分施工区段，确定施工顺序、进行资源平衡计算，编制施工进度计划及资源需求计划、控制调整计划、计算工程量及工程计价、确定施工质量控制点，编制质量控制文件，实施质量交底、确定施工安全防范重点，编制职业健康安全与环境技术文件，实施安全、环境交底，识别、分析施工质量缺陷和危险源，调查分析施工质量、职业健康安全与环境问题，记录施工情况，编制相关工程技术资料，利用专业软件对工程信息资料进行处理。

本书与《施工员通用与基础知识》一书配套使用。由中国建设教育协会组织编写，危道军教授任主编，郭庆阳任副主编。具体编写分工为：岗位知识一由郭庆阳、胡永骁编写，岗位知识其余部分内容由危道军编写，专业技能由危道军、李云、陈学仁、郑艳编写，参加资料收集及部分内容编写工作的有程红艳、危莹、文学、丁文华等。全书由危道军统稿，由孙沛平主审。

本书编写过程中得到了中国建筑第三工程局、武汉建工集团、湖北城市建设职业技术学院、山西建筑职业技术学院以及恩施土家族苗族自治州建委等的大力支持，在此表示衷心的感谢。

本书在编写过程中，参考了大量杂志和书籍，特表示衷心的谢意！并对为本书付出辛勤劳动的中国建筑工业出版社的编辑同志表示衷心感谢。

由于作者水平有限，加之时间仓促，错误之处在所难免，恳切希望广大读者批评指正。

上篇 岗位知识

一、土建施工相关的管理规定和标准

（一）施工现场安全生产的管理规定

1. 施工作业人员安全生产权利和义务的规定

《中华人民共和国安全生产法》对从业人员的权利和义务作出了明确的规定。

（1）从业人员的权利

从业人员往往直接面对生产经营活动中的不安全因素，生命健康安全最易受到威胁，为使从业人员人身安全得到切实保护，法律特别赋予从业人员以自我保护的权利。

1）签订合法劳动合同权

生产经营单位与从业人员订立的劳动合同，应当载明有关保障从业人员劳动安全、防止职业危害的事项，以及依法为从业人员办理工伤社会保险的事项。生产经营单位不得以任何形式与从业人员订立协议，免除或减轻其对从业人员因生产安全事故伤亡依法应承担的责任。

2）知情权

从业人员有权了解其作业场所和工作岗位存在的危险因素、防范措施及事故应急措施，生产经营单位应主动告知有关实情。

3）建议、批评、检举、控告权

从业人员有权参与本单位安全生产方面的民主管理与民主监督。对本单位的安全生产工作提出意见和建议；对本单位安全生产中存在的问题提出批评、检举和控告。生产经营单位不得因此而降低其工资、福利待遇或解除与其订立的劳动合同。

4）对违章指挥、强令冒险作业的拒绝权

对于生产经营单位的负责人、生产管理人员和工程技术人员违反规章制度，不顾从业人员的生命安全与健康，指挥从业人员进行生产活动的行为；以及在存有危及人身安全的危险因素而又无相应安全保护措施的情况下，强迫命令从业人员冒险进行作业的行为，从业人员有权拒绝违章指挥和强令冒险作业。生产经营单位不得因此而降低其工资、福利等待遇或者解除与其订立的劳动合同。

5）在有安全危险时有停止作业及紧急撤离权

从业人员发现直接危及人身安全的紧急情况时，有权停止作业或在采取可能的应急措施后撤离作业场所。生产经营单位不得因此而降低其工资、福利等待遇或者解除与其订立的劳动合同。

6）依法获得赔偿权

因生产安全事故受到损害的从业人员，除依法享有工伤保险外，依照有关民事法律尚有获得赔偿的权利的，有权向本单位提出赔偿要求，生产经营单位应依法予以赔偿。

（2）从业人员的义务

1）遵章守规的义务

从业人员在作业过程中，应当严格遵守本单位的安全生产规章制度和操作规程，服从管理，正确佩戴和使用劳动防护用品。

2）掌握安全知识、技能的义务

从业人员应当接受安全生产教育和培训，掌握本职工作所需的安全生产知识，提高安全生产技能，增强事故预防和应急处理能力。

3）安全隐患及时报告的义务

从业人员发现事故隐患或者其他不安全因素，应当立即向现场安全生产管理人员或者本单位负责人报告；接到报告的人员应当及时予以处理。

2. 安全技术措施、专项施工方案和安全技术交底的规定

《建设工程安全生产管理条例》对安全技术措施、专项施工方案和安全技术交底作出了明确的规定。

（1）编制安全技术措施及专项施工方案的规定

施工单位应当在施工组织设计中编制安全技术措施和施工现场临时用电方案，对下列达到一定规模的危险性较大的分部分项工程编制专项施工方案，并附具安全验算结果，经施工单位技术负责人、总监理工程师签字后实施，由专职安全生产管理人员进行现场监督。这些工程包括：基坑支护与降水工程；土方开挖工程；模板工程；起重吊装工程；脚手架工程；拆除、爆破工程；国务院建设行政主管部门或者其他有关部门规定的其他危险性较大的工程。

（2）安全技术交底的规定

建设工程施工前，施工单位负责该项目管理的施工员应当对有关安全施工的技术要求向施工作业班组、作业人员作出详细说明，并由双方签字确认。

施工单位有必要对工程项目的概况、危险部位和施工技术要求、作业安全注意事项等向作业人员作出详细说明，以保证施工质量和安全生产。

3. 危险性较大的分部分项工程安全管理的规定

（1）危险性较大的分部分项工程范围

危险性较大的分部分项工程是指建筑工程在施工过程中存在的、可能导致作业人员群死群伤或造成重大不良社会影响的分部分项工程。具体包括以下分部分项工程：

1）基坑支护、降水工程

开挖深度超过3m（含3m）或虽未超过3m但地质条件和周边环境复杂的基坑（槽）支护、降水工程。

2）土方开挖工程

开挖深度超过3m（含3m）的基坑（槽）的土方开挖工程。

3）模板工程及支撑体系

① 各类工具式模板工程：包括大模板、滑模、爬模、飞模等工程。

② 混凝土模板支撑工程：搭设高度 5m 及以上；搭设跨度 10m 及以上；施工总荷载 10kN/m² 及以上；集中线荷载 15kN/m 及以上；高度大于支撑水平投影宽度且相对独立无联系构件的混凝土模板支撑工程。

③ 承重支撑体系：用于钢结构安装等满堂支撑体系。

4）起重吊装及安装拆卸工程

采用非常规起重设备、方法，且单件起吊重量在 10kN 及以上的起重吊装工程；采用起重机械进行安装的工程；起重机械设备自身的安装、拆卸。

5）脚手架工程

搭设高度 24m 及以上的落地式钢管脚手架工程；附着式整体和分片提升脚手架工程；悬挑式脚手架工程；吊篮脚手架工程；自制卸料平台、移动操作平台工程；新型及异型脚手架工程。

6）拆除、爆破工程

建筑物、构筑物拆除工程，采用爆破拆除的工程。

7）其他

建筑幕墙安装工程；钢结构、网架和索膜结构安装工程；人工挖扩孔桩工程；地下暗挖、顶管及水下作业工程；预应力工程；采用新技术、新工艺、新材料、新设备及尚无相关技术标准的危险性较大的分部分项工程。

（2）超过一定规模的危险性较大的分部分项工程范围

1）深基坑工程

开挖深度超过 5m（含 5m）的基坑（槽）的土方开挖、支护、降水工程；开挖深度虽未超过 5m，但地质条件、周围环境和地下管线复杂，或影响毗邻建筑（构筑）物安全的基坑（槽）的土方开挖、支护、降水工程。

2）模板工程及支撑体系

工具式模板工程：包括滑模、爬模、飞模工程。

混凝土模板支撑工程：搭设高度 8m 及以上；搭设跨度 18m 及以上；施工总荷载 15kN/m² 及以上；集中线荷载 20kN/m 及以上。

承重支撑体系：用于钢结构安装等满堂支撑体系，承受单点集中荷载 700kg 以上。

3）起重吊装及安装拆卸工程

采用非常规起重设备、方法，且单件起吊重量在 100kN 及以上的起重吊装工程；起重量 300kN 及以上的起重设备安装工程；高度 200m 及以上内爬起重设备的拆除工程。

4）脚手架工程

搭设高度 50m 及以上落地式钢管脚手架工程；提升高度 150m 及以上附着式整体和分片提升脚手架工程；架体高度 20m 及以上悬挑式脚手架工程。

5）拆除、爆破工程

采用爆破拆除的工程；码头、桥梁、高架、烟囱、水塔或拆除中容易引起有毒有害气（液）体或粉尘扩散、易燃易爆事故发生的特殊建、构筑物的拆除工程；可能影响行人、交通、电力设施、通信设施或其他建、构筑物安全的拆除工程；文物保护建筑、优秀历史建筑或历史文化风貌区控制范围的拆除工程。

6）其他

施工高度 50m 及以上的建筑幕墙安装工程；跨度大于 36m 及以上的钢结构安装工程；跨度大于 60m 及以上的网架和索膜结构安装工程；开挖深度超过 16m 的人工挖孔桩工程；地下暗挖工程、顶管工程、水下作业工程；采用新技术、新工艺、新材料、新设备及尚无相关技术标准的危险性较大的分部分项工程。

（3）危险性较大的分部分项工程专项方案的内容与编制

危险性较大的分部分项工程安全专项施工方案（以下简称专项方案）是指施工单位在编制施工组织（总）设计的基础上，针对危险性较大的分部分项工程单独编制的安全技术措施文件。

专项方案编制应当包括以下内容：工程概况、编制依据、施工计划、施工工艺技术、施工安全保证措施、劳动力计划、计算书及相关图纸等七项。

施工单位应当在危大工程施工前组织工程技术人员编制专项施工方案。实行施工总承包的项目，专项施工方案，应当由施工总承包单位组织编制。危大工程实行分包的，专项施工方案可以由相关专业分包单位组织编制。

（4）专项方案的实施

施工单位应当根据论证报告，修改完善专项方案，并经施工单位技术负责人、项目总监理工程师、建设单位项目负责人签字后，方可组织实施。实行施工总承包的，应当由施工总承包单位、相关专业承包单位技术负责人签字。

施工单位应当严格按照专项方案组织施工，不得擅自修改、调整专项方案。如因设计、结构、外部环境等因素发生变化确需修改的，修改后的专项方案应当重新审核。对于超过一定规模的危险性较大工程的专项方案，施工单位应重新组织专家进行论证。

专项方案实施前，编制人员或项目技术负责人应当向现场管理人员和作业人员进行安全技术交底。

施工单位应当指定专人对专项方案实施情况进行现场监督和按规定进行监测。发现不按照专项方案施工的，应当要求其立即整改；发现有危及人身安全紧急情况的，应当立即组织作业人员撤离危险区域。施工单位技术负责人应当定期巡查专项方案实施情况。

4. 实施工程建设强制性标准监督内容、方式、违规处罚的规定

（1）强制性标准监督的内容

1）新技术、新工艺、新材料以及国际标准的监督管理工作

工程建设中拟采用的新技术、新工艺、新材料，不符合现行强制性标准规定的，应当由拟采用单位提请建设单位组织专题技术论证，报批建设行政主管部门或者国务院有关主管部门审定。

工程建设中采用国际标准或者国外标准，现行强制性标准未作规定的，建设单位应当向国务院建设行政主管部门或者国务院有关行政主管部门备案。

2）强制性标准监督检查的内容

① 有关工程技术人员是否熟悉、掌握强制性标准。

② 工程项目的规划、勘察、设计、施工、验收等是否符合强制性标准的规定。

③ 工程项目采用的材料、设备是否符合强制性标准的规定。

④ 工程项目的安全、质量是否符合强制性标准的规定。

⑤ 工程中采用的导则、指南、手册、计算机软件的内容是否符合强制性标准的规定。

（2）工程建设强制性标准监督的方式

工程建设标准批准部门应当对工程项目执行强制性标准情况进行监督检查。监督检查可以采取重点检查、抽查和专项检查的方式。

（二）建筑工程质量管理的规定

1. 建筑工程专项质量检测、见证取样检测内容的规定

建筑工程质量检测是工程质量检测机构接受委托，依据国家有关法律、法规和工程建设强制性标准，对涉及结构安全项目的抽样检测和对进入施工现场的建筑材料、构配件的见证取样检测。

（1）专项检测的业务内容

专项检测的业务内容包括：地基基础工程检测、主体结构工程现场检测、建筑幕墙工程检测、钢结构工程检测。

（2）见证取样检测的业务内容

见证取样检测的业务内容包括：水泥物理力学性能检验；钢筋（含焊接与机械连接）力学性能检验；砂、石常规检验；混凝土、砂浆强度检验；简易土工试验；混凝土掺加剂检验；预应力钢绞线、锚夹具检验；沥青混合料检验。

（3）检测机构资质标准

检测机构是具有独立法人资格的中介机构。检测机构从事质量检测业务，应当取得相应的资质证书。检测机构资质按照其承担的检测业务内容分为专项检测机构资质和见证取样检测机构资质。检测机构未取得相应的资质证书，不得承担质量检测业务。

（4）质量检测试样的取样

质量检测试样的取样应当在建设单位或者工程监理单位监督下现场取样。提供质量检测试样的单位和个人，应当对试样的真实性负责。

1）见证人员。应由建设单位或该工程的监理单位具备建筑施工试验知识的专业技术人员担任，并应由建设单位或该工程的监理单位书面通知施工单位、检测单位和负责该项工程的质量监督机构。

2）见证取样和送检。在施工过程中，见证人员应按照见证取样和送检计划，对施工现场的取样和送检进行见证，取样人员应在试样或其包装上作出标识、标志。标识和标志应标明工程名称、取样部位、取样日期、样品名称和样品数量，并由见证人员和取样人员签字。见证人员应制作见证记录，并将见证记录归入施工技术档案。涉及结构安全的试块、试件和材料见证取样和送检的比例不得低于有关技术标准中规定应取样数量的30％。

见证人员和取样人员应对试样的代表性和真实性负责。

见证取样的试块、试件和材料送检时，应由送检单位填写委托单，委托单应有见证人员和送检人员签字。检测单位应检查委托单及试样上的标识和标志，确认无误后，方可进

行检测。

（5）质量检测报告

检测报告经检测人员签字、检测机构法定代表人或者其授权的签字人签署，并加盖检测机构公章或者检测专用章后，方可生效。检测报告经建设单位或者工程监理单位确认后，由施工单位归档。

（6）检测结果争议的处理

检测结果利害关系人对检测结果发生争议的，由双方共同认可的检测机构复检，复检结果由提出复检方报当地建设主管部门备案。

2. 房屋建筑工程质量保修范围、保修期限和违规处罚的规定

（1）房屋建筑工程质量保修范围

根据《建筑法》第 62 条的规定，建筑工程保修范围包括：地基基础工程、主体结构工程、屋面防水工程和其他土建工程，以及电气管线、上下水管线的安装工程；供热、供冷系统工程等项目。

（2）房屋建筑工程质量保修期限

在正常使用下，房屋建筑工程的最低保修期限为：

1）基础设施工程、房屋建筑的地基基础和主体结构工程，为设计文件规定的该工程的合理使用年限。

2）屋面防水工程、有防水要求的卫生间、房间和外墙面的防渗漏为 5 年。

3）供热与供冷系统为 2 个供暖期、供冷期。

4）电气管线、给水排水管道、设备安装和装修工程为 2 年。

其他项目的保修期限由建设单位和施工单位约定。

房屋建筑工程保修期从工程竣工验收合格之日起计算。

3. 建筑工程质量监督的规定

（1）工程质量监督的主体

国务院住房和城乡建设主管部门负责全国房屋建筑和市政基础设施工程（以下简称工程）质量监督管理工作。

县级以上地方人民政府建设主管部门负责本行政区域内工程质量监督管理工作。

工程质量监督管理的具体工作可以由县级以上地方人民政府建设主管部门委托所属的工程质量监督机构（以下简称监督机构）实施。

（2）工程质量监督的内容

1）执行法律法规和工程建设强制性标准的情况。

2）抽查涉及工程主体结构安全和主要使用功能的工程实体质量。

3）抽查工程质量责任主体和质量检测等单位的工程质量行为。

4）抽查主要建筑材料、建筑构配件的质量。

5）对工程竣工验收进行监督。

6）组织或者参与工程质量事故的调查处理。

7）定期对本地区工程质量状况进行统计分析。

8）依法对违法违规行为实施处罚。

（三）建筑工程质量验收标准和规范

1. 建筑工程质量验收的划分、合格判定以及质量验收的程序和组织要求

《建筑工程施工质量验收统一标准》GB 50300—2013 对建筑工程质量验收的划分、合格判定以及质量验收的程序和组织要求作了规定。

（1）建筑工程质量验收的划分

建筑工程质量验收应划分为单位（子单位）工程、分部（子分部）工程、分项工程和检验批。

1）单位工程划分的原则

① 具备独立施工条件并能形成独立使用功能的建筑物及构筑物为一个单位工程。

② 建筑规模较大的单位工程，可将其能形成独立使用功能的部分为一个子单位工程。

2）分部工程划分的原则

① 分部工程的划分应按专业性质、建筑部位确定。

② 当分部工程较大或较复杂时，可按材料种类、施工特点、施工程序、专业系统及类别等划分为若干分部工程。

3）分项工程应按主要工种、材料、施工工艺、设备类别等进行划分。

4）分项工程可由一个或若干检验批组成，检验批可根据施工及质量控制和专业验收需要按楼层、施工段、变形缝等进行划分。

5）室外工程可根据专业类别和工程规模划分单位（子单位）工程。

（2）建筑工程质量验收的合格判定

1）检验批合格质量的规定

① 主控项目和一般项目的质量经抽样检验合格。

② 具有完整的施工操作依据、质量检查记录。

2）分项工程质量验收合格的规定

① 分部工程所含的检验批均应符合合格质量的规定。

② 分项工程所含的检验批的质量验收记录应完整。

3）分部（子分部）工程质量验收合格的规定

① 分部（子分部）工程所含工程的质量均应验收合格。

② 质量控制资料应完整。

③ 地基与基础、主体结构和设备安装等分部工程有关安全及功能的检验和抽样检测结果应符合有关规定。

④ 观感质量验收应符合要求。

4）单位（子单位）工程质量验收合格的规定

① 单位（子单位）工程所含分部（子分部）工程的质量均应验收合格。

② 质量控制资料应完整。

③ 单位（子单位）工程所含分部工程有关安全和功能的检测资料应完整。

④ 主要功能项目的抽查结果应符合相关专业质量验收规范的规定。

⑤ 观感质量验收应符合要求。

5）建筑工程质量不符合要求的处理

① 经返工重做或更换器具、设备的检验批，应重新进行验收。

② 经有资质的检测单位检测鉴定能够达到设计要求的检验批，应予以验收。

③ 经有资质的检测单位检测鉴定达不到设计要求、但经原设计单位核算认可能够满足结构安全和使用功能的检验批，可予以验收。

④ 经返修或加固处理的分项、分部工程，虽然改变外形尺寸但仍能满足安全使用要求，可按技术处理方案和协商文件进行验收。

6）通过返修或加固处理仍不能满足安全使用要求的分部工程、单位（子单位）工程，严禁验收。

（3）质量验收的程序和组织

1）检验批及分项工程应由监理工程师（建设单位项目技术负责人）组织施工单位项目专业质量（技术）负责人等进行验收。

2）分部工程应由总监理工程师（建设单位项目负责人）组织施工单位项目负责人和技术、质量负责人等进行验收；地基与基础、主体结构分部工程的勘察、设计单位工程项目负责人和施工单位技术、质量部门负责人也应参加相关分部工程验收。

3）单位工程完工后，施工单位应自行组织有关人员进行检查评定，并向建设单位提交工程验收报告。

4）建设单位收到工程报告后，应由建设单位（项目）负责人组织施工（含分包单位）、设计、监理等单位（项目）负责人进行单位（子单位）工程验收。

5）单位工程由分包单位施工时，分包单位对所承包的工程项目应按本标准规定的程序检查评定，总包单位应派人参加。分包工程完成后，应将工程有关资料交总包单位。

6）当参加验收各方对工程质量验收意见不一致时，可请当地建设行政主管部门或工程质量监督机构协调处理。

7）单位工程质量验收合格后，建设单位应在规定时间内将工程竣工验收报告和有关文件报建设行政管理部门备案。

2. 建筑地基基础工程施工质量验收的要求

（1）基本要求

1）地基基础工程施工前，必须具备完备的地质勘察资料及工程附近管线、建筑物、构筑物和其他公共设施的构造情况，必要时应做施工勘察和调查以确保工程质量及临近建筑的安全。

2）施工单位必须具备相应专业资质，并应建立完善的质量管理体系和质量检验制度。

3）从事地基基础工程检测及见证试验的单位，必须具备省级以上（含省、自治区、直辖市）建设行政主管部门颁发的资质证书和计量行政主管部门颁发的计量认证合格证书。

4）地基基础工程是分部工程，如有必要，根据现行国家标准《建筑工程施工质量验收统一标准》GB 50300—2013 规定，可再划分若干个子分部工程。

5）施工过程中出现异常情况时，应停止施工，由监理或建设单位组织勘察、设计、施工等有关单位共同分析情况，解决问题，消除质量隐患，并应形成文件资料。

（2）地基施工质量验收的要求

1）对灰土地基、砂和砂石地基、土工合成材料地基、粉煤灰地基、强夯地基、注浆地基、预压地基，其竣工后的结果（地基强度或承载力）必须达到设计要求的标准。检验数量：每单位工程不应少于 3 点。1000m² 以上工程，每 100m² 至少应有 1 点；3000m² 以上工程，每 300m² 至少应有 1 点。每一独立基础下至少应有 1 点，基槽每 20 延米应有1点。

2）对水泥土搅拌复合地基、高压喷射注浆桩复合地基、砂桩地基、振冲桩复合地基、土和灰土挤密桩复合地基、水泥粉煤灰碎石桩复合地基及夯实水泥土桩复合地基，其承载力检验，数量为总数的 0.5%～1%，但不应少于 3 处。有单桩强度检验要求时，数量为总数的 0.5%～1%，但不应少于 3 根。

（3）桩基础施工质量验收的要求

1）桩位的放样允许偏差为：群桩 20mm；单排桩 10mm。

2）打（压）入桩（预制混凝土方桩、先张法预应力管桩、钢桩）的桩位偏差，必须符合《建筑地基基础工程施工质量验收标准》GB 50202—2018 规定。斜桩倾斜度的偏差不得大于倾斜角正切值的 15%（倾斜角系桩的纵向中心线与铅垂线间夹角）。

3）混凝土灌注桩施工中应对成孔、清渣、放置钢筋笼、灌注混凝土等进行全过程检查，嵌岩桩必须有桩端持力层的岩性报告。

4）混凝土灌注桩施工结束后，应检查混凝土强度，并应做桩体质量及承载力的检验。

（4）基坑工程施工质量验收的要求

1）基坑（槽）、管沟土方工程验收必须以支护结构安全和周围环境安全为前提。当设计有指标时，以设计要求为依据，如无设计指标时应符合规范规定。

2）锚杆及土钉墙支护工程施工中，应对锚杆或土钉位置，钻孔直径、深度及角度，锚杆或土钉插入长度，注浆配合比、压力及注浆量，喷锚墙面厚度及强度、锚杆或土钉应力等进行检查。

3）钢或混凝土支撑系统施工过程中，应严格控制开挖和支撑的程序及时间，对支撑的（包括立柱及立柱桩的）位置、每层开挖深度、预加顶力、钢围檩与围护体或支撑与围檩的密贴度应做周密检查。

4）降水与排水是配合基坑开挖的安全措施，施工前应有降水与排水设计。当在基坑外降水时，应有降水范围的估算，对重要建筑物或公共设施在降水过程中应监测。

5）基坑内明排水应设置排水沟及集水井，排水沟纵坡宜控制在 1‰～2‰。

3. 混凝土结构施工质量验收的要求

（1）基本要求

1）混凝土结构施工现场质量管理应有相应的施工技术标准、健全的质量管理体系、施工质量控制和质量检验制度。施工组织设计和施工技术方案需经审查批准。

2）混凝土结构子分部工程可根据结构的施工方法分为两类：现浇混凝土结构子分部工程和装配式混凝土结构子分部工程；根据结构的分类，可分为钢筋混凝土结构子分部工程和预应力混凝土结构子分部工程等。

混凝土结构子分部工程可划分为模板、钢筋、预应力、混凝土、现浇结构和装配式结构等分项工程。

各分项工程可根据与施工方式相一致且便于控制施工质量的原则，按工作班、楼层、结构缝或施工段划分为若干检验批。

3）对混凝土结构子分部工程的质量验收，应在钢筋、预应力、混凝土、现浇结构或装配式结构等相关分项工程验收合格的基础上，进行质量控制资料检查及观感质量验收，应对涉及结构安全的材料、试件、施工工艺和结构的重要部位进行见证检测或结构实体检验。

4）分项工程的质量验收应在所含检验批验收合格的基础上，进行质量验收记录检查。

5）检验批合格质量验收应符合下列规定：

① 主控项目的质量经抽样检验合格。

② 一般项目的质量经抽样检验合格；当采用计数检验时，除有专门要求外，一般项目的合格率达到80％及以上，且不得有严重缺陷。

③ 具有完整的施工操作依据和质量验收记录。

（2）模板分项工程施工质量验收的要求

1）模板及其支架应根据工程结构形式、荷载大小、地基土类别、施工设备和材料供应等条件进行设计。模板及其支架应具有足够的承载能力、刚度和稳定性，能可靠地承受浇筑混凝土的重量、侧压力以及施工荷载。

2）在浇筑混凝土之前，应对模板工程进行验收。

3）模板及其支架拆除的顺序及安全措施应按施工技术方案执行。

4）现浇结构模板安装的偏差。层高垂直度：不大于5m时，允许偏差6mm；大于5m时，允许偏差8mm。截面内部尺寸：基础，允许偏差±10mm；柱、墙、梁，允许偏差＋4mm，－5mm。检查数量：在同一检验批内，对梁、柱和独立基础，应抽查构件数量的10％，且不少于3件；对墙和板，应按有代表性的自然间抽查10％，且不少于3间；对大空间结构，墙可按相邻轴线间高度5m左右划分检查面，板可按纵、横轴线划分检查面，抽查10％，且不少于3面。

5）模板拆除。底模及其支架拆除时的混凝土强度应符合设计要求；当设计无具体要求时，混凝土强度应符合规范规定。检查数量：全数检查。检验方法：检查同条件养护试件强度试验报告。

对后张法预应力混凝土结构构件，侧模宜在预应力张拉前拆除；底模支架的拆除应按施工技术方案执行，当无具体要求时，不应在结构构件建立预应力前拆除。检查数量：全数检查。检验方法：观察。

后浇带模板的拆除和支架应按施工技术方案执行。检查数量：全数检查。检验方法：观察。

侧模拆除时的混凝土强度应能保证其表面及棱角不受损伤。

（3）钢筋分项工程施工质量验收的要求

1）当钢筋的品种、级别或规格需作变更时，应办理设计变更文件。

2）在浇筑混凝土之前，应进行钢筋隐蔽工程验收，其内容包括：纵向受力钢筋的品种、规格、数量、位置等；钢筋的连接方式、接头位置、接头数量、接头面积百分率等；箍筋、横向钢筋的品种、规格、数量、间距等；预埋件的规格、数量、位置等。

3）原材料。对有抗震设防要求的框架结构，其纵向受力钢筋的强度应满足设计要求；当设计无具体要求时，对一、二级抗震等级，检验所得的强度实测值应符合下列规定：

① 钢筋的抗拉强度实测值与屈服强度实测值的比值不应小于 1.25；

② 钢筋的屈服强度实测值与强度标准的比值不应大于 1.3。

4）钢筋加工。受力钢筋的弯钩和弯折应符合规范规定；除焊接封闭环式箍筋外，箍筋的末端应做弯钩，弯钩形式应符合设计要求；当设计无具体要求时，应符合规范规定。

检查数量：按每工作班同一类型钢筋、同一加工设备抽查不应少于 3 件。

5）钢筋连接。纵向受力钢筋的连接方式应符合设计要求，其质量应符合有关规程的规定；在施工现场，应按现行行业标准《钢筋机械连接技术规程》JGJ 107、《钢筋焊接及验收规程》JGJ 18 的规定抽取钢筋机械连接接头、焊接接头试件做力学性能检验，其质量应符合有关规程的规定。

6）钢筋安装。钢筋安装时，受力钢筋的品种、级别、规格和数量必须符合设计要求。钢筋安装位置的偏差应符合规定。

（4）预应力分项工程施工质量验收的一般要求

1）后张法预应力工程的施工应由具有相应资质等级的预应力专业施工单位承担。

2）预应力筋张拉机具设备及仪表，应定期维护和校验。

3）在浇筑混凝土之前，应进行预应力隐蔽工程验收。

（5）混凝土分项工程施工质量验收的要求

1）结构构件的混凝土强度应按现行国家标准《混凝土强度检验评定标准》GB/T 50107 的规定分批检验评定。

2）检验评定混凝土强度用的混凝土试件的尺寸及强度的尺寸换算系数应按表 1-1 取用；其标准成型方法、标准养护条件及强度试验方法应符合普通混凝土力学性能试验方法标准的规定。

混凝土试件的尺寸及强度的尺寸换算系数　　　　　　　表 1-1

骨料最大粒径（mm）	试件尺寸（mm）	强度的尺寸换算系数
≤31.5	100×100×100	0.95
≤40	150×150×150	1.00
≤63	200×200×200	1.05

3）结构构件拆模、出池、出厂、吊装、张拉、放张及施工期间临时负荷时的混凝土强度，应根据同条件养护的标准尺寸试件的混凝土强度确定。

4）当混凝土试件强度评定不合格时，可采用非破损或局部破损的检测方法，按国家现行有关标准的规定对结构构件中的混凝土强度进行推定，并作为处理的依据。

5）混凝土的冬期施工应符合现行行业标准《建筑工程冬期施工规程》JGJ/T 104 和施工技术方案的规定。

6）原材料。水泥进场时应对其品种、级别、包装或散装仓号、出厂日期等进行检查，并应对其强度、安定性及其他必要的性能指标进行复验，其质量必须符合现行国家标准《通用硅酸盐水泥》国家标准第 3 号修改单（GB 175—2007/XG3—2018）等的规定。

检查数量：按同一生产厂家、同一等级、同一品种、同一批号且连续进场的水泥，袋装不超过 200t 为一批，散装不超过 500t 为一批，每批抽样不少于一次。

检验方法：检查产品合格证、出厂检验报告和进场复验报告。

7）混凝土施工质量验收的要求

① 结构混凝土的强度等级必须符合设计要求。用于检查结构构件混凝土强度的试件，应在混凝土的浇筑地点随机抽取。同一工程、同一配合比的混凝土，取样不应少于一次，留置组数可根据实际需要确定。

② 混凝土运输、浇筑及间歇的全部时间不应超过混凝土的初凝时间。同一施工段的混凝土应连续浇筑，并应在底层混凝土初凝之前将上一层混凝土浇筑完毕。

③ 施工缝的位置应在混凝土浇筑前按设计要求和施工技术方案确定。施工缝的处理应按施工技术方案执行。

④ 后浇带的留置位置应按设计要求和施工技术方案确定。后浇带混凝土浇筑应按施工技术方案进行。

⑤ 混凝土浇筑完毕后，应按施工技术方案及时采取有效的养护措施。

⑥ 混凝土强度达到 $1.2N/mm^2$ 前，不得在其上踩踏或安装模板及支架。

4. 砌体工程施工质量验收的要求

（1）基本要求

1）砌体工程所用的材料应有产品合格证书、产品性能检测报告。块体、水泥、钢筋、外加剂应有材料主要性能的进场复验报告。严禁使用国家明令淘汰的材料，如实心黏土砖等。

2）砌筑顺序应符合下列规定：基底标高不同时，应从低处砌起，并应由高处向低处搭砌。砌体的转角处和交接处应同时砌筑。当不能同时砌筑时，应按规定留槎、接槎。

3）在墙上留置临时施工洞口，其侧边离交接处墙面不应小于 500mm，洞口净宽度不应超过 1m。抗震设防烈度为 9 度地区建筑物的临时施工洞口位置，应会同设计单位确定。临时施工洞口应做好补砌。

4）不得在下列墙体或部位设置脚手眼：

① 120mm 厚墙、清水墙、料石墙、独立柱和附墙柱。

② 过梁上与过梁成 60°角的三角形范围及过梁净跨度 1/2 的高度范围内。

③ 宽度小于 1m 的窗间墙。

④ 门窗洞口两侧 200mm（石砌体为 300mm）和转角处 450mm（石砌体为 600mm）范围内。

⑤ 梁或梁垫下及其左右 500mm 范围内。

⑥ 设计不允许设置脚手眼的部位。

⑦ 轻质墙体。

⑧ 夹心复合墙外墙。

5）设计要求的洞口、沟槽、管道应于砌筑时正确留出或预埋，未经设计同意，不得打凿墙体和在墙体上开凿水平沟槽。宽度超过 300mm 的洞口上部，应设置钢筋混凝土过梁。不应在截面长边小于 500mm 的承重墙体、独立柱内埋设管线。

6）砌体结构工程检验批的划分应同时符合下列规定：所用材料类型及同类型材料的

强度等级相同；不超过 250m³ 砌体；主体结构砌体一个楼层（基础砌体可按一个楼层计）；填充墙砌体量少时可多个楼层合并。

7）砌体结构工程检验批验收时，其主控项目应全部符合《砌体结构工程施工质量验收规范》GB 50203—2011 的规定；一般项目应有 80％ 及以上的抽检处符合本规范的规定；有允许偏差的项目，最大超差值为允许偏差值的 1.5 倍。

（2）砌筑砂浆

1）水泥进场使用前，应分批对其强度、安定性进行复验。检验批应以同一生产厂家、同一编号为一批。当在使用中对水泥质量有怀疑或水泥出厂超过三个月（快硬硅酸盐水泥超过一个月）时，应复查试验，并按其结果使用。不同品种的水泥，不得混合使用。

2）砂浆用砂不得含有有害杂物。砂浆用砂的含泥量应满足下列要求：

对水泥砂浆和强度等级不少于 M5 的水泥混合砂浆，不应超过 5％；对强度等级小于 M5 的水泥混合砂浆，不应超过 10％；人工砂、山砂及特细砂，应经试配能满足砌筑砂浆技术条件要求。

3）配制水泥石灰砂浆时，不得采用脱水硬化的石灰膏。

4）消石灰粉不得直接使用于砌筑砂浆中。

5）凡在砂浆中掺入有机塑化剂、早强剂、缓凝剂、防冻剂等，应经检验和试配符合要求后，方可使用。有机塑化剂应有砌体强度的型式检验报告。

（3）砖砌体工程

1）用于清水墙、柱表面的砖，应边角整齐，色泽均匀。

2）240mm 厚承重墙的每层墙的最上一皮砖，砖砌体的台阶水平面上及挑出层，应整砖丁砌。

3）砖过梁底部的模板，应在灰缝砂浆强度不低于设计强度的 50％ 时，方可拆除。

4）砌体砌筑时，蒸压灰砂砖、蒸压粉煤灰砖等块体的产品龄期不应小于 28d。

5）竖向灰缝不应出现瞎缝、透明缝和假缝。

6）砖和砂浆的强度等级必须符合设计要求。

7）砖砌体的转角处和交接处应同时砌筑，严禁无可靠措施的内外墙分砌施工。对不能同时砌筑而又必须留置的临时间断处应砌成斜槎，斜槎水平投影长度不应小于高度的 2/3。

8）非抗震设防及抗震设防烈度为 6 度、7 度地区的临时间断处，当不能留斜槎时，除转角处外，可留直槎，但直槎必须做成凸槎，且应加设拉结钢筋，拉结钢筋应符合相关规定。

（4）填充墙砌体工程

1）蒸压加气混凝土砌块、轻骨料混凝土小型空心砌块砌筑时，其产品龄期应超过 28d。

2）空心砖、蒸压加气混凝土砌块、轻骨料混凝土小型空心砌块等的运输、装卸过程中，严禁抛掷和倾倒。进场后应按品种、规格分别堆放整齐，堆置高度不宜超过 2m。加气混凝土砌块应防止雨淋。

3）填充墙砌体砌筑前块材应提前 1～2d 浇水湿润。蒸压加气混凝土砌块砌筑时，应向砌筑面适量浇水。

4）用轻骨料混凝土小型空心砌块或蒸压加气混凝土砌块砌筑墙体时，墙底部应砌烧结普通砖或多孔砖，或普通混凝土小型空心砌块，或现浇混凝土坎台等，其高度不宜小于 150mm。

5）砖、砌块和砌筑砂浆的强度等级应符合设计要求。

6）蒸压加气混凝土砌块砌体和轻骨料混凝土小型空心砌块砌体不应与其他块材混砌。

7）填充墙砌筑时应错缝搭砌，蒸压加气混凝土砌块搭砌长度不应小于砌块长度的 1/3；轻骨料混凝土小型空心砌块搭砌长度不应小于 90mm；竖向通缝不应大于 2 皮。

8）填充墙砌体的灰缝厚度和宽度应正确。空心砖、轻集料混凝土小型空心砌块的砌体灰缝厚度及竖向灰缝宽度分别宜为 15mm 和 20mm。

9）填充墙砌至接近梁、板底时，应留一定空隙，等填充墙砌筑完并应至少间隔 14d 后，再将其补砌挤紧。

5. 钢结构工程施工质量验收的要求

（1）基本要求

1）钢结构工程施工单位应具备相应的钢结构工程施工资质，施工现场质量管理应有相应的施工技术标准、质量管理体系、质量控制及检验制度，施工现场应有经项目技术负责人审批的施工组织设计、施工方案等技术文件。

2）钢结构工程应按下列规定进行施工质量控制：

① 采用的原材料及成品应进行进场验收。凡涉及安全、功能的原材料及成品按本规范规定进行复验，并应经监理工程师（建设单位技术负责人）见证取样、送样。

② 各工序应按施工技术标准进行质量控制，每道工序完成后，应进行检查。

③ 相关各专业工种之间，应进行交接检验，并经监理工程师（建设单位技术负责人）检查认可。

3）钢结构工程施工质量验收应在施工单位自检基础上，按照检验批、分项工程、分部（子部分）工程进行。

4）分项工程检验批合格质量标准应符合下列规定：

① 主控项目必须符合本规范合格质量标准的要求。

② 一般项目其检验结果应有 80% 及以上的检查点（值）符合本规范合格质量标准的要求，且最大值不应超过其允许偏差值的 1.2 倍。

③ 质量检查记录、质量证明文件等资料应完整。

（2）原材料及成品进场

1）钢材、钢铸件的品种、规格、性能等应符合现行国家产品标准和设计要求。进口钢材产品的质量应符合设计和合同规定标准的要求。

2）钢板厚度及允许偏差应符合其产品标准的要求。型钢的规格尺寸及允许偏差应符合其产品标准的要求。

3）焊接材料的品种、规格、性能等应符合现行国家产品标准和设计要求。

4）钢结构连接用高强度大六角头螺栓连接副、扭剪型高强度螺栓连接副、钢网架用高强度螺栓、普通螺栓、自攻钉、拉铆钉、射钉、锚栓（机械型和化学试剂型）、地脚锚栓等紧固标准件及螺母、垫圈等标准配件，其品种、规格、性能等应符合现行国家产品标准和设计要求。高强度大六角头螺栓连接副和扭剪型高强度螺栓连接副出厂时应分别随箱带有扭矩系数和紧固轴力（预拉力）的检验报告。

（3）钢结构焊接工程

1）碳素结构钢应在焊缝冷却到环境温度、低合金结构钢应在完成焊接 24h 以后，进行焊缝探伤检验。

2）焊条、焊丝、焊剂、电渣焊熔嘴等焊接材料与母材的匹配应符合设计要求及现行国家标准《钢结构焊接规范》GB 50661 的规定。焊条、焊剂、药芯焊丝、熔嘴等在使用前，应按其产品说明书及焊接工艺文件的规定进行烘熔和存放。

焊工必须经考试合格并取得合格证书。持证焊工必须在其考试合格项目及其认可范围内施焊。

3）焊缝感观应达到：外形均匀、成型较好，焊道与焊道、焊道与基本金属间过渡较平滑，焊渣和飞溅物基本清除干净。

（4）紧固件连接工程

永久性普通螺栓紧固应牢固、可靠、外露丝扣不应少于 2 扣。

（5）单层钢结构安装工程

1）单层钢结构安装工程可按变形缝或空间刚度单元等划分成一个或若干个检验批。地下钢结构可按不同地下层划分检验批。

2）钢结构安装检验批应在进场验收和焊接连接、紧固件连接、制作等分项工程验收合格的基础上进行验收。

3）安装的测量校正、高强度螺栓安装、负温度下施工及焊接工艺等，应在安装前进行工艺试验或评定，并应在此基础上制定相应的施工工艺或方案。

6. 建筑节能工程施工质量验收的要求

（1）基本要求

1）承担建筑节能工程的施工企业应具备相应的资质，施工现场应建立有效的质量管理体系、施工质量控制和检验制度，具有相应的施工技术标准。

2）建筑节能工程采用的新技术、新设备、新材料、新工艺，应按照有关规定进行评审、鉴定及备案。施工前应对新的或首次采用的施工工艺进行评价，并制定专门的施工技术方案。

3）单位工程的施工组织设计应包括建筑节能工程施工内容。

4）建筑节能工程使用的材料、设备等，必须符合施工图设计要求及国家有关标准的规定。严禁使用国家明令禁止使用与淘汰的材料和设备。

5）建筑节能工程施工应当按照经审查合格的设计文件和经审批的建筑节能工程施工技术方案的要求施工。

（2）墙体节能工程

1）主体结构完成后进行施工的墙体节能工程，应在基层质量验收合格后施工，施工过程中应及时进行质量检查、隐蔽工程验收和检验批验收，施工完成后应进行墙体节能分项工程验收。与主体结构同时施工的墙体节能工程，应与主体结构一同验收。

2）墙体节能工程当采用外保温定型产品或成套技术或产品时，其型式检验报告中应包括安全性和耐候性检验。

3）墙体节能工程应对下列部位或内容进行隐蔽工程验收，并应有详细的文字记录和必要的图像资料：保温层附着的基层及其表面处理、保温板粘结或固定、锚固件、增强网铺设、墙体热桥部位处理、预制保温板或预制保温墙板的板缝及构造节点、现场喷涂或浇筑有机类保温材料的界面、被封闭的保温材料的厚度、保温隔热砌块填充墙体。

4）墙体节能工程的保温材料在施工过程中应采取防潮、防水等保护措施。

5）用于墙体节能工程的材料、构件和部品等，其品种、规格、尺寸和性能应符合设计要求和相关标准的规定。

6）严寒和寒冷地区外保温使用的粘结材料，其冻融试验结果应符合该地区最低气温环境的使用要求。

7）墙体节能工程的施工，应符合下列规定：保温隔热材料的厚度必须符合设计要求；保温板材与基层及各构造层之间的粘结或连接必须牢固，粘结强度和连接方式应符合设计要求，保温板材与基层的粘结强度应做现场拉拔试验；浆料保温层应分层施工；当墙体节能工程的保温层采用预埋或后置锚固件固定时，其锚固件数量、位置、锚固深度和拉拔力应符合设计要求。后置锚固件应进行锚固力现场拉拔试验。

8）严寒和寒冷地区外墙热桥部位，应按设计要求采取节能保温等隔断热桥措施。

（3）幕墙节能工程

1）附着于主体结构上的隔气层、保温层应在主体结构工程质量验收合格后施工。施工过程中应及时进行质量检查、隐蔽工程验收和检验批工程验收，施工完成后应进行建筑幕墙节能分项工程验收。

2）幕墙节能工程施工中应对相关项目进行隐蔽工程验收，并应有详细的文字记录和必要的图像资料。

（4）门窗节能工程

1）建筑门窗进场后，应对其外观、品种、规格及附件等进行检查验收，对质量证明文件进行核查。

2）建筑外门窗工程施工中，应对门窗框与墙体缝隙的保温填充做法进行隐蔽工程验收，并应有隐蔽工程验收记录和必要的图像资料。

（5）屋面节能工程

1）屋面保温隔热工程的施工，应在基层质量验收合格后进行。施工过程中应及时进行质量检查、隐蔽工程验收和检验批验收，施工完成后应进行屋面节能分项工程验收。

2）屋面保温隔热工程应对下列部位进行隐蔽工程验收，并应有隐蔽工程验收记录和图像资料：基层；保温层的敷设方式、厚度；板材缝隙填充质量；屋面热桥部位；隔气层。

3）屋面保温隔热层施工完成后，应及时进行找平层和防水层的施工，避免保温层受潮、浸泡或受损。

（6）地面节能工程

地面节能工程应对下列部位进行隐蔽工程验收，并应有详细的文字记录和必要的图像资料：基层、被封闭的保温材料的厚度、保温材料粘结、隔断热桥部位。

二、施工组织设计及专项施工方案的编制

（一）施工组织设计的内容和编制方法

施工组织设计是以项目为对象编制的，用以指导施工的技术、经济和管理的综合性文件。编制施工组织设计是建筑施工企业经营管理程序的需要，也是保证建筑工程施工顺利进行的前提。

1. 施工组织设计的类型

（1）施工组织设计按编制对象，可以分为施工组织总设计、单位工程施工组织设计和施工方案。

施工组织总设计是以若干单位工程组成群体工程或特大型项目为主要对象编制的施工组织设计，对整个项目的施工过程起统筹规划、重点控制的作用。

单位工程施工组织设计是以单位（子单位）工程为主要对象编制的施工组织设计，对单位（子单位）工程施工过程起指导和制约作用。

施工方案是以分部（分项）工程或专项工程为主要对象编制的施工技术与组织方案，用以具体指导其施工过程。

（2）施工组织设计根据编制阶段的不同，可以分为投标阶段施工组织设计（简称标前施工组织设计）和实施阶段施工组织设计（简称标后施工组织设计）。两类施工组织设计的区别见表2-1。

标前和标后施工组织设计的区别   表 2-1

种类	服务范围	编制时间	编制者	主要特性	追求主要目标
标前施工组织设计	投标与签约	投标前	经营管理层	规划性	中标和经济效益
标后施工组织设计	施工准备至验收	签约后开工前	项目管理层	作业性	施工效率和效益

2. 施工组织设计的编制依据

施工组织设计的编制应该符合国家相关规定，符合工程实际，使其更具有指导意义。施工组织设计的编制依据：

（1）与工程建设有关的法律、法规，主管部门的批示文件及有关要求。如上级机关对工程的有关指示和要求，建设单位对施工的要求等。

（2）经过会审的施工图及其他设计文件。包括单位工程的全套施工图纸、图纸会审纪要及有关标准图。

（3）工程施工合同或招标投标文件。

（4）施工企业年度施工计划。如本工程开竣工日期的规定，以及与其他项目穿插施工

的要求等。

（5）如本工程是整个建设项目中的一个项目，应把施工组织总设计作为编制依据。

（6）工程预算文件及有关定额。应有详细的分部分项工程量，必要时应有分层、分段、分部位的工程量，及使用的预算定额和施工定额。

（7）建设单位对工程施工可能提供的条件。如供水、供电、供热的情况及可借用作为临时办公、仓库、宿舍的施工用房等。

（8）施工条件以及施工企业的生产能力、机具设备状况、技术水平等。

（9）施工现场的勘察资料。如高程、地形、地质、水文、气象、交通运输、现场障碍物等情况以及工程地质勘察报告、地形图、测量控制网。

（10）有关的规范、规程、标准及技术经济指标。如《建筑工程施工质量验收统一标准》GB 50300—2013 等。

（11）有关的参考资料及施工组织设计实例。

3. 施工组织设计的内容

不同类施工组织设计的内容各不相同，一般包括以下基本内容：编制依据、工程概况、施工部署、施工进度计划、施工准备与资源配置计划、主要施工方法、施工平面布置及主要施工管理计划等。

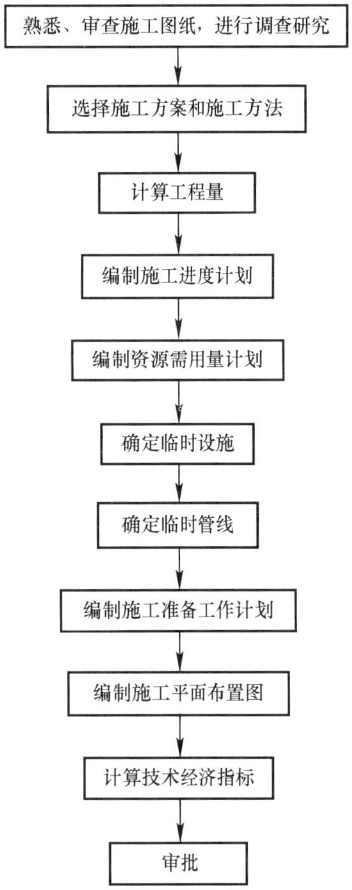

图 2-1　单位工程施工组织设计编制程序

4. 单位工程施工组织设计的编制方法

（1）单位工程施工组织设计的编制原则

单位工程施工组织设计的编制必须遵循工程建设程序，并应符合下列原则：

1）符合施工合同或招标文件中有关工程进度、质量、安全、环境保护、造价等方面的要求。

2）积极开发、使用新技术和新工艺，推广应用新材料和新设备。

3）坚持科学的施工程序和合理的施工顺序，采用流水施工和网络计划等方法，科学配置资源，合理布置现场，采取季节性施工措施，实现均衡施工，达到合理的经济技术指标。

4）采取技术和管理措施，推广建筑节能和绿色施工。

5）与质量、环境和职业健康安全三个管理体系有效结合。

（2）单位工程施工组织设计的编制程序

单位工程施工组织设计的编制程序，是指单位工程施工组织设计各个组成部分形成的先后次序以及相互之间的制约关系，如图 2-1 所示。

（3）单位工程施工组织设计的编制内容

根据工程的性质、规模、结构特点、技术复杂难易程度和施工条件等，单位工程施工组织设计编制内容的深度和广度也不尽相同。但一般来说应包括下述主要内容：

1）工程概况。主要包括工程主要情况、各专业设计简介、施工特点分析和工程施工条件等内容。

2）施工部署。主要包括确定工程施工目标；工程施工内容、施工顺序及其进度安排；流水施工段的划分；施工重点和难点分析；工程管理的组织机构形式；新技术、新工艺、新材料、新设备部署；分包单位的选择与管理要求等。

3）施工进度计划。主要包括确定各分部分项工程名称、计算工程量、计算劳动量和机械台班量、计算工作延续时间、确定施工班组人数及安排施工进度，编制施工准备工作计划及劳动力、主要材料、预制构件、施工机具需求量计划等内容。

4）施工准备与资源配置计划。施工准备包括技术准备、现场准备和资金准备等；资源配置计划包括劳动力资源配置计划和物质资源配置计划等。

5）主要施工方案。单位工程应按照《建筑工程施工质量验收统一标准》GB 50300—2013 中分部、分项工程的划分原则，对主要分部、分项工程制定施工方案，对脚手架工程、起重吊装工程、临时用水用电工程、季节性施工等专项工程所采用的施工方案应进行必要的验算和说明。

6）施工现场平面布置。主要包括工程施工场地状况以及确定起重、垂直运输机械、搅拌站、临时设施、材料及预制构件堆场布置；运输道路布置；临时供水、供电管线的布置等内容。

7）主要施工管理计划。主要包括进度管理计划、质量管理计划、安全管理计划、环境管理计划、成本管理计划、其他管理计划。

8）主要技术经济指标。主要包括工期指标、工程质量指标、安全指标、降低成本指标等内容。

对于建筑结构比较简单、工程规模比较小、技术要求比较低，且采用传统施工方法组织施工的一般工业与民用建筑，其施工组织设计可以编制得简单一些，称为"施工方案"。其内容一般只包括施工方案、施工进度表、施工平面图，辅以扼要的文字说明，简称为"一案一表一图"。

（4）单位工程施工组织设计的编制过程及审批

1）单位工程施工组织设计应由项目负责人主持编制，建设工程实行总包和分包的，由总包单位负责编制施工组织设计或者分阶段施工组织设计。分包单位在总包单位的总体部署下，负责编制分包工程的施工组织设计。施工组织设计应根据合同工期及有关的规定进行编制，并且要广泛征求各协作施工单位的意见。

2）对结构复杂、施工难度大以及采用新工艺和新技术的工程项目，要进行专业性的研究，必要时组织专门会议，邀请有经验的专业工程技术人员参加，集中群众智慧，为施工组织设计的编制和实施打下坚定的群众基础。

3）在施工组织设计编制过程中，要充分发挥各职能部门的作用，吸收他们参加编制和审定；充分利用施工企业的技术素质和管理素质，统筹安排、扬长避短，发挥施工企业的优势，合理地进行工序交叉配合的程序设计。

4）当比较完整的施工组织设计方案提出之后，要组织参加编制的人员及单位进行讨论，逐项逐条地研究，修改后确定，最终形成正式文件，送主管部门审批。单位工程施工组织设计应由施工单位技术负责人或技术负责人授权的技术人员审批，并可根据需要分阶段编制和审批。

（5）单位工程施工组织设计的编制技巧与注意事项

1）充分熟悉施工图纸，对施工现场进行考察至关重要，切忌闭门造车，使确定的施工方案切实可行。

2）采取流水施工方式组织施工，首先确定流水施工的主要施工过程，注意施工过程划分的合理性，并根据设计图纸分段分层计算工程量。

3）根据工程量确定主要施工过程的劳动力、机械台班配置计划，从而确定各施工过程的持续时间，编制施工进度计划，并调整优化。注意进度计划的先进性合理性并留有余地。

4）根据施工定额编制资源配置量计划。单位工程资源配置计划是控制性的，但必须保证不掉项。

5）绘制施工现场平面图。单位工程现场平面图设计应该分基础工程阶段、主体工程阶段、装饰屋面工程阶段进行。

6）制定相应的技术组织措施。其措施应具有较强的针对性，可以借鉴同类工程经验，但切忌照搬。

（6）单位工程施工组织设计的动态管理

1）项目施工过程中，发生以下情况之一时，施工组织设计应及时进行修改或补充：

① 工程设计有重大修改。

② 有关法律、法规、规范和标准实施、修订和废止。

③ 主要施工方法有重大调整。

④ 主要施工资源配置有重大调整，如施工环境有重大改变。

2）经修改或补充的施工组织设计应重新审批后实施。

3）项目施工前，应进行施工组织设计逐级交底；项目施工过程中，应对施工组织设计的执行情况进行检查、分析并适时调整。

（二）施工方案的内容和编制方法

施工方案是以分部（分项）工程或专项工程为主要对象编制的施工技术与组织方案，用以具体指导其施工过程。

施工方案包括下列三种情况：

① 专业承包公司独立承包（分包）项目中的分部（分项）工程或专项工程所编制的施工方案；

② 作为单位工程施工组织设计的补充，由总承包单位编制的分部（分项）工程或专项工程施工方案；

③ 按规范要求单独编制的强制性专项方案。

《建设工程安全生产管理条例》（国务院第 393 号令）规定：对达到一定规模的危险性

较大的分部（分项）工程编制专项施工方案，并附具安全验算结果，经施工单位技术负责人、总监理工程师签字后实施。专项施工方案一般有：基坑支护与降水工程、土方开挖工程、模板工程、起重吊装工程、脚手架工程、拆除爆破工程、国务院建设行政主管部门或者其他有关部门规定的其他危险性较大的工程等。

1. 施工方案的内容

施工方案的内容包括：工程概况、施工安排、施工进度计划、施工准备与资源配置计划、施工方法及工艺要求、主要施工管理计划等。

2. 施工方案的编制方法

（1）工程概况的编制

施工方案的工程概况一般比较简单，应对工程主要情况、设计简介和工程施工条件等重点内容加以简要介绍，重点说明工程的难点和施工特点。

（2）施工安排的编制

专项工程的施工安排包括专项工程的施工目标、施工顺序与施工流水段、施工重难点分析及主要管理与技术措施、工程管理组织机构与岗位职责等内容。施工安排是施工方案的核心，关系专项工程实施的成败。

工程的重点和难点的设置，主要是根据工程的重要程度，即质量特征值对整个工程质量的影响程度来确定。首先对施工对象进行全面分析、比较，以明确工程的重点和难点，然后进一步分析所设置的重点和难点在施工中可能出现的问题或造成质量安全隐患的原因，针对隐患的原因相应地提出对策，加以预防。专项施工方案的技术重点和难点设置应该包括设计、计算、详图、文字说明等。

工程管理的组织机构及岗位职责应在施工安排中确定并应符合总承包单位的要求。根据分部（分项）工程或专项工程的规模、特点、复杂程度、目标控制和总承包单位的要求设置项目管理机构，该机构各种专业人员配备齐全，完善项目管理网络，建立健全岗位责任制。

（3）施工进度计划与资源配置计划的编制

1）施工进度计划的编制

分部（分项）工程或专项工程施工进度计划应按照施工安排，并结合总承包单位的施工进度计划进行编制。

施工进度计划可采用网络图或横道图表示，并附必要说明。

2）施工准备与资源配置计划

① 施工准备的主要内容包括：技术准备、现场准备和资金准备。

技术准备包括施工所需技术资料的准备、图纸深化和技术交底的要求、试验检验和测试工作计划、样板制作计划以及与相关单位的技术交接计划等。专项工程技术负责人认真查阅设计交底、图纸会审记录、变更洽商、备忘录、设计工作联系单、甲方工作联系单、监理通知等是否与已施工的项目有出入的地方，发现问题立即处理。

现场准备包括生产、生活等临时设施的准备以及与相关单位进行现场交接的计划等。

资金准备主要是编制资金使用计划等。

② 资源配置计划的主要内容包括劳动力配置计划和物资配置计划。

劳动力配置计划应根据工程施工计划要求确定工程用工量并编制专业工种劳动力计划表。

物资配置计划包括工程材料和设备配置计划、周转材料和施工机具配置计划以及计量、测量和检验仪器配置计划等。

（4）施工方法及工艺要求

1）施工方法

施工方法是工程施工期间所采用的技术方案、工艺流程、组织措施、检验手段等。它直接影响施工进度、质量、安全以及工程成本。施工方法中应进行必要的技术核算，对主要分项工程（工序）明确施工工艺要求。施工方法应比施工组织总设计和单位工程施工组织设计的相关内容更细化。

2）施工重点

专项工程施工方法应对易发生质量通病、易出现安全问题、施工难度大、技术含量高的分项工程（工序）等作出重点说明。

3）新技术应用

对开发和使用的新技术、新工艺以及采用的新材料、新设备应做必要的试验或论证并制订计划。

对于工程中推广应用的新技术、新工艺、新材料和新设备，可以采用目前国家和地方推广的，也可以根据工程具体情况由企业创新；对于企业创新的技术和工艺，要制定理论和试验研究实施方案，并组织鉴定评价。

4）季节性施工措施

对季节性施工应提出具体要求。根据施工地点的实际气候特点，提出具有针对性的施工措施。

在施工过程中，还应根据气象部门的预报资料，对具体措施进行细化。

3. 危险性较大工程专项施工方案的内容和编制方法

（1）危险性较大工程专项施工方案的内容

危险性较大的分部分项工程安全专项施工方案（以下简称专项方案）是在编制施工组织设计的基础上，针对危险性较大的分部分项工程单独编制的安全技术措施文件。

专项方案包括以下内容：

1）工程概况：危险性较大的分部分项工程概况、施工平面布置、施工要求和技术保证条件。

2）编制依据：相关法律、法规、规范性文件、标准、规范及图纸（国标图集）、施工组织设计等。

3）施工计划：施工进度计划、材料与设备计划。

4）施工工艺技术：技术参数、工艺流程、施工方法、检查验收等。

5）施工安全保证措施：组织保障、技术措施、应急预案、监测监控等。

6）劳动力计划：专职安全生产管理人员、特种作业人员等。

7）计算书及相关图纸。

（2）危险性较大工程专项方案的编制、审核与论证

建设单位在申请领取施工许可证或办理安全监督手续时，应当提供危险性较大的分部分项工程清单和安全管理措施。施工单位、监理单位应当建立危险性较大的分部分项工程安全管理制度。

1）专项施工方案的编制

施工单位应当在危险性较大的分部分项工程施工前编制专项施工方案，其编制步骤和方法与施工方案基本相同，只是编制内容略有区别，主要是更加强调施工安全技术、施工安全保证措施和安全管理人员及特种作业人员等要求。

对于超过一定规模的危险性较大的分部分项工程，施工单位应当组织专家组对其专项方案进行充分论证。

对于实行施工总承包的建筑工程项目，其专项施工方案应当由施工总承包单位组织编制。其中，起重机械安装拆卸工程、深基坑工程、附着式升降脚手架等专业工程实行分包的，其专项方案可由专业承包单位组织编制。

2）专项施工方案的审核

专项方案应当由施工单位技术部门组织本单位施工技术、安全、质量等部门的专业技术人员进行审核。经审核合格的，由施工单位技术负责人签字。实行施工总承包的，专项方案应当由总承包单位技术负责人及相关专业承包单位技术负责人签字。

不需专家论证的专项方案，经施工单位审核合格后报监理单位，由项目总监理工程师审核签字。

3）专项施工方案的论证

超过一定规模的危险性较大的分部分项工程专项方案应当由施工单位组织召开专家论证会。实行施工总承包的，由施工总承包单位组织召开专家论证会。

① 专家库的建立

各地住房和城乡建设主管部门应当按专业类别建立专家库。专家库的专业类别及专家数量应根据本地实际情况设置。专家名单应当予以公示。

专家库的专家应当具备以下基本条件：诚实守信、作风正派、学术严谨；从事专业工作15年以上或具有丰富的专业经验；具有高级专业技术职称。

各地住房和城乡建设主管部门应当根据本地区实际情况，制定专家资格审查办法和管理制度并建立专家诚信档案，及时更新专家库。

② 参加专家论证会的人员

专家组成员；建设单位项目负责人或技术负责人；监理单位项目总监理工程师及相关人员；施工单位分管安全的负责人、技术负责人、项目负责人、项目技术负责人、专项方案编制人员、项目专职安全生产管理人员；勘察、设计单位项目技术负责人及相关人员。

专家组成员应当由5名及以上符合相关专业要求的专家组成，本项目参建各方的人员不得以专家身份参加专家论证会。

③ 专家论证的主要内容

专家论证的主要内容包括：专项方案内容是否完整、可行；专项方案计算书和验算依据是否符合有关标准规范的要求；安全施工的基本条件是否满足现场实际情况。

专项方案经论证后，专家组应当提交论证报告，对论证的内容提出明确的意见，并在

论证报告上签字。该报告作为专项方案修改完善的指导意见。

专项方案经论证后需作重大修改的，施工单位应当按照论证报告修改，并重新组织专家进行论证。

（三）施工技术交底与交底文件的编写方法

1. 施工技术交底文件的内容和编写方法

建筑工程施工中的技术交底，是在某一单位工程开工前，或一个分项工程施工前，由主管技术员向参与施工的人员进行的技术性交代，其目的是使施工人员对工程特点、技术质量要求、施工方法与措施等方面有一个较详细的了解，以便于科学地组织施工，避免技术质量等事故的发生。

各项技术交底内容也是工程技术档案资料中不可缺少的部分。

（1）施工技术交底文件的内容

建筑工程施工技术交底文件包括以下基本内容：

1）施工准备工作情况。包括施工条件、图纸及资源准备情况、现场准备情况等。

2）主要施工方法。包括施工组织安排、工艺流程、关键部位的操作方法及施工中应注意的事项等。

3）主要机械设备。机械设备配备情况，现代信息技术应用情况，机械设备操作及注意事项。

4）劳动力安排及施工工期。劳动力配备情况，尤其是技术工人的配置要求。施工过程持续时间与施工工期要求，工期保证措施。

5）施工质量要求及质量保证措施。

6）环境保障、安全措施及文明施工等注意事项。

（2）施工技术交底文件的编写方法

1）施工技术交底文件的编写要求

① 施工技术交底的内容要详尽。技术人员在施工前必须深入了解设计意图，在熟悉图纸的前提下，对相应的规范、标准、图集等要有一个深入的了解，结合各专业图纸之间的对照比较，确定具体的施工工艺，然后编制施工技术交底文件。

技术交底的内容应能反映施工图、施工方法、安全质量等各个方面，能全面说明各类要求。技术交底应重点阐述整个施工过程的工序衔接、操作工艺方法，让工人接受交底后能依此进行操作，对较为复杂或确实无法表述清楚的部位，还应通过附图加以说明。

② 施工技术交底的针对性要强。在编写技术交底时，一定要针对工程特点、图纸说明、工艺要求、施工关键部位与环节等，做到每一分项工程施工都有自己的工艺操作要点。然后结合技术交底的范本、工艺标准要求进行编写，体现其针对性、独特性、实用性。

③ 施工技术交底的表达要通俗易懂。除了文字形式的交底之外，还应结合口头交底，使一线工人能够理解。编写施工技术交底时，一定要用工人熟悉的方式将交底意图表达出

来，力求通俗易懂。将复杂、专业的标准、术语，用相应的、通俗易懂的语言传达给现场的操作工人，力求每一个工人都能明了怎么干，要求是什么，达到什么效果。

2）编制技术交底文件的注意事项

① 技术交底文件的编写应在施工组织设计或施工方案编制以后进行，是将施工组织设计或施工方案中的有关内容纳入施工技术交底之中的，因此，不能偏离施工组织设计的内容。

② 技术交底文件的编写又不能完全照搬施工组织设计的内容，应根据实施工程的具体特点，综合考虑各种因素，提高质量，保证可行，便于实施。

③ 凡是本工程或本项目交底中没有或不包括的内容，一律不得照抄规范和规定。

④ 技术交底需要补充或变更时应编写补充或变更交底文件。

⑤ 技术交底书及受交底人（班组长等）必须签字承诺。

2. 技术交底的程序和签字确认的办法

（1）每道施工工序开始前，施工员根据现场施工特点、图纸设计要求、施工工艺和质量验收标准进行有针对性的施工技术汇总。

（2）施工员应召开技术交底会，向班组长及操作工人解说技术交底中的现场施工特点、图纸设计要求、施工工艺和质量验收规范等。

（3）施工班组长必须严格遵守并执行技术交底中的各项施工流程、施工工艺、技术要求和质量标准。

（4）交底人与被交底人均应签字确认。

（四）建筑工程施工技术要求

1. 基础工程施工技术要求

（1）土的天然含水量与可松性

1）土的天然含水量

在天然状态下，土中水的质量与固体颗粒质量之比的百分率叫土的天然含水量，反映了土的干湿程度，用 ω 表示，即：

$$\omega = \frac{m_w}{m_s} \times 100\% \tag{2-1}$$

式中　m_w——土中水的质量（kg）；

$\quad\quad m_s$——土中固体颗粒的质量（kg）。

通常情况下，$\omega \leqslant 5\%$ 时为干土；$5\% < \omega \leqslant 30\%$ 时为潮湿土；$\omega > 30\%$ 时为湿土。

2）土的可松性与可松性系数

天然土经开挖后，其体积因松散而增加，虽经振动夯实，仍然不能完全复原，这种现象称为土的可松性。土的可松性用可松性系数表示。即：

最初可松性系数　　　　　　　　$K_s = \dfrac{V_2}{V_1}$ 　　　　　　　　　　(2-2)

最后可松性系数 $\qquad\qquad K'_s = \dfrac{V_3}{V_1}$ $\qquad\qquad$ （2-3）

式中　K_s、K'_s——土的最初、最后可松性系数；

$\qquad$ V_1——土在天然状态下的体积（m^3）；

$\qquad$ V_2——挖土后的松散状态下的体积（m^3）；

$\qquad$ V_3——土经压（夯）实后的体积（m^3）。

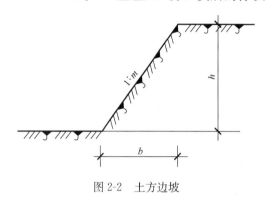

图 2-2　土方边坡

（2）常见的土方边坡与深基坑支护方法

1）土方边坡及其稳定

土方边坡用边坡坡度和边坡系数表示，两者互为倒数，工程中常以 $1:m$ 表示放坡。边坡坡度是以土方挖土深度 h 与边坡底宽 b 之比表示（图 2-2）。即：

$$土方边坡坡度 = \frac{h}{b} = 1:m \qquad （2-4）$$

边坡系数是以土方边坡底宽 b 与挖土深度 h 之比表示，用 m 表示。即：

$$土方边坡系数\ m = \frac{b}{h} \qquad\qquad （2-5）$$

土方边坡的大小应根据土质条件、开挖深度、地下水位、施工方法及附近堆土及机械荷载、相邻建筑物的情况等因素确定。

开挖基坑（槽）时，当土质为天然湿度、构造均匀、水文地质条件良好（即不会发生塌滑、移动、松散或不均匀下沉），且无地下水时，开挖基坑也可不必放坡，采取直立开挖不加支护，但挖方深度应符合表 2-2 的规定。

基坑（槽）和管沟不放坡也不加支撑时的容许深度　　　　　　　表 2-2

项次	土的种类	容许深度（m）
1	密实、中密的砂子和碎石类土（充填物为砂土）	1.0
2	硬塑、可塑的粉质黏土及粉土	1.25
3	硬塑、可塑的黏土和碎石类土（充填物为黏性土）	1.5
4	坚硬的黏土	2.0

对使用时间较长的临时性挖方边坡坡度，应根据工程地质和边坡高度，结合当地实践经验确定。在山坡整体稳定的情况下，如地质条件良好，土质较均匀，高度在 5m 内不加支撑的边坡最陡坡度可按表 2-3 确定。

深度在 5m 内的基坑（槽）、管沟边坡的最陡坡度（不加支撑）　　　　表 2-3

土的类别	边坡坡度（高：宽）		
	坡顶无荷载	坡顶有静载	坡顶有动载
中密的砂土	1:1.00	1:1.25	1:1.50
中密的碎石类土（充填物为砂土）	1:0.75	1:1.00	1:1.25

土的类别	边坡坡度（高∶宽）		
	坡顶无荷载	坡顶有静载	坡顶有动载
硬塑的粉土	1∶0.67	1∶0.75	1∶1.00
中密的碎石类土（充填物为黏性土）	1∶0.50	1∶0.67	1∶0.75
硬塑的粉质黏土、黏土	1∶0.33	1∶0.50	1∶0.67
老黄土	1∶0.10	1∶0.25	1∶0.33
软土（经井点降水后）	1∶1.00	—	—

注：静载指堆土或材料等，动载指机械挖土或汽车运输作业等。静载或动载距挖方边缘的距离应保证边坡和直立壁的稳定，堆土或材料应距挖方边缘 0.8m 以外，高度不超过 1.5m。

2）深基坑支护结构

深基坑支护虽为一种施工临时性辅助结构物，但对保证工程顺利进行和临近地基及已有建（构）筑物的安全影响极大。深基坑支护的方法很多，这里简单的介绍以下三种：

① 深层搅拌水泥土桩挡墙。深层搅拌水泥土桩挡墙是以深层搅拌机就地将边坡土和压入的水泥浆强力搅拌形成连续搭接的水泥土柱桩挡墙，水泥土与其包围的天然土形成重力式挡墙支挡周围土体，使边坡保持稳定，这种桩墙是依靠自重和刚度进行挡土和保护坑壁，一般内侧不设支撑，特殊情况下有局部加设支撑。水泥搅拌桩重力式支护结构常应用于软黏土地区开挖深度在 6m 左右的基坑工程。

深层搅拌土桩挡墙应采取切割搭接法施工，应在前桩水泥土尚未固化时进行后续搭接桩施工。相邻桩的搭接长度不宜小于 200mm。相邻桩喷浆工艺的施工时间间隔不宜大于 10h。施工开始和结束的头尾搭接处应采取加强措施，消除搭接勾缝。

② 桩墙（地下连续墙）式支护结构。地下连续墙是指在基础工程土方开挖之前，预先在地面以下浇筑的钢筋混凝土墙体。

现浇钢筋混凝土板式地下连续墙施工工艺过程如图 2-3 所示，其中修筑导墙、泥浆制备与处理、深槽挖掘、钢筋笼制备与吊装以及混凝土浇筑，是地下连续墙施工中主要的工序。

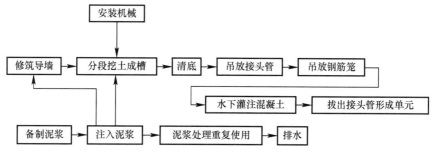

图 2-3　地下连续墙施工工艺过程

③ 土层锚杆支护结构。土层锚杆一端插入土层中，另一端与挡土结构拉结，借助锚杆与土层的摩擦阻力产生的水平抗力来抵抗土的侧压力，从而维护挡土结构的稳定。土层锚

杆的施工是在深基坑侧壁的土层钻孔至要求深度，或在扩大孔的端部形成柱状或球状扩大头，在孔内放入钢筋、钢管或钢丝束、钢绞线，灌入水泥浆或化学浆液，使与土层结合成为抗拉（拔）力强的锚杆。锚杆端部通过横撑（钢横梁）借螺母连接或再张拉施加预应力将挡土结构受到的侧压力，通过拉杆传给稳定土层。

土层锚杆的种类形式较多，有一般灌浆锚杆、扩孔灌浆锚杆、压力灌浆锚杆、预应力锚杆、重复灌浆锚杆、二次高压灌浆锚杆等多种，最常用的是前四种。土层锚杆根据支护深度和土质条件可设置一层或多层，如图 2-4 所示。

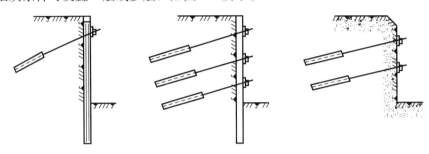

图 2-4　土层锚杆的类型

④ 装配式支护结构

装配式支护结构是以成型的预制构件为主体，通过各种技术手段在现场装配成为支护结构。较为成熟的装配式支护结构有：预制桩、预制地下连续墙结构、预应力鱼腹梁支撑结构、工具式组合内支撑等。

预制桩基坑支护结构，主要采用常规预制桩施工方法。预应力预制桩用于支护结构时，应注意防止预应力预制桩发生脆性破坏并确保接头的施工质量。

预制地下连续墙。即按照常规的施工方法成槽后，在泥浆中先插入预制墙段、预制桩、型钢或钢管等预制构件，然后以自凝泥浆置换成槽用的护壁泥浆，或直接以自凝泥浆护壁成槽插入预制构件，以自凝泥浆的凝固体填塞墙后空隙和防止构件间接缝渗水，形成地下连续墙。预制地下连续墙一般仅适用于深度 9m 以内的基坑，用于地铁车站和周边环境较为复杂的基坑工程等。

预应力鱼腹梁支撑。由鱼腹梁、对撑、角撑、立柱、横梁、拉杆、三角形节点，预压顶紧装置等标准部件组合并施加预应力，形成平面预应力支撑系统与立体结构体系。预应力鱼腹梁支撑适用于市政工程中地铁车站、地下管沟基坑工程以及各类建筑工程基坑。

工具式组合内支撑。是在混凝土内支撑技术的基础上发展起来的一种内支撑结构体系，主要利用组合式钢结构构件其截面灵活可变、加工方便、适用性广的特点，可在各种地质情况和复杂周边环境下使用。工具式组合内支撑适用于周围建筑物密集，施工场地狭小，岩土工程条件复杂或软弱地基等类型的深大基坑。

（3）土方施工排水与降水

1）地面排水

地面水的排除通常采用设置排水沟、截水沟或修筑土堤等设施来进行。应尽量利用自然地形来设置排水沟。

排水沟最好设置在施工区域或道路的两旁，其横断面和纵向坡度根据最大流量确定。

一般排水沟的横断面不小于 0.5m×0.5m，纵向坡度根据地形确定，一般不小于 3‰。出水口应设置在远离建筑物或构筑物的低洼地点，并保证排水通畅。

2）集水井降水

降低地下水位的方法有集水井降水法和井点降水法两种。集水井降水法一般宜用于降水深度较小且地层为粗粒土层或黏性土时；井点降水法一般宜用于降水深度较大，或土层为细砂和粉砂，或是软土地区时。

① 集水井的设置。在基坑（槽）开挖时，沿坑底周围或中央开挖排水沟，在沟底设置集水井（图 2-5），使坑（槽）内的水经排水沟流向集水井，然后用水泵抽走。

排水沟和集水井应设置在基础范围以外，一般排水沟的横断面不小于 0.5m×0.5m，纵向坡度宜为 1‰~2‰；集水井每隔 20~40m 设置

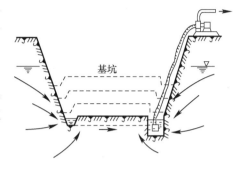

图 2-5　集水井降水示意

一个，其直径和宽度一般为 0.6~0.8m，其深度随着挖土的加深而加深，要始终低于挖土面 0.7~1.0m。井壁可用竹、木等简易加固。当基坑挖至设计标高后，集水井底应低于坑底 1~2m，并铺设 0.3m 左右的碎石滤水层，以免抽水时将泥砂抽走，并防止集水井底的土被扰动。

② 流砂的产生及防治。当基坑（槽）挖土至地下水水位以下时，土质又是细砂或粉砂，若采用集水井法降水，坑底的土就受到动水压力的作用。如果动水压力等于或大于土的浸水重度时，土粒失去自重处于悬浮状态，能随着渗流的水一起流动，带入基坑边发生流砂现象。流砂防治的具体措施有抢挖法、打板桩法、水下挖土法、人工降低地下水位法、地下连续墙法等。

3）井点降水

井点降水法是在基坑开挖前，预先在基坑四周埋设一定数量的滤水管（井），利用抽水设备从中抽水，使地下水位降落在坑底以下，直至施工结束为止。

井点降水法有：轻型井点、喷射井点、电渗井点、管井井点及深井泵等。其中以轻型井点采用较广，下面作简单介绍。

① 轻型井点设备。轻型井点设备主要包括井点管、滤管、集水总管、弯联管、抽水设备等。

② 轻型井点的布置。井点系统的布置，应根据基坑平面形状与大小、土质、地下水位高低与流向、降水深度要求等确定。

A. 平面布置：当基坑或沟槽宽度小于 6m，水位降低值不大于 5m 时，可用单排线状井点，布置在地下水流的上游一侧，两端延伸长一般不小于沟槽宽度。如沟槽宽度大于 6m，或土质不良，宜用双排井点。面积较大的基坑宜用环状井点。有时也可布置为 U 形，以利于挖土机械和运输车辆出入基坑。环状井点四角部分应适当加密，井点管距离基坑一般为 0.7~1.0m，以防漏气。井点管间距一般用 0.8~1.5m，或由计算和经验确定。

B. 高程布置：轻型井点的降水深度在考虑设备水头损失后，不超过 6m。井点管的埋设深度 H（不包括滤管长）按下式计算：

$$H \geqslant H_1 + h + IL \qquad (2\text{-}6)$$

式中　H_1——井管埋设面至基坑底的距离（m）；

　　　h——基坑中心处基坑底面（单排井点时，为远离井点一侧坑底边缘）至降低后地下水位的距离，一般为 0.5～1.0m；

　　　I——地下水降落坡度，环状井点为 1/10，单排线状井点为 1/45；

　　　L——井点管至基坑中心的水平距离（m，在单排井点中，为井点管至基坑另一侧的水平距离）。

③ 井点施工工艺程序

放线定位→铺设总管→冲孔→安装井点管、填砂砾滤料、上部填黏土密封→用弯联管将井点管与总管接通→安装抽水设备与总管连通→安装集水箱和排水管→开动真空泵排气、再启动离心水泵抽水→测量观测井中地下水位变化。

井点降水一般由专业施工队来进行施工，施工员通过上述的介绍可以初步了解其施工要点。

（4）土方填筑与压实

土方填筑的基本要求：填方土料应符合设计要求，保证填方的强度和稳定性，应分层回填，土方回填时，透水性大的土应在透水性小的土层之下。

填土压实可采用人工压实，也可采用机械压实，当压实量较大，或工期要求比较紧时一般采用机械压实。常用的机械压实方法有碾压法、夯实法和振动压实法等。

1）碾压法。利用机械滚轮的压力压实土壤，使之达到所需的密实度，此法多用于大面积填土工程。碾压机械有平碾（压路机）、羊足碾和气胎碾。

2）夯实法。利用夯锤自由下落的冲击力来夯实土壤，主要用于小面积回填。夯实法分人工夯实和机械夯实两种。

3）振动压实法。将振动压实机放在土层表面，借助振动机械使压实机械振动，土颗粒在振动力的作用下发生相对位移而达到紧密状态。这种方法用于振实非黏性土效果较好。

（5）土方开挖

1）一般基坑（槽）开挖

土方开挖应遵循"开槽支撑，先撑后挖，分层开挖，严禁超挖"的原则。基坑（槽）开挖有人工开挖和机械开挖，对于大型基坑应优先考虑选用机械化施工，以加快施工进度。开挖基坑（槽）按规定的尺寸合理确定开挖顺序和分层开挖深度，连续地进行施工，尽快地完成。因土方开挖施工要求标高、断面准确，土体应有足够的强度和稳定性，所以在开挖过程中要随时注意检查。

开挖基坑（槽）时，应符合下列规定：

① 施工前必须做好地面排水和降低地下水位工作，地下水位应降低至基坑底以下 0.5～1.0m 后，方可开挖。降水工作应持续到回填完毕。

② 挖出的土除预留一部分用作回填外，不得在场地内任意堆放，应把多余的土运到弃土地区，以免妨碍施工。

③ 为了防止基底土（特别是软土）受到浸水或其他原因的扰动，基坑（槽）挖好后，应立即做垫层或浇筑基础；否则，挖土时应在基底标高以上保留 150～300mm 厚的土层，

待基础施工时再行挖去。如用机械挖土，应根据机械种类在基底标高以上留出一定厚度的土层，待基础施工前用人工铲平修整。

④ 挖土不得超挖（挖至基坑槽的设计标高以下）。若个别处超挖，应用与基土相同的土料填补，并夯实到要求的密实度。如用原土填补不能达到要求的密实度时，应用碎石类土填补，并仔细夯实。重要部位如被超挖时，可用低强度等级的混凝土填补。

⑤ 雨期施工时，基坑槽应分段开挖，挖好一段浇筑一段垫层，并在基槽两侧围上土堤或挖排水沟，以防地面雨水流入基坑槽，同时应经常检查边坡和支撑情况。

⑥ 基坑挖完后应进行验槽，做好记录，如发现地基土质与地质勘察报告、设计要求不符时，应与有关人员研究及时处理。

2）深基坑土方开挖

深基坑一般采用"分层开挖，先撑后挖"的开挖原则。深基坑土方开挖方法主要有分层挖土、分段挖土、盆式挖土、中心岛式挖土等几种，应根据基坑面积大小、开挖深度、支护结构形式、环境条件等因素选用。

① 分层挖土。将基坑按深度分为多层，逐层开挖。分层厚度，软土地基应控制在 2m 以内；硬质土可控制在 5m 以内为宜。

② 分段挖土。将基坑分成几段或几块分别进行开挖。分段与分块的大小、位置和开挖顺序，根据开挖场地、工作面条件、地下室平面的深浅和施工工期而定。

③ 盆式挖土。先分层开挖基坑中间部分的土方，基坑周边一定范围内的土暂不开挖，可视土质情况按 1:1.25～1:1 放坡，使之形成对四周围护结构的被动土反压力区，以增强围护结构的稳定性，待中间部分的混凝土垫层、基础或地下室结构施工完成之后，再用水平支撑或斜撑对四周围护结构进行支撑，并突击开挖周边支护结构内部分被动土区的土，每挖一层支一层水平横顶撑，直至坑底，最后浇筑该部分结构混凝土。

④ 中心岛式挖土。先开挖基坑周边土方，在中间留土墩作为支点搭设栈桥，挖土机可利用栈桥下到基坑挖土，运土的汽车亦可利用栈桥进入基坑运土，可有效加快挖土和运土的速度。

（6）混凝土预制桩施工工艺和技术要求

按桩的制作方式不同，桩可分为预制桩和灌注桩两类。预制桩根据沉入土中的方法，又可分锤击法、水冲法、振动法和静力压桩法等。灌注桩按成孔方法不同，有钻孔灌注桩、套管成孔灌注桩、爆扩成孔灌注桩及人工挖孔灌注桩等。

钢筋混凝土预制桩的施工，主要包括制作、起吊、运输、堆放、沉桩等过程。

1）钢筋混凝土预制桩的制作、起吊、运输及堆放

① 桩的制作。钢筋混凝土预制桩的混凝土强度等级不宜低于 C30，桩身配筋与沉桩方法有关。钢筋混凝土预制桩可在工厂或施工现场预制。为便于运输，一般较长的桩在打桩现场或附近场地预制，较短的桩多在预制厂生产。为了节省场地，采用现场预制的桩多用叠浇法施工，其重叠层数一般不宜超过 4 层。桩与桩间应做隔离层，上层桩或邻桩的浇筑，必须在下层桩或邻桩的混凝土达到设计强度的 30% 以后，方可进行。

其制作程序：现场布置→场地地基处理、整平→场地地坪浇筑混凝土→支模→扎筋、安设吊环→浇筑混凝土→养护→（至 30% 强度后）拆模→支间隔端头模板、刷隔离剂、扎筋→浇筑间隔桩混凝土→同法间隔重叠制作第二层桩→养护至 70% 强度可以起吊→到

达 100％强度后可以运输。

② 桩的起吊。桩的强度达到设计强度标准值的 70％后，方可起吊，如提前起吊，必须采取措施并经验算合格方可进行。吊索应系于设计规定之处，如无吊环，可按规定的位置设置吊点起吊。

③ 桩的运输。混凝土预制桩达到设计强度的 100％方可运输。当运距不大时，可用起重机吊运或在桩下垫以滚筒，用卷扬机拖拉。运距较大时，可采用平板拖车或轻轨平板车运输，桩下宜设活动支座，运输时应做到平稳，并不得损坏，经过搬运的桩要进行质量检查。

④ 桩的堆放。桩堆放时，地面必须平整、坚实，垫木间距应与吊点位置相同，各层垫木应位于同一垂直线上，最下层垫木应适当加宽。堆放层数不宜超过 4 层，不同规格的桩应分别堆放。

2) 沉桩工艺

钢筋混凝土预制桩的沉桩方法有锤击法、静力压桩法、振动法、水冲沉桩法、钻孔锤击法等。

① 锤击法。利用桩锤的冲击力克服土体对桩体的阻力，使桩沉到预定深度或达到持力层。

确定打桩顺序。群桩施打前，应根据桩群的密集程度、桩的规格、长短和桩架移动方便来正确选择打桩顺序。可选用的打桩顺序有：逐排打设、自中间向两侧对称打设、自中间向四周打设等。当桩桩中心距＞4 倍桩径时，可根据施工方便选择打桩顺序；当桩中心距≤4 倍桩径时，应由中间向两侧对称施打，或由中间向四周施打，当桩数较多时，也可采用分区段施打；当桩规格、埋深、长度不同时，宜"先大后小、先深后浅、先长后短"施打。

沉桩工艺流程：桩机就位→桩起吊→对位插桩→打桩→接桩→打桩→送桩→检查验收→桩机移位。

② 静力压桩法。利用无振动、无噪声的静压力将桩压入土中。静力压桩适用于在软土、淤泥质土中沉桩。施工中无噪声、无振动、无冲击力，与普通打桩和振动沉桩相比可减小对周围环境的影响，适合在有防振要求的建筑物附近施工。常用的静力压桩机有机械式和液压式两种。静力压桩施工程序：测量定位→桩机就位→吊桩插桩→桩身对中调直→静压沉桩→接桩→再沉桩→终止压桩→切割桩头。

③ 振动法。是借助固定于桩顶的振动器产生的振动力，减小桩与土之间的摩擦阻力，使桩在自重和振动力的作用下沉入土中。振动法在砂土中运用效果较好，对黏土地区效率较差。

④ 水冲沉桩法。利用高压水流经过桩侧面或空心桩内部的射水管冲击桩靴附近土层，减小桩与土之间的摩擦力及桩靴下土的阻力，使桩在自重和锤击作用下迅速沉入土中。一般是边冲水边打桩，当沉桩至最后 1～2m 时停止冲水，用锤击至规定标高。水冲法适用于砂土和碎石土，有时对于特别长的预制桩，单靠锤击有一定困难时，也可用水冲法辅助施工。

⑤ 钻孔锤击法。钻孔与锤击相结合的一种沉桩方法。当遇到土层坚硬，采用锤击法遇到困难时可以先在桩位上钻孔后再在孔内插桩，然后锤击沉桩。钻孔深度距持力层 1～

2m时停止钻孔，提钻时注入泥浆以防止塌孔，泥浆的作用是护壁。钻孔直径应小于桩径。钻孔完成后吊桩，插入桩孔锤击至持力层深度。

（7）混凝土灌注桩施工工艺和技术要求

根据成孔方法不同，灌注桩可分为钻孔灌注桩、套管成孔灌注桩、爆扩成孔灌注桩等。

1）钻孔灌注桩

钻孔灌注桩是指利用钻孔机械钻出桩孔，并在桩孔中浇灌混凝土（或先在孔中吊放钢筋笼）而成的桩。根据钻孔机械的钻头是否在土壤的含水层中施工，又分为干作业成孔和泥浆护壁成孔两种方法。

① 干作业成孔灌注桩。是用钻机在桩位上成孔，在孔中吊放钢筋笼，再浇筑混凝土的成桩工艺。干作业成孔适用于地下水位以上的各种软硬土层，施工中不需设置护壁而直接钻孔取土形成桩孔。目前常用的钻孔机械是螺旋钻机。

螺旋钻成孔灌注桩施工流程为：钻机就位→钻孔→检查成孔质量→孔底清理→盖好孔口盖板→移桩机至下一桩位→移走盖口板→复测桩孔深度及垂直度→安放钢筋笼→放混凝土串筒→浇灌混凝土→插桩顶钢筋。

钻进时要求钻杆垂直，钻孔过程中如发现钻杆摇晃或进钻困难时，可能是遇到石块等硬物，应立即停车检查，及时处理，以免损坏钻具或导致桩孔偏斜。钻孔达到要求深度后，进行孔底土清理，即钻到设计钻深后，必须在深处进行空转清土，然后停止转动，提钻杆，不得回转钻杆。钻孔完成后应尽快吊放钢筋笼并浇筑混凝土。

② 泥浆护壁成孔灌注桩。它是利用泥浆保护孔壁，通过循环泥浆裹携悬浮孔内钻挖出的土渣并排出孔外，从而形成桩孔的一种成孔方法。泥浆在成孔过程中所起的作用是护壁、携渣、冷却和润滑，其中最重要的作用还是护壁。

泥浆护壁成孔灌注桩的施工工艺流程：测定桩位→埋设护筒→桩机就位→制备泥浆→成孔→清孔→安放钢筋骨架→浇筑水下混凝土。

桩位放线定位后即可在桩位上埋设护筒。护筒的作用是固定桩位、防止地表水流入孔内、保护孔口和保持孔内水压力、防止塌孔以及成孔时引导钻头的钻进方向等。护筒的埋设深度：在黏性土中不宜小于1.0m；砂土中不宜小于1.5m，一般高出地面或水面400～600mm。

制备泥浆的方法根据土质确定。在黏性土中成孔时可在孔中注入清水，钻机旋转时，切削土屑与水搅拌，用原土造浆；在其他土中成孔时，泥浆制备应选用高塑性黏土或膨润土。

泥浆护壁成孔灌注桩有回转钻成孔、潜水钻成孔、冲击钻成孔、冲抓锥成孔等不同的成孔方法。

当钻孔达到设计深度后，应进行验孔和清孔，清除孔底沉渣和淤泥。清孔时，保持孔内泥浆面高出地下水位1.0m以上，在受水位涨落影响时，泥浆面要高出最高水位1.5m以上。

水下混凝土浇筑的方法很多，最常用的是导管法。即将密封连接的钢管作为混凝土水下灌注的通道，混凝土沿竖向导管下落至孔底，置换泥浆而成桩。导管的作用是隔离环境水，使其不与混凝土接触。

2）沉管灌注桩

沉管灌注桩是指施工时使用振动式桩锤或锤击式桩锤将一定直径的钢管沉入土中形成桩孔，然后在钢管内吊放钢筋笼，边灌注混凝土边拔管而形成灌注桩桩体的一种成桩工艺。它包括振动沉管灌注桩、锤击沉管灌注桩、夯压成型沉管灌注桩等。

① 振动沉管灌注桩。分为振动沉管施工法和振动冲击施工法两种。振动沉管灌注桩施工流程：桩机就位→振动沉管→混凝土浇筑→边拔管边振动→安放钢筋笼或插筋，如图 2-6 所示。

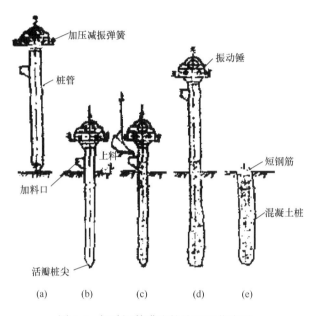

图 2-6　振动沉管灌注桩施工工艺流程
（a）桩机就位；（b）振动沉管；（c）浇筑混凝土；（d）边拔管边振动边浇筑混凝土；（e）成桩

振动沉管施工法一般有单打法、反插法、复打法等。

单打法是指拔管时每提升 0.5～1m，振动 5～10s，再拔管 0.5～1m，如此反复进行，直至全部拔出为止。单打法适用于含水量较小的土层。

复打法是指在同一桩孔内进行两次单打，即按单打法制成桩后再在混凝土桩内成孔并灌注混凝土，采用此法可扩大桩径，大大提高桩的承载力。反插法是将套管每提升 0.5m，再下沉 0.3m，反插深度不宜大于活瓣桩尖长度的 2/3，如此反复进行，直至拔离地面，此法也可扩大桩径，提高桩的承载力。反插法及复打法适用于软弱饱和土层。

② 锤击沉管灌注桩。利用桩锤将桩管和预制桩尖（桩靴）打入土中，边拔管、边振动、边灌注混凝土、边成桩，在拔管过程中，由于保持对桩管进行连续低锤密击，使钢管不断得到冲击振动，从而密实混凝土。与振动沉管灌注桩一样，锤击沉管灌注桩也可根据土质情况和荷载要求，分别选用单打法、复打法、反插法。

锤击沉管灌注桩施工顺序：桩机就位→锤击沉管→首次浇筑混凝土→边拔管边锤击→放钢筋笼浇筑成桩。

③ 夯压成型沉管灌注桩。它是利用静压或锤击法将内外钢管沉入土层中，由内夯管夯扩端部混凝土，使桩端形成扩大头，再灌注桩身混凝土，用内夯管和桩锤顶压在管内混凝土

面形成桩身混凝土。夯压桩桩身直径一般为 400～500mm，扩大头直径一般可达 450～700mm，桩长可达 20m。适用于中低压缩性黏土、粉土、砂土、碎石土、强风化岩等土层。

④ 灌注桩后注浆

灌注桩后注浆是指在灌注成桩后一定时间，通过预设在桩身内的注浆导管以及与之相连的桩端、桩侧处的注浆阀，借助压力注入水泥浆的一种新型施工工艺。注浆的目的主要有两点：一是通过桩底和桩侧后注浆加固桩底沉渣和桩身泥皮；二是对桩底及桩侧一定范围的土体通过渗入粗粒土、劈裂细粒土和压密非饱和松散土，而起到加固作用，从而增大桩侧阻力和桩端阻力，提高单桩承载力，减少桩基沉降。

灌注桩后注浆工艺，可使单桩竖向承载力提高 40％以上，桩基沉降减小 30％左右，同时，预埋于桩身的后注浆钢导管可以与桩身完整性超声检测管合二为一。

灌注桩后注浆适用于除沉管灌注桩外的各类泥浆护壁和干作业的钻、冲孔灌注桩。当桩端及桩侧有较厚的粗粒土时，后注浆提高单桩承载力的效果更好。

⑤ 长螺旋钻孔压灌桩

长螺旋钻孔压灌桩是采用长螺旋钻机钻孔至设计标高，利用混凝土泵将超流态细石混凝土从钻头底压出，边压灌混凝土边提升钻头直至成桩，混凝土灌注至设计标高后，再借助钢筋笼自重或利用专门振动装置将钢筋笼一次插入混凝土桩体至设计标高，形成钢筋混凝土灌注桩。要特别注意，后插入钢筋笼的工序应在压灌混凝土工序后连续进行。

与普通水下灌注桩施工工艺相比，长螺旋钻孔压灌桩施工优点有：不需要泥浆护壁，无泥皮，无沉渣，无泥浆污染，施工速度快，造价较低；该工艺还可根据需要在钢筋笼上绑设桩端后注浆管进行桩端后注浆，以提高桩的承载力。

长螺旋钻孔压灌桩适用于地下水位较高，易坍孔，而且长螺旋钻孔机能够钻进的土层。

2. 混凝土结构工程施工技术要求

(1) 模板工程

1) 模板的作用和技术要求

模板工程的施工工艺包括模板的选材、选型、设计、制作、安装、拆除和周转等过程。

模板系统包括模板、支架和紧固件三个部分。它是保证混凝土在浇筑过程中保持正确的形状和尺寸，是混凝土在硬化过程中进行防护和养护的工具。为此，模板和支架必须符合下列要求：保证工程结构和构件各部位形状尺寸和相互位置的正确；具有足够的承载能力、刚度和稳定性，能可靠地承受新浇混凝土的自重和侧压力以及施工荷载；构造简单、装拆方便，便于钢筋的绑扎、安装和混凝土的浇筑、养护；模板的接缝严密，不得漏浆；能多次周转使用。

2) 木模板的构造与安装

木模板及其支架系统一般在加工厂或现场制成基本元件（拼板），然后再在现场拼装。拼板的长短、宽窄可以根据混凝土构件的尺寸，设计出几种标准规格，以便组合使用。拼板的板条厚度一般为 25～50mm，宽度不宜超过 200mm。拼条截面尺寸为（25～50mm）×

（40～70mm）。梁侧板的拼条一般立放，其他则可平放。拼条间距为 400～500mm。

① 柱模板。柱模板由两块相对的内拼板夹在两块外拼板之间组成，亦可用短横板（门子板）代替外拼板钉在内拼板上柱模。

柱模板底部开有清理孔。沿高度每隔 2m 开有浇筑孔。柱底部一般有一钉在底部混凝土上的木框，用来固定柱模板的位置。拼板外要有柱箍，柱箍可为木制、钢制或钢木制，下部柱箍较密。柱模板顶部根据需要开有与梁模板连接的缺口。如图 2-7 所示。

安装柱模前，应先绑扎好钢筋，测出标高并标在钢筋上，同时在已浇筑的基础顶面或楼面上固定好柱模板底部的木框，在内外拼板上弹出中心线，根据柱边线及木框位置竖立内外拼板，并用斜撑临时固定，然后由顶部用锤球校正，使其垂直。检查无误后，即用斜撑钉牢固定。同在一条轴线上的柱，应先校正两端的柱模板，再从柱模板上口中心线拉一钢丝来校正中间的柱模。柱模之间还要用水平撑及剪刀撑相互拉结。

② 梁模板。梁模板主要由底模、侧模、夹木及其支架系统组成，下面每隔一定间距（一般为 800～1200mm）有顶撑支撑。顶撑可以用圆木、方木或钢管制成。顶撑底应加垫一对木楔块以调整标高，在顶撑底加铺垫板。多层建筑施工中，应使上、下层的顶撑在同一条竖向直线上。侧模板应包在底模板的外侧，底部用夹木固定，上部用斜撑和水平拉条固定单梁模板如图 2-8 所示。

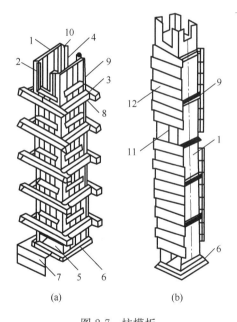
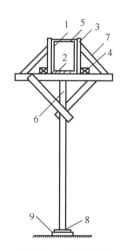

图 2-7　柱模板

（a）拼板柱模板；（b）短横板柱模板

1—内拼板；2—外拼板；3—柱箍；4—梁缺口；
5—清理孔；6—木框；7—盖板；8—拉紧螺栓；
9—拼条；10—三角木条；11—浇筑孔；
12—短横板

图 2-8　单梁模板

1—侧模板；2—底模板；3—侧模拼条；
4—夹木；5—水平拉条；6—顶撑（支架）；
7—斜撑；8—木楔；9—木垫板

如梁跨度等于或大于 4m，应使梁底模起拱，如设计无规定时，起拱高度宜为全跨长度的 1/1000～3/1000。

③ 楼板模板。混凝土楼板的面积大而厚度比较薄，板边缘侧压力小，因此，楼板模板及其支架系统主要承受钢筋混凝土的自重及其施工荷载，保证模板不变形。楼板模板的底模用木板条或用胶合板拼成，铺设在楞木上。楞木搁置在梁模板外侧托木上，若楞木面不平，可以加木楔调平。当楞木的跨度较大时，中间应加设立柱。立柱上钉通长的杠木，有梁楼板模板如图 2-9 所示。

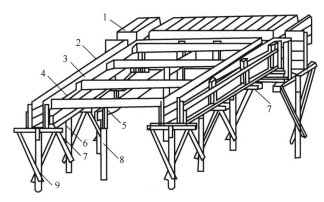

图 2-9　有梁楼板模板

1—楼板模板；2—梁侧模板；3—楞木；4—托木；5—杠木；

6—夹木；7—短撑木；8—立柱；9—顶撑

3）胶合板模板构造与安装

胶合板模板种类很多，这里主要介绍钢（铝）框胶合板模板技术。

钢（铝）框胶合板模板是一种模数化、定型化的模板，具有重量轻、通用性强、模板刚度好、板面平整、技术配套、配件齐全的特点，模板面板周转使用次数 30～50 次，钢（铝）框骨架周转使用次数 100～150 次，每次摊销费用少，经济技术效果显著。

① 钢（铝）框胶合板模板构造。钢（铝）框胶合板模板由标准模板、调节模板、阴角模、阳角模、斜撑、挑架、对拉螺栓、模板夹具、吊钩等组成。

钢框胶合板模板分为实腹和空腹两种，以特制钢边框型材和竖肋、横肋、水平背楞焊接成骨架，嵌入 12～18mm 厚双面覆膜木胶合板，以拉铆钉或螺钉连接紧固。用于板厚为 12～15mm 的梁、板结构支模面和板厚为 15～18mm 的墙、柱结构支模面。

铝框胶合板模板以空腹铝边框和矩形铝型材焊接成骨架，嵌入 15～18mm 厚双面覆膜木胶合板，以拉铆钉连接紧固，模板厚 120mm，模板之间用夹具或螺栓连接成大模板。铝框胶合板模板也分为重型和轻型两种，其中重型铝框胶合板模板用于墙、柱；轻型铝框胶合板模板用于梁、板。

② 钢（铝）框胶合板模板施工。其施工工艺为：根据工程结构设计图，分别对墙、梁、板进行配模设计，编制模板工程专项施工方案；对模板和支架的刚度、强度和稳定性进行验算；计算所需的模板规格与数量；制定确保模板工程质量和安全施工等有关措施；制定支模和拆模工艺流程；对面积较大的工程，划分模板施工流水段。

③ 主要技术指标。模板面板采用酚醛覆膜竹（木）胶合板，表面平整；模板面板厚度为 12mm、15mm、18mm；模板厚度为实腹钢框胶合板模板 55～120mm，空腹钢框胶合板模板 120mm，铝框胶合板模板 120mm；标准模板尺寸：600mm×2400mm、600mm×

1800mm、600mm×1200mm、900mm×2400mm、900mm×1800mm、900mm×1200mm、1200mm×2400mm。

④ 适用范围。可适用于各类型的公共建筑、工业与民用建筑的墙、柱、梁板等。

普通胶合板模板构造与安装与木模板基本相同，只是拼板由木板改为胶合板。由于胶合板板幅较大，拼板的长短、宽窄可以根据混凝土构件的尺寸，现场制成基本元件，然后再在现场拼装。

4）大模板构造与安装

大模板是一种大尺寸的工具式定型模板，如图 2-10 所示。一般一块墙面用 1～2 块大模板，因其重量大，安装时需要起重机配合装拆施工。

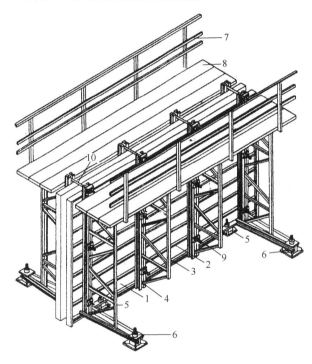

图 2-10 大模板构造图

1—面板；2—水平加劲肋；3—支撑架；4—竖楞；5—调整水平度的螺旋千斤顶；
6—调整垂直度的螺旋千斤顶；7—栏杆；8—脚手板；9—穿墙螺栓；10—固定卡具

大模板由面板、加劲肋、竖楞、支撑结构及附件组成。

① 面板。面板要求表面平整、刚度好，平整度按中级抹灰质量要求确定。面板一般用钢板和多层板制成，其中以钢板最多。用 4～6mm 厚钢板做面板（厚度根据加劲肋的布置确定），其优点是刚度大和强度高，表面平滑，所浇筑的混凝土墙面外观好，不需再抹灰，可以直接粉面，模板可重复使用 200 次以上。用 12～18mm 厚多层板做的面板，用树脂处理后可重复使用 50 次，重量轻，制作安装更换容易、规格灵活，对于非标准尺寸的大模板工程更为适用。

② 加劲肋。加劲肋是大模板的重要构件。其作用是固定面板，阻止其变形并把混凝土传来的侧压力传递到竖楞上。加劲肋可用 6 号或 8 号槽钢，间距一般为 300～500mm。

③ 竖楞。竖楞是与加劲肋相连接的竖直部件。它的作用是加强模板刚度，保证模板

的几何形状，并作为穿墙螺栓的固定支点，承受由模板传来的水平力和垂直力。竖楞多采用 6 号或 8 号槽钢制成，间距一般为 1～1.2m。

④ 支撑结构。支撑结构主要承受风荷载和偶然的水平力，防止模板倾覆。用螺栓或竖楞连接在一起，以加强模板的刚度。每块大模板采用 2～4 榀桁架作为支撑结构，兼做搭设操作平台的支座，承受施工活荷载，也可用大型型钢代替桁架结构。

⑤ 附件。大模板的支撑结构附件有穿墙螺栓、固定卡具、操作平台及其他附属连接件。

5）铝合金模板的构造与施工

① 铝合金模板的组成：由铝合金材料制作而成的模板叫铝合金模板，铝合金模板系统由铝模板和配件两大部分组成。铝模板包括平面模板和转角模板等通用模板。平面模板楼包括板模板、墙柱模板、梁模、板承接模板；转角模板包括楼板阴角模板、梁底阴角模板、梁侧阴角模板、楼板阴角转角模板、墙柱阴角模板、连接角模等。

配件的连接包括子弹形销子、锲片、紧固螺栓、对拉螺栓等；配件的支承件包括钢背楞、单支顶、斜撑等。

② 安装准备：技术准备和现场准备。

技术准备包括：模板施工前应制定详细的施工方案。施工方案应包括模板安装、拆除、安全措施等各项内容。模板安装前应向施工班组进行技术交底。操作人员应熟悉模板施工方案、模板施工图、支撑系统设计图。根据图纸要求和施工规范，由厂家专业技术人员进行模板深化设计，完成铝模拼装图，进行铝模生产制作。铝模生产制作完成在工厂进行试拼装，试拼装完成后由技术总工组织预验收。

现场准备包括：模板安装现场应设有测量控制点和测量控制线，并应进行楼面抄平和采取模板底面垫平措施。

模板进场时应按规定进行模板、支撑的材料验收，验收内容包括：应检查铝合金模板出厂合格证；应按模板及配件规格、品种与数量明细表、支撑系统明细表核对进场产品的数量；模板使用前应进行外观质量检查，模板表面应平整，无油污、破损和变形，焊缝应无明显缺陷。

模板安装前表面应涂刷隔离剂，且不得使用影响现浇混凝土结构性能或妨碍装饰工程施工的隔离剂。

模板堆放应满足要求，根据模板编号和拼装图，按颜色、字母有序堆放，做好标记便于施工人员的取货。

穿墙螺栓、各种连接螺栓要入库保存，以防生锈；斜支撑的调节丝杠、穿墙螺栓要涂抹润滑油；准备好隔离剂、PVC 套管等附属材料；在现场物料仓库准备一定量的铝模板原材料及配件，以备急用；墙、柱钢筋绑扎完毕，安装水电管及预埋件，并通过验收。

主要机具设备准备包括水准仪、锤子、小撬棍、打眼电钻、活动扳手、切割机、电锤、线坠、撬棍、登高梯凳、开模器等施工工具。

③ 模板安装总体要求包括：

模板及其支撑应按照配模设计的要求进行安装，配件应安装牢固。整体组拼时，应先支设墙、柱模板，调整固定后再架设梁模板及楼板模板。墙、柱模板的基面应调平，下端应与定位基准靠紧垫平。在墙柱模板上继续安装模板时，模板应有可靠的支承点。

模板的安装应符合相关规定。

6）模板的拆除

模板的拆除日期取决于现浇结构的性质、混凝土的强度、模板的用途、混凝土硬化时的气温。

模板的拆除应满足如下规定：

① 侧模板的拆除。应在混凝土强度达到能保证其表面及棱角不因拆除模板而受损坏时方可进行。具体拆除时间可参考表 2-4。

侧模板的拆除时间　　　　　　　　　　　　表 2-4

水泥品种	混凝土强度等级	混凝土凝固的平均温度（℃）					
		5	10	15	20	25	30
		混凝土强度达到 2.5MPa 所需天数（d）					
普通硅酸盐水泥	C15	4.5	3	2.5	2	1.5	1
	≥C20	3	2.5	2	1.5	1.0	1
矿渣及火山灰质硅酸盐水泥	C15	6	4.5	3.5	2.5	2	1.5

② 底模板的拆除。应在与混凝土结构同条件养护的试件达到表 2-5 规定强度标准值时，方可拆除。达到规定强度标准值所需时间可参考表 2-6。

现浇结构拆模时所需混凝土强度　　　　　　　　表 2-5

结构类型	结构跨度（m）	按设计的混凝土强度标准值的百分率计（%）
板	≤2	50
	>2，≤8	75
	>8	100
梁、拱、壳	≤8	75
	>8	100
悬臂构件	≤2	75
	>2	100

注："设计的混凝土强度标准值"系指与设计混凝土强度等级相应的混凝土立方体抗压强度标准值。

拆除底模板的时间参考表（d）　　　　　　　表 2-6

水泥的强度等级及品种	混凝土达到设计强度标准值的百分率（%）	硬化时昼夜平均温度					
		5℃	10℃	15℃	20℃	25℃	30℃
42.5MPa 普通硅酸盐水泥	50	10	7	6	5	4	3
	75	20	14	11	8	7	6
	100	50	40	30	28	20	18
32.5MPa 矿渣硅酸盐水泥或火山灰质硅酸盐水泥	50	18	12	10	8	7	6
	75	32	25	17	14	12	10
	100	60	50	40	28	24	20
42.5MPa 矿渣硅酸盐水泥或火山灰质硅酸盐水泥	50	16	11	9	8	7	6
	75	30	20	15	13	12	10
	100	50	40	30	28	20	18

拆除模板顺序及注意事项：

A. 拆模时不要用力过猛，拆下来的模板要及时运走、整理、堆放以便再用。

B. 拆模程序一般应是后支的先拆，先拆除非承重部分，后拆除承重部分。重大复杂模板的拆除，事先应制定拆模方案。

C. 拆除框架结构模板的顺序，首先是柱模板，然后是楼板底板、梁侧模板，最后是梁底模板。拆除跨度较大的梁下支柱时，应先从跨中开始，分别拆向两端。

D. 楼层楼板支柱的拆除，应按下列要求进行：上层楼板正在浇筑混凝土时，下一层楼板的模板支柱不得拆除，再下一层楼板模板的支柱，通过计算仅可拆除一部分；跨度4m 及 4m 以上的梁下均应保留支柱，其间距不大于 3m。

E. 已拆除模板及其支架的结构，应在混凝土强度达到设计的混凝土强度标准值后，才允许承受全部使用荷载。当承受施工荷载产生的效应比使用荷载更为不利时，必须经过核算，加设临时支撑。

F. 拆模时，应尽量避免混凝土表面或模板受到损坏，防止整块板落下伤人。

（2）钢筋工程

1）钢筋的验收和存放

混凝土结构和预应力混凝土结构应用的钢筋有普通钢筋、预应力钢绞线、钢丝和热处理钢筋。后三种用作预应力钢筋。

① 钢筋的验收。钢筋混凝土结构中所用的钢筋，都应有出厂质量证明书或试验报告单，每捆（盘）钢筋均应有标牌。钢筋进场时应按批号及直径分批验收。验收的内容包括查对标牌、外观检查，并按有关标准的规定抽取试样做力学性能试验，合格后方可使用。

热轧钢筋验收分外观检查和力学性能检验。外观检查要求钢筋表面不得有裂缝、结疤和折叠，钢筋表面允许有凸块，但不得超过横肋的最大高度，钢筋的外形尺寸应符合规定。力学性能检验是以同规格、同炉罐（批）号的不超过 60t 钢筋为一批，每批钢筋中任选两根，每根取两个试样分别进行拉力试验（测定屈服点、抗拉强度和伸长率三项指标）和冷弯试验（以规定弯心直径和弯曲角度检查冷弯性能）。如有一项试验结果不符合规定，则从同一批中另取双倍数量的试样重做各项试验。如仍有一个试样不合格，则该批钢筋为不合格品，应降级使用。

冷拉钢筋验收以不超过 20t 的同级别、同直径的冷拉钢筋为一批，从每批中抽取两根钢筋，每根截取两个试样分别进行拉力和冷弯试验。冷拉钢筋的外观不得有裂纹和局部缩颈。

冷拔钢丝验收分甲级钢丝和乙级钢丝两种。甲级钢丝逐盘检验，从每盘钢丝上任一端截去不少于 500mm 后再取两个试样，分别做拉力和冷弯试验。乙级钢丝可分批抽样检验，以同一直径的钢丝为一批，从中任取三盘，每盘各截取两个试样，分别做拉力和冷弯试验。钢丝外观不得有裂纹和机械损伤。

冷轧带肋钢筋验收以不大于 50t 的同级别、同一钢号、同一规格为一批。每批抽取5%（但不少于 5 盘）进行外形尺寸、表面质量和重量偏差的检查，如其中有一盘不合格，则应对该批钢筋逐盘检查。

② 钢筋的存放。当钢筋运进施工现场后，必须严格按批分等级、牌号、直径、长度挂牌存放，并注明数量，不得混淆。钢筋应尽量堆入仓库或料棚内。条件不具备时，应选

择地势较高，土质坚实，较为平坦的露天场地存放。在仓库或场地周围挖排水沟，以利于泄水。堆放时钢筋下面要加垫木，离地不宜少于200mm，以防钢筋锈蚀和污染。钢筋成品要分工程名称和构件名称，按号码顺序存放。同一项工程与同一构件的钢筋要存放在一起，按号挂牌排列，牌上注明构件名称、部位、钢筋类型、尺寸、钢号、直径、根数，不能将几项工程的钢筋混放在一起。同时不要和产生有害气体的车间靠近，以免污染和腐蚀钢筋。

2）钢筋配料与代换

① 钢筋配料。钢筋配料就是根据结构施工图，分别计算构件各钢筋的直线下料长度、根数及质量，编制钢筋配料单，作为备料、加工和结算的依据。钢筋配料单见表2-7所列。

钢筋配料单　　　　　　　　　　　　　　　　　表 2-7

项　次	构件名称	钢筋编号	简　图	直径(mm)	钢　号	下料长度(mm)	单位根数	合计根数	总重(kg)
1	L₁梁计5根	(1)	4190	10	φ	4315	2	10	26.62
2		(2)	150 265 494 2960 494 265 150	20	φ	4658	1	5	57.43
3		(3)	100 4190 100	18	φ	4543	2	10	90.77
4		(4)	162 362	6	φ	1108	22	110	27.05
合计 φ6：27.05kg；φ10：26.62kg；φ18：90.77kg；φ20：57.43kg									

配料计算注意事项：在设计图纸中，钢筋配置的细节问题没有注明时，一般可按构造要求处理；配料计算时，要考虑钢筋的形状和尺寸在满足设计要求的前提下有利于加工安装；配料时，还要考虑施工需要的附加钢筋。

② 钢筋切断（俗称下料）。钢筋切断都由切断机进行。当钢筋切断机能力较小时，切断直径28mm以上的钢筋可用砂轮锯、气割等方法进行，切断时的长度按配料单中的长度，误差不大于5mm。钢筋加工前按直线下料，经弯曲后，外边缘伸长，内边缘缩短，而中心线不变。这样，钢筋弯曲后的外包尺寸和中心线长度之间存在一个差值，称为"量度差值"。在计算下料长度时必须加以扣除。钢筋下料长度为各段外包尺寸之和减去各弯曲处的量度差值，再加上端部弯钩的增加值。

③ 钢筋的弯曲。钢筋弯曲用弯曲机，但弯曲时要考虑弯心直径的大小和量度差值等。

④ 钢筋代换。钢筋的代换原则：当施工中遇有钢筋品种或规格与设计要求不符时，可采用等强度代换或等面积代换。即不同种类的钢筋代换，按钢筋抗拉设计值相等的原则进行代换；相同种类和级别的钢筋代换，应按钢筋等面积原则进行代换。

等强度代换：如设计图中所用的钢筋设计强度为 f_{y1}，钢筋总面积为 A_{s1}，代换后的钢筋设计强度为 f_{y2}，钢筋总面积为 A_{s2}，则应使

$$A_{s1} \cdot f_{y1} \leqslant A_{s2} \cdot f_{y2} \tag{2-7}$$

$$n_1 \cdot \pi d_1^2 / 4 \cdot f_{y1} \leqslant n_2 \cdot \pi d_2^2 / 4 \cdot f_{y2} \tag{2-8}$$

$$n_2 \geqslant n_1 d_1^2 \cdot f_{y1} / (d_2^2 \cdot f_{y2}) \tag{2-9}$$

式中 n_2——代换钢筋根数；

      n_1——原设计钢筋根数；

      d_2——代换钢筋直径；

      d_1——原设计钢筋直径。

等面积代换：

$$A_{s1} \leqslant A_{s2} \tag{2-10}$$

则

$$n_2 \geqslant n_1 d_1^2 / d_2^2 \tag{2-11}$$

式中符号含义同上。

钢筋代换后，有时由于受力钢筋直径加大或根数增多而需要增加排数，则构件截面的有效高度 h_0 减少，截面强度降低。通常对这种影响可凭经验适当增加钢筋面积，然后再做截面强度复核。

钢筋代换注意事项。钢筋代换时，应征得设计单位同意，并应符合下列规定：对重要受力构件，不宜用 HPB300 级光面钢筋代换变形钢筋，以免裂缝开展过大，如吊车梁、薄腹梁、桁架下弦等；钢筋代换后，应满足混凝土结构设计规范中所规定的钢筋间距、锚固长度、最小钢筋直径、根数等要求；梁的纵向受力钢筋与弯曲钢筋应分别代换，以保证正截面与斜截面强度；当构件受裂缝宽度或挠度控制时，钢筋代换后应进行刚度、裂缝验算；有抗震要求的梁、柱和框架，不宜以强度等级较高的钢筋代换原设计中的钢筋，如必须代换时，其代换的钢筋检验所得的实际强度，尚应符合抗震钢筋的要求；预制构件的吊环，必须采用未经冷拉的 HPB300 级钢筋制作，严禁以其他钢筋代换。

3) 钢筋连接技术

钢筋接头连接方法有绑扎连接、焊接连接和机械连接。绑扎连接由于需要较长的搭接长度，浪费钢筋，且连接不够可靠，故宜限制使用。焊接连接的方法较多，有闪光对焊、电弧焊、电渣压力焊和电阻点焊等，其成本较低，质量可靠，宜优先选用。机械连接无明火作业，设备简单，节约能源，不受气候条件影响，可全天候施工，连接可靠，技术易于掌握，适用范围广，尤其适用于现场焊接有困难的场合。

钢筋机械连接包括套筒挤压连接和螺纹套管连接。

① 钢筋套筒挤压连接。钢筋套筒挤压连接是将需连接的变形钢筋插入特制钢套筒内，利用液压驱动的挤压机进行径向或轴向挤压，使钢套筒产生塑性变形，使套筒内壁紧紧咬住变形钢筋实现连接（图 2-11）。它适用于竖向、横向及其他方向的较大直径变形钢筋的连接。

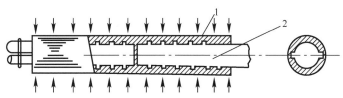

图 2-11 钢筋套筒挤压连接原理图

1—钢套筒；2—被连接的钢筋

钢筋挤压连接的工艺参数主要是压接顺序、压接力和压接道数。压接顺序应从中间隧道向两端压接。压接力要能保证套筒与钢筋紧密咬合，压接力和压接道数取决于钢筋直径、套筒型号和挤压机型号。

钢筋套筒挤压连接接头，按验收批进行外观质量和单向拉伸试验检验。

② 钢筋螺纹套筒连接。钢筋螺纹套筒连接分为锥螺纹套筒连接和直螺纹套筒连接两种。

用于这种连接的钢套管内壁，用专用机床加工有锥螺纹，钢筋的对接端头亦在套丝机上加工与套管匹配的有锥螺纹。连接时，经对螺纹检查无油污和损伤后，先用手旋入钢筋，然后用扭矩扳手紧固至规定的扭矩即完成连接（图 2-12）。它施工速度快、不受气候影响、质量稳定、对中性好。

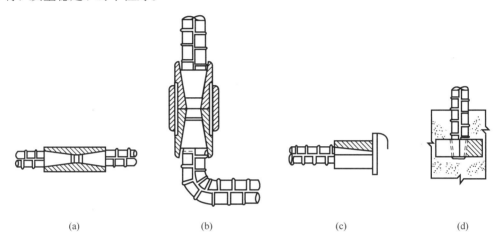

图 2-12　钢筋螺纹套管连接示意
(a) 两根直钢筋连接；(b) 一根直钢筋与一根弯钢筋连接；(c) 在金属结构上接装钢筋；
(d) 在混凝土构件中插接钢筋

直螺纹套筒连接由于钢筋的端头在套丝机上加工有螺纹，截面有所削弱，有时达不到与母材等强度要求。为确保达到与母材等强度，可先把钢筋端部镦粗，然后切削直螺纹，用套筒连接就形成直螺纹套筒连接。或者用冷轧方法在钢筋端部轧制出螺纹，由于冷强作用亦可达到与母材等强。

4）钢筋的绑扎与安装

柱钢筋现场绑扎时，一般在模板安装前进行，柱钢筋采用预制安装时，可先安装钢筋骨架，然后安装柱模板，或先安装三面模板，待钢筋骨架安装后，再钉第四面模板。梁的钢筋一般在梁模板安装后，再安装或绑扎；断面高度较大（>600mm），或跨度较大、钢筋较密的大梁，可留一面侧模，待钢筋安装或绑扎完后再钉。楼板钢筋绑扎应在楼板模板安装后进行，并应按设计先划线，然后摆料、绑扎。

钢筋保护层应按设计或规范的要求正确确定。工地常用预制水泥垫块垫在钢筋与模板之间，以控制保护层厚度。垫块应布置成梅花形，其相互间距不大于 1m。上下双层钢筋之间的尺寸，可通过绑扎短钢筋或设置撑脚来控制。

钢筋工程属于隐蔽工程，在浇筑混凝土前应对钢筋及预埋件进行验收，并按规定做好隐蔽工程记录，以便查验。验收检查下列几方面：根据设计图纸检查钢筋的钢号、直径、根数、间距是否正确，特别是要注意检查负筋的位置；检查钢筋接头的位置及搭接长度是否符合规定；检查混凝土保护层是否符合要求；检查钢筋绑扎是否牢固，有无变形、松脱和开焊；钢筋表面不允许有油渍、漆污和颗粒状（片状）铁锈；钢筋位置允许偏差，应符合相关规定。

（3）混凝土工程

混凝土工程施工包括混凝土制备、运输、浇筑、养护等施工过程。

1）混凝土的施工配料

混凝土配料必须根据设计要求的强度等级，由混凝土厂试验室制定配合比，并由施工单位技术部门认可。

混凝土由水泥、粗骨料（石子）、细骨料（砂）加水拌合而成，有的掺加外加剂及矿物掺合料并按设计好的配合比进行拌制，因此混凝土的配料是混凝土质量的前提。配料工作的程序如下。

① 混凝土配合比的设计和计算。在基础知识中已经介绍了混凝土配合比的设计和计算方法，这里不再赘述，但它是配料施工过程中的一个重要环节。而在施工时，配料则是根据配合比进行称量，目前绝大多数采用商品混凝土，它由计算机控制各种材料用量。少量自拌混凝土的配料称量，则要求在施工中自行严格控制，做到车车过磅，一丝不苟。

② 施工配合比调整。混凝土实验室配合比是根据完全干燥的砂、石骨料制定的，但实际使用的砂、石骨料一般都含有一些水分，而且含水量又会随气候条件发生变化。所以施工时应及时测定现场砂、石骨料的含水量，并将混凝土的实验室配合比换算成在实际含水量情况下的施工配合比，才能对各种材料计量并进行生产搅拌。

设实验室配合比为：水泥：砂子：石子＝$1:x:y$，水灰比为W/C，若测得砂子的含水量为W_x，石子的含水量为W_y，则施工配合比应为：$1:x(1+W_x):y(1+W_y)$。

按实验室配合比$1m^3$混凝土水泥用量为C（kg），计算时确保混凝土水灰比不变（W为用水量），则换算后材料用量为：

水泥：$C'=C$；砂子：$G'_砂=C_x(1+W_x)$；石子：$G'_石=C_y(1+W_y)$；水：$W'=W-C_xW_x-C_yW_y$。

2）混凝土搅拌要求

搅拌要求包括搅拌时间、投料顺序和进料容量等。

① 混凝土搅拌时间。搅拌时间应从全部材料投入搅拌筒起，到开始卸料为止所经历的时间。搅拌时间过短，混凝土不均匀，强度及和易性将下降；搅拌时间过长，不但降低搅拌的生产效率，同时会使不坚硬的粗骨料在大容量搅拌机中因脱角、破碎等而影响混凝土的质量。混凝土搅拌的最短时间可按表2-8采用。

混凝土搅拌的最短时间（s）   表2-8

混凝土坍落度（mm）	搅拌机机型	搅拌机出料量（L）		
		<250	250~500	>500
≤30	强制式	60	90	120
	自落式	90	120	150
>30	强制式	60	60	90
	自落式	90	90	120

② 投料顺序。常用一次投料法、二次投料法和水泥裹砂法等。

一次投料法：将砂、石、水泥和水一起同时加入搅拌筒中进行搅拌。对自落式搅拌机常采用的投料顺序是将水泥夹在砂、石之间，最后加水搅拌。

二次投料法：预拌水泥砂浆法是先将水泥、砂和水加入搅拌筒内进行充分搅拌，成为均匀的水泥砂浆后，再加入石子搅拌成均匀的混凝土；预拌水泥净浆法是先将水泥和水充分搅拌成均匀的水泥净浆后，再加入砂和石搅拌成混凝土。

水泥裹砂法：这种混凝土就是在砂子表面生成一层水泥浆壳。主要采取两项工艺措施：一是对砂子的表面湿度进行处理，使其控制在一定范围内。二是进行两次加水搅拌，第一次先将处理过的砂子、水泥和部分水搅拌，使砂子周围形成黏着性很高的水泥糊包裹层；第二次再加入水及石子，经搅拌，部分水泥浆便均匀地分散在已经被造壳的砂子及石子周围。

③ 进料容量。进料容量是将搅拌前各种材料的体积累积起来的容量，又称干料容量。进料容量约为出料容量的 1.4～1.8 倍（通常取 1.5 倍）。进料容量超过规定容量的 10%，就会使材料在搅拌筒内无充分的空间进行搀合，影响混凝土拌合物的均匀性；反之，如装料过少，则又不能充分发挥搅拌机的效能。

总之，混凝土的搅拌要求为：均匀，骨料分布合理。

3）混凝土的运输

混凝土拌合物运输的基本要求：不产生离析现象；保证混凝土浇筑时具有设计规定的坍落度；在混凝土初凝之前能有充分时间进行浇筑和捣实；保证混凝土浇筑能连续进行。

① 混凝土运输的时间。混凝土应以最少的转运次数和最短的时间，从搅拌地点运至浇筑地点，并在初凝之前浇筑完毕。普通混凝土从搅拌机中卸出后到浇筑完毕的延续时间不宜超过表 2-9 的规定。如需进行长距离运输可选用混凝土搅拌运输车。

混凝土从搅拌机中卸出到浇筑完毕的延续时间（min）　　　　　　　　表 2-9

混凝土强度等级	气温（℃）	
	≤25	>25
≤C30	120	90
>C30	90	60

② 混凝土运输工具。混凝土运输分为地面运输、垂直运输和楼面运输三种情况。

小型工程混凝土地面运输工具有双轮手推车、机动翻斗车、混凝土搅拌运输车和自卸汽车。如采用预拌（商品）混凝土运输距离较远时，应大量采用混凝土搅拌运输车和自卸汽车。

4）混凝土的浇筑与振捣

混凝土的浇筑与振捣工作包括布料摊平、捣实和抹面修整等工序。它对混凝土的密实性和耐久性、结构的整体性和外形准确性等都有重要影响。

① 混凝土浇筑的一般规定

混凝土浇筑前不应发生初凝和离析现象，如果已经发生，可以进行重新搅拌，使混凝土恢复流动性和黏聚性后再进行浇筑。

混凝土自高处倾落时的自由倾落高度不宜超过 2m。若混凝土自由下落高度超过 2m（竖向结构 3m），要沿溜槽或串筒下落，如图 2-13（a）、（b）所示。当混凝土浇筑深度超过 8m 时，则应采用带节管的振动串筒，即在串筒上每隔 2～3 节管安装一台振动器，如图 2-13（c）所示。

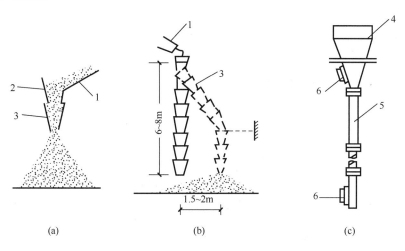

图 2-13 溜槽与串筒

（a）溜槽；（b）串筒；（c）振动串筒

1—溜槽；2—挡板；3—串筒；4—漏斗；5—节管；6—振动器

为了使混凝土振捣密实，必须分层浇筑，每层浇筑厚度与捣实方法、结构的配筋情况有关，应符合表 2-10 的规定。

混凝土浇筑层厚度 表 2-10

项　次	捣实混凝土的方法		浇筑层厚度（mm）
1	插入式振动		振动器作用部分长度的 1.25 倍
2	表面振动		200
3	人工捣固	在基础或无筋混凝土和配筋稀疏的结构中	250
		在梁、墙、板、柱结构中	200
		在配筋密集的结构中	150
4	轻骨料混凝土	插入式振动	300
		表面振动（振动时需加荷）	200

混凝土的浇筑工作应尽可能连续进行，如上下层或前后层混凝土浇筑必须间歇，其间歇时间应尽量缩短，并要在前层（下层）混凝土凝结（初凝）前，将次层混凝土浇筑完毕。

浇筑竖向结构混凝土前，应先在底部填筑一层 50～100mm 厚与混凝土内砂浆成分相同的水泥砂浆，然后再浇筑混凝土。

施工缝宜留在结构受剪力较小且便于施工的部位。柱应留水平缝，梁、板应留垂直缝。柱的施工缝宜留在基础与柱的交接处的水平面上，或梁的下面，或吊车梁牛腿的下面，或无梁楼盖柱帽的下面。在施工缝处继续浇筑混凝土时，应除去表面的水泥薄膜、松动的石子和软弱的混凝土层，并加以充分湿润和冲洗干净，待已浇筑的混凝土的强度不低于1.2MPa时才允许继续浇筑。

② 框架结构混凝土的浇筑。框架结构一般按结构层划分施工层和在各层划分施工段分别浇筑，一个施工段内的每排柱子应从两端同时开始向中间推进，不可从一端开始向另一端推进，预防柱子模板逐渐受推倾斜使误差积累难以纠正。每一施工层的梁、板、柱结构，先浇筑柱和墙。停歇一段时间（1~1.5h）后，柱和墙有一定强度再浇筑梁板混凝土。梁板混凝土应同时浇筑，只有梁高很大时，才可以单独先浇筑梁的下部到接近板时再一起浇梁柱节点的连接处，浇筑应保证连接密实。

③ 大体积混凝土结构浇筑。应编制大体积混凝土结构浇筑方案。为保证结构的整体性，混凝土应连续浇筑，要求每一处的混凝土在初凝前就被后部分混凝土覆盖并捣实成整体，根据结构特点不同，可分为全面分层、分段分层、斜面分层等浇筑方案（图2-14）。

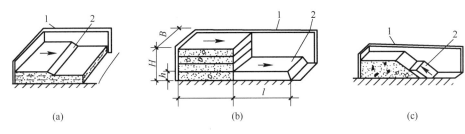

图2-14 大体积混凝土浇筑方案

(a) 全面分层；(b) 分段分层；(c) 斜面分层

1—模板；2—新浇筑的混凝土

全面分层：当结构平面面积不大时，可将整个结构分为若干层进行浇筑，即第一层全部浇筑完毕后，再浇筑第二层，逐层连续浇筑，直到结束。为保证结构的整体性，要求次层混凝土在前层混凝土初凝前浇筑完毕。

分段分层：当结构平面面积较大时，全面分层已不适应，这时可采用分段分层浇筑方案。即将结构分为若干段落，每段又分为若干层，先浇筑第一段各层，然后浇筑第二段各层，逐段逐层连续浇筑，直至结束。为保证结构的整体性，要求次段混凝土应在前段混凝土初凝前浇筑并与之捣实成整体。

斜面分层：当结构的长度超过厚度的3倍时，可采用斜面分层的浇筑方案。这时，振捣工作应从浇筑层斜面下端开始，逐渐上移，且振动器应与斜面垂直。

要防止混凝土早期产生温度裂缝。其预防方法主要有：优先采用水化热低的水泥（如矿渣硅酸盐水泥）；减少水泥用量；掺入适量的粉煤灰或在浇筑时投入适量的毛石；放慢浇筑速度和减少浇筑厚度，采用人工降温措施（拌制时，用低温水，养护时用循环水冷却）；浇筑后应及时覆盖，以控制内外温差，减缓降温速度，尤其应注意寒潮的不利影响；必要时，取得设计单位同意后，可分块浇筑，块和块间留1m宽后浇带，待各分块混凝土干缩后，再浇筑后浇带。分块长度可根据有关手册计算，当结构厚度在1m以内时，分块长度一般为20~30m。

④ 混凝土振捣。混凝土振捣密实的途径有以下三种：一是利用机械外力（如机械振动）来克服拌合物的黏聚力和内摩擦力而使之液化、沉实；二是在拌合物中适当增加用水量以提高其流动性，使之便于成型，然后用离心法、真空作业法等将多余的水分和空气排

出；三是在拌合物中掺入高效能减水剂，使其坍落度大大增加，可自流成型。

5）混凝土的养护

混凝土浇筑捣实后，逐渐凝固硬化，这个过程主要由水泥的水化作用来实现，而水化作用必须在适当的温度和湿度条件下才能完成。因此，为了保证混凝土有适宜的硬化条件，使其强度不断增长，必须对混凝土进行养护。混凝土的养护就是创造一个具有一定湿度和温度的环境，使混凝土凝结硬化，达到设计要求的强度。因而养护对于保证混凝土的质量是至关重要的。混凝土养护方法分为标准养护、自然养护和人工养护。

① 标准养护。标准养护是指混凝土在温度为 20±2℃和相对湿度为 95% 以上的潮湿环境或水中的条件下进行的养护。标准养护主要用于混凝土试块的养护。

② 自然养护。自然养护是指利用平均气温高于 5℃的自然条件，对混凝土采取相应的保湿、保温等措施所进行的养护。自然养护简单，费用低，是混凝土养护的首选方法。自然养护又分洒水养护、蓄水养护、薄膜布养护和喷涂薄膜养生液养护四种。

洒水养护即用吸水保温能力较强的材料（如草帘、锯末、麻袋、芦席等）将刚浇筑的混凝土进行覆盖，通过洒水使其保持湿润。应在浇筑完毕后的 12h 以内对混凝土加以覆盖并保湿养护；洒水养护时间长短取决于水泥品种和结构的功能要求，普通硅酸盐水泥或矿渣硅酸盐水泥拌制的混凝土，不得少于 7d；掺有缓凝型外加剂或有抗渗要求的混凝土不得少于 14d。浇水次数应能保持混凝土处于湿润状态；混凝土养护用水应与拌制用水相同。应注意，当日平均气温低于 5℃时，不得浇水。

蓄水养护与洒水养护原理相同，只是以蓄水代替洒水过程，这种方法适用于平面形结构（如道路、机场、现浇屋面板等），一般在结构的周边用黏土做成围堰。

薄膜布养护是在有条件的情况下，采用不透水、不透气的薄膜布（如塑料薄膜布）养护。用薄膜布把混凝土表面敞露的部分全部严密地覆盖起来，保证混凝土在不浇水的情况下得到充足的养护。这种养护方法的优点是不必浇水，操作方便，能重复使用，能提高混凝土的早期强度，加速模具的周转。采用塑料布覆盖养护的混凝土，并应保持塑料面布内有凝结水。

喷涂薄膜养生液养护适用于缺水地区的混凝土结构或不易洒水养护的高耸构筑物和大面积混凝土结构。它是将高分子合成乳液等喷洒在新浇筑的混凝土表面，溶剂挥发后在混凝土表面形成一层薄膜，将混凝土与空气隔绝，阻止混凝土中水分的蒸发，以保证水化作用继续进行。薄膜在养护完成一段时间后要能自行老化脱落，否则，不利于混凝土表面喷洒部位的涂刷。

③ 人工养护。人工养护就是用人工来控制混凝土的养护温度和湿度，使混凝土强度增长，如蒸汽养护、太阳能养护等。其主要用来养护预制构件，现浇构件大多用自然养护。

（4）预应力混凝土施工技术要求

1）先张法施工工艺

先张法是先张拉钢筋，后浇筑混凝土的施工方法。是在浇筑混凝土前，预先张拉预应力钢筋，用夹具临时将其固定在台座或模板上，然后绑扎非预应力钢筋、支模，浇筑混凝土，待混凝土具有一定强度（一般不低于混凝土设计强度标准值的 75%）后，在保证预应力筋与混凝土之间有足够的粘结力时，把张拉的钢筋放松（称作放张），这时预应力钢筋产生弹性回缩，而混凝土已与钢筋粘结在一起，阻止钢筋的回缩，于是钢筋对混凝土施加了预应力，如图 2-15 所示。该生产工艺主要用于专业生产构件的工厂。

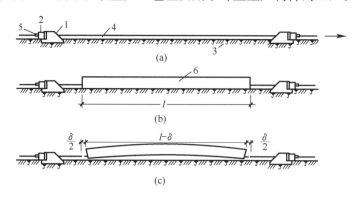

图 2-15　先张法生产示意

（a）预应力筋张拉；（b）混凝土浇筑和养护；（c）放张预应力筋

1—台座；2—横梁；3—台面；4—预应力筋；5—夹具；6—构件

先张法施工工艺流程为：

先张法根据生产方式的不同，分有台座法和机组流水法（强钢模板法）。

当采用台座法施工时，预应力筋的张拉、锚固，混凝土构件的浇筑、养护和预应力筋放张等工序皆在台座上进行，预应力筋的张拉力由台座承受。

当用机组流水法生产时，预应力筋的拉力由强钢模板承受。

先张法一般适用于生产定型的中小型预应力混凝土构件，如空心板、槽形板、T 形板、薄板、吊车梁、檩条等。

先张法施工流程为：检查台座及钢模板质量→张拉钢筋→浇筑混凝土→养护、拆模→放张钢筋。

① 台座。台座是先张法生产中的主要设备之一，它承受预应力筋的全部张拉力。故要求其应有足够的强度、刚度和稳定性，以免台座变形、滑移或倾斜而引起预应力损失。按构造形式不同，可分为墩式台座和槽式台座等。

② 预应力筋的张拉。预应力筋张拉时，张拉机具与预应力筋应在一条直线上；施加张拉力时，应以稳定的速度逐渐加大拉力，并使拉力传到台座横梁上，而不使预应力筋或夹具产生次应力（如钢丝在分丝板、横梁或夹具处产生尖锐的转角或弯曲）。锚固时，敲击锥塞或模块应先轻后重；与此同时，倒开张拉机，放松钢丝。操作时彼此间要密切配合，既要减少锚固时钢丝的回缩滑移，又要防止锤击力过大，导致钢丝在锚固夹具与张拉夹具处因受力过大而断裂。

张拉预应力筋时，应按设计要求的张拉力采用正确的张拉方法和张拉程序，并应调整各预应力的初应力，使长短、松紧一致，以保证张拉后各预应力筋的应力一致。张拉时的张拉控制应力 σ_{con} 应按设计规定取值；设计无规定时可参考表 2-11 的规定。

张拉控制应力限值表　　　　　　　　　　　　　　　　　　　表 2-11

钢筋种类	张拉方法	
	先张法	后张法
消除应力钢丝、钢绞线	$0.75 f_{ptk}$	$0.75 f_{ptk}$

续表

钢筋种类	张拉方法	
	先张法	后张法
热处理钢筋	$0.70f_{ptk}$	$0.65f_{ptk}$
冷拉钢筋	$0.90f_{pyk}$	$0.85f_{pyk}$

注：f_{ptk}——预应力筋极限抗拉强度标准值；f_{pyk}——预应力筋屈服强度标准值。

实际张拉时的应力尚应考虑各种预应力损失，采用超张拉补足。此时预应力筋的最大超张拉力，对冷拉Ⅱ～Ⅳ级钢筋不得大于屈服点的 95％；钢丝、钢绞线和热处理钢筋不得大于标准强度的 80％。张拉后的实际预应力值的偏差不得大于或小于规定值的 5％。

预应力筋的张拉程序可采用以下两种方法：

$$0 \rightarrow 1.05\sigma_{con} \xrightarrow{\text{持续 2min}} \sigma_{con}$$

或：$0 \rightarrow 1.03\sigma_{con}$

在第一种张拉程序中，超张拉 5％并持荷 2min 是为了加速钢筋松弛早期发展，以减少应力松弛引起的预应力损失（约减少 50％）；第二种张拉程序超张拉 3％是为了弥补应力松弛所引起的应力损失。

③ 混凝土的浇筑与养护。混凝土构件的立模应在预应力筋张拉锚固和非预应力筋绑扎完毕后进行支设。所立模板应避开台面的伸缩缝及裂缝，如无法避免伸缩缝、裂缝时，可采取在裂缝处先铺设薄钢板或垫油毡或采取其他相应的措施后，再浇筑混凝土。

预应力混凝土可采用自然养护或蒸汽养护。

④ 预应力筋放张。先张法预应力筋的放张工作应有序并缓慢进行，防止冲击。

放张预应力筋时，混凝土强度必须符合设计要求。当设计无要求时，不得低于设计的混凝土强度标准值的 75％。

预应力筋的放张顺序，必须符合设计要求；当设计无要求时，应符合下列规定：对承受轴心预压力的构件（如压杆、桩等），所有预应力筋应同时放张；对承受偏心预压力的构件，应同时放张预压力较小区域的预应力筋，再同时放张预压力较大区域的预应力筋；当不能按上述规定放张时，应分阶段、对称、相互交错地放张。

放张后预应力筋的切断顺序，宜由放张端开始，逐次切向另一端。

放张的方法有：螺杆放松、千斤顶放松、砂箱放松、混凝土缓冲放松、预热熔割，此外，还有用剪线钳剪断钢丝的方法等。

2）后张法施工工艺

后张法是先浇筑混凝土，后张拉钢筋的方法，即在构件中配置预应力筋的位置处预先留出相应的孔道，然后绑扎非预应力钢筋、浇筑混凝土，待构件混凝土强度达到设计规定的数值后，在孔道内穿入预应力筋，用张拉机具进行张拉，并利用锚具把张拉后的预应力筋锚固在构件的端部。预应力筋的张拉力，主要靠构件端部的锚具传给混凝土，使其产生压应力。张拉锚固后，立即在预留孔道内压力灌浆，使预应力筋不受锈蚀，并与构件形成整体。

图 2-16 为预应力混凝土后张法生产示意图。

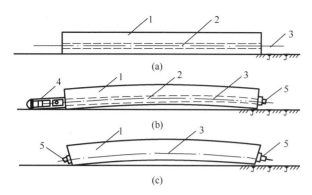

图 2-16　预应力混凝土后张法生产示意
（a）制作混凝土构件；（b）张拉钢筋；（c）锚固和孔道灌浆
1—混凝土构件；2—预留孔道；3—预应力筋；
4—千斤顶；5—锚具

后张法施工工艺中，其主要工序为预留孔道、预应力筋张拉和孔道灌浆三部分。

① 预留孔道。预留孔道是后张法施工的一道关键工序。孔道有直线和曲线之分；成孔方法有钢管抽芯法（无缝钢管抽芯法）、胶管加压抽芯法和预埋管法。

孔道成型的基本要求：孔道的尺寸与位置应正确；孔道应平顺；接头不漏浆；端部预埋钢板应垂直于孔道中心线等。

钢管抽芯法用于留设直线孔道，胶管抽芯法可用于留设直线、曲线及折线孔道。这两种方法主要用于预制构件，管道可重复使用，成本较低。

预埋管法可采用薄钢管、镀锌钢管与波纹管（金属波纹管或塑料波纹管）等。

② 预应力筋的张拉。施工时，要按照施工要求做好各项准备工作，并按一定的方法张拉预应力钢筋。在工程的构件上进行张拉时，梁板的底模不能拆除，难度较大的应制定专项方案。

张拉前应对构件（或块体）的几何尺寸、混凝土浇筑质量、孔道位置及孔道是否畅通、灌浆孔和排气孔是否符合要求、构件端部预埋铁件位置等进行全面检查。构件的混凝土强度应符合设计要求。如设计无要求时，不应低于强度等级的 75%。对预制拼装构件的立缝处混凝土或砂浆强度如设计无要求时，不应低于块体混凝土强度等级的 40%，且不得低于 15N/mm² 。

预应力筋的张拉值不应超过预应力筋抗拉强度标准值的 75%，采用超张法施工时，张拉应力不应大于预应力筋抗拉强度标准值的 80%。

张拉顺序应按设计要求进行，如无设计要求时，尚应遵守对称张拉的原则，也应考虑到尽量减少设备的移动次数。

用超张拉方法减少预应力筋的松弛损失时，预应力筋的张拉程序宜为：$0 \rightarrow 1.05\sigma_{con}$ $\xrightarrow{\text{持续 2min}} \sigma_{con}$ 。如果预应力筋的张拉吨位不大，根数很多，而设计中又要求采取超张拉以减小应力松弛损失，则其张拉程序为：$0 \rightarrow 1.03\sigma_{con}$ 。

在张拉过程中，必要时还应测定预应力筋的实际伸长值，用以对预应力值进行校核。

③ 孔道灌浆。灌浆用的灰浆，宜用强度等级不低于 42.5 级的普通硅酸盐水泥调制的水泥浆，水泥浆的强度不应低于 M20 级。配制的水泥浆应有较大的流动性和较小的干缩性、泌水性。水灰比一般为 0.4~0.45。

3. 砌体工程施工技术要求

砌体结构工程施工技术要求包括：脚手架施工技术要求、砌筑砂浆的技术要求、砌筑施工技术和方法等。

（1）脚手架施工技术要求

脚手架必须满足以下基本要求：

脚手架的宽度应满足工人操作、材料堆放及运输要求，一般为2m左右，且不得小于1.5m；脚手架应有足够的强度、刚度和稳定性，保证在施工期间的各种荷载作用下，脚手架不变形、不摇晃、不倾斜；构造简单，便于装拆、搬运，并能多次周转使用。脚手架按其搭设位置分为外脚手架和里脚手架两大类；按其构造形式分为多立柱式、门式、悬挑式及吊篮式脚手架等。

1）钢管扣件式脚手架

钢管扣件式脚手架由钢管、扣件、脚手板和底座等组成，如图2-17所示。钢管一般用$\phi48$、厚3.5mm的焊接钢管，主要用于立柱、大横杆、小横杆及支撑杆（包括剪刀撑、横向斜撑、水平斜撑等）。钢管间通过扣件连接，其基本形式有三种：直角扣件，用于连接扣紧两根互相垂直相交的钢管；旋转扣件，用于连接扣紧两根呈任意角度相交的钢管；对接扣件，用于钢管的对接接长。立柱底端立于底座上，脚手板铺在脚手架的小横杆上，可采用竹脚手板、木脚手板、钢木脚手板和冲压钢脚手板等，直接承受施工荷载。

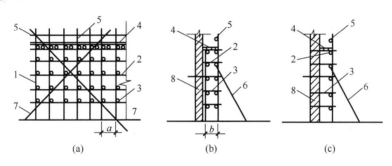

图2-17 钢管扣件式脚手架

(a) 立面；(b) 侧面（双排）；(c) 侧面（单排）

1—立柱；2—大横杆；3—小横杆；4—脚手板；5—栏杆；6—抛撑；7—斜撑；8—墙体

钢管扣件式脚手架可按单排或双排搭设。单排脚手架仅在脚手架外侧设一排立柱，其小横杆的一端与大横杆连接，另一端则支承在墙上。单排脚手架节约材料，但稳定性较差，且在墙上需留设脚手眼，其搭设高度和使用范围也受一定的限制；双排脚手架在脚手架的里外侧均设有立柱，稳定性较好，但较单排脚手架费工费料。

为了保证脚手架的整体稳定性必须按规定设置支撑系统，支撑系统由剪刀撑、横向斜撑和抛撑组成。为了防止脚手架内外倾覆，还必须设置能承受压力和拉力的连墙杆，使脚手架与建筑物之间可靠连接，以保证脚手架的稳定。

脚手架搭设范围的地基应平整坚实，设置底座和垫板，并有可靠的排水措施，防止积水浸泡地基。杆件应按设计方案搭设，并注意搭设顺序，扣件拧紧程度要适度。应随时校正杆件的垂直和水平偏差。禁止使用规格和质量不合格的杆配件。

2）碗扣式钢管脚手架

碗扣式钢管脚手架又称为多功能碗扣型脚手架。其杆件接头处采用碗扣连接，由于碗扣是固定在钢管上的，因此连接可靠，组成的脚手架整体性好，也不存在扣件丢失问题。碗扣式接头由立杆、上、下碗扣及横杆接头、限位销等组成，如图 2-18 所示。上、下碗扣和限位销按 600mm 间距设置在钢管立杆上，其中下碗扣和限位销直接焊接在立杆上，搭设时将上碗扣的缺口对准限位销后，即可将上碗扣向上拉起（沿立杆向上滑动），然后将横杆接头插入下碗扣圆槽内，再将上碗扣沿限位销滑下，并顺时针旋转扣紧，用小锤轻击几下即可完成接点的连接。

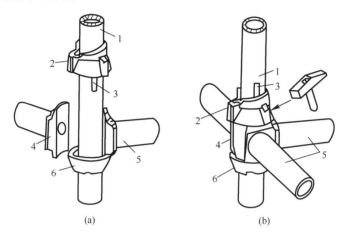

图 2-18　碗扣接头
1—立杆；2—上碗扣；3—限位销；4—下碗扣；5—横杆；6—横杆接头

碗扣式接头可以同时连接四根横杆，横杆可相互垂直或偏转一定的角度，因而可以搭设各种形式的，特别是曲线形的脚手架，还可作为模板的支撑。碗扣式钢管脚手架立杆横距为 1.2m，纵距根据脚手架荷载可分为 1.2m、1.5m、1.8m、2.4m，步距为 1.8m、2.4m。

3）承插型盘扣式钢管脚手架

承插型盘扣式钢管脚手架又称为圆盘式钢管脚手架、菊花盘式钢管脚手架、插盘式钢管脚手架、轮盘式钢管脚手架、扣盘式钢管脚手架以及十字盘式钢管脚手架等，这里统一称为承插型盘扣式钢管脚手架。

承插型盘扣式钢管脚手架由立杆、水平杆、斜杆、可调底座和可调托撑等组成。根据用途可分为支撑脚手架和作业脚手架。

为了防止水平杆和斜杆杆端扣接头的插销与连接盘在脚手架使用过程中滑脱，插销应设计为具有自锁功能的楔形，同时插销端头设计有弧形弯钩段确保插销不会滑脱。搭设脚手架时要求用不小于 0.5kg 锤子击紧插销，直至插销销紧。销紧后再次击打时，插销下沉量不得大于 3mm。应根据施工方案计算得出的立杆纵横向间距选用定长的水平杆和斜杆，并应根据搭设高度组合立杆、基座、可调托撑和可调底座。

脚手架搭设步距不应超过 2m。脚手架的竖向斜杆不应采用钢管扣件。建筑楼板多层连续施工，为避免支撑架体对下部支承楼面产生的压力导致楼面破坏，宜采用上下层支撑立杆在同一轴线的方式有效传力。

承插型盘扣式钢管脚手架广泛应用于普通房建模架的竖向支撑、外架、上下爬梯及人行安全施工通道，大型公共建筑的高大空间梁板混凝土浇筑模板支撑架、高大空间钢结构安装满堂操作架、大型特种工作架，还可以用于市政桥梁、轨道交通的模板支撑架。

（2）砌筑砂浆的技术要求

砂浆是由胶结料、细骨料、掺加料（为改善砂浆和易性而加入的无机材料）和水配制而成的建筑工程材料。其在建筑工程中起粘结、衬垫和传递应力的作用，主要包括：水泥砂浆和水泥混合砂浆。

1）原材料要求

① 水泥：除分批对其强度、安定性进行复验外，不同品种、强度等级的水泥，不得混合使用。

② 砂：宜选用中砂，并应过筛，不得含有草根等有害杂物。对水泥砂浆和强度等级不小于 M5 的水泥混合砂浆，含泥量不应超过 5%；强度等级小于 M5 的水泥混合砂浆，砂的含泥量不应超过 10%。

③ 石灰膏：生石灰熟化成石灰膏时，应用孔径不大于 3mm×3mm 的网过滤，熟化时间不得少于 7d，其稠度一般为 12cm；磨细生石灰粉的熟化时间不得小于 2d。沉淀池中贮存的石灰膏，应采取防止干燥、冻结和污染的措施。严禁使用脱水硬化的石灰膏。

④ 水：采用不含有害物质的洁净水，具体应符合有关规范规定。

⑤ 外加剂：凡在砂浆中掺入有机塑化剂、早强剂、缓凝剂、防冻剂等，应经检验和试配符合要求后，方可使用。有机塑化剂应有砌体强度的型式检验报告。

2）质量要求

砌筑砂浆按抗压强度划分，分为 M2.5、M5、M7.5、M10、M15、M20 六个等级，M10 及 M10 以下宜采用水泥混合砂浆。水泥砂浆可用于潮湿环境中的砌体，水泥混合砂浆宜用于干燥环境中的砌体。为便于操作，砌筑砂浆应有较好的和易性，即良好的流动性（稠度）和保水性（分层度）。和易性好的砂浆能保证砌体灰缝饱满、均匀、密实，并能提高砌体强度。水泥砂浆分层度不应大于 30mm，水泥混合砂浆分层度一般不应超过 20mm；水泥砂浆最小水泥用量不宜小于 200kg/m³，如果水泥用量太少不能填充砂子孔隙，稠度、分层度将无法保证。

砌筑砂浆的稠度见表 2-12。

砌筑砂浆的稠度　　　　　　　　　　　　　　　表 2-12

砌体种类	砂浆稠度（mm）	砌体种类	砂浆稠度（mm）
烧结普通砖砌体	70~90	普通混凝土小型空心砌块砌体	50~70
轻骨料混凝土小型空心砌块砌体	60~90	加气混凝土砌块砌体	50~70
烧结多孔砖、空心砖砌体	60~80	石砌体	30~50

3）制备与使用

砌筑砂浆应通过试配确定配合比，砂浆现场拌制时，各组分材料采用重量计量。计量时的允许偏差水泥为±2%，砂、灰膏控制在±5%以内。

砌筑砂浆应采用砂浆搅拌机进行拌制。搅拌时间自投料完毕算起，应符合下列规定：水泥砂浆和水泥混合砂浆不得小于 2min；掺用外加剂的砂浆不得少于 3min；掺用有机塑化剂的应为 3~5min。

砂浆应随拌随用，水泥砂浆和水泥混合砂浆应分别在 3h 和 4h 内使用完毕；当施工期间气温超过 30℃时，应分别在拌成后 2h 和 3h 内使用完毕。

（3）砌筑施工技术与方法

1）砖砌体的施工方法和技术要求

① 砖基础砌筑。砖基础由垫层、大放脚和基础墙构成。基础墙是墙身向地下的延伸，大放脚是为了增大基础的承压面积，所以要砌成台阶形状，大放脚有等高式和间隔式两种砌法。

基础垫层施工完毕经验收合格，才可进行弹墙基线的工作。弹线工作可按以下顺序进行：在基槽四角各相对龙门板的轴线标钉处拉上麻线；沿麻线挂线坠，找出麻线在垫层上的投影点；用墨汁弹出这些投影点的连线，即墙基的外墙轴线；按基础图所示尺寸，用钢尺量出各内墙的轴线位置并弹出内墙轴线；用钢尺量出各墙基大放脚外边沿线，弹出墙基边线；按设计要求复核。

砖基础的砌筑高度，是用基础皮数杆来控制的。首先根据施工图标高，在基础皮数杆上划出每皮砖及灰缝的尺寸，然后把基础皮数杆固定，即可逐皮砌筑大放脚。当发现垫层表面的水平标高相差较大时，要先用细石混凝土或用砂浆找平后再开始砌筑。砌大放脚时，先砌转角端头，以两端为标准，拉好准线，然后按此准线进行砌筑。大放脚一般采用一顺一丁的砌法，竖缝至少错开 1/4 砖长，十字及丁字接头处要隔皮砌通。大放脚的最下一皮及每个台阶的上面一皮应以丁砌为主。

基础中的洞口、管道等，应在砌筑时正确留出或预埋。通过基础的管道的上部，应预留沉降缝隙。砌完基础墙后，应在两侧同时填土，并应分层夯实。当基础两侧填土的高度不等或仅能在基础的一侧填土时，填土的时间、施工方法和施工顺序应保证不致破坏或变形。

② 砖墙体的砌筑。实心砖墙常用的厚度有半砖、一砖、一砖半、两砖等。依其组砌形式不同，最常见的有以下几种：一顺一丁、三顺一丁、梅花丁、全丁式等。一顺一丁的砌法是一皮中全部顺砖与一皮中全部丁砖间隔砌成。上下皮间的竖缝相互错开 1/4 砖，多用于一砖厚墙体的砌筑；三顺一丁的砌法是三皮中全部顺砖与一皮中全部丁砖间隔砌成，上下皮顺砖间的竖缝错开 1/2 砖长，上下皮顺砖与丁砖间竖缝错开 1/4 砖长，宜用于一砖半以上的墙体的砌筑或挡土墙的砌筑；梅花丁又称沙包式、十字式，每皮中丁砖与顺砖相隔，上皮丁砖中坐于下皮顺砖，上下皮间相互错开 1/4 砖长，砌筑清水墙或当砖的规格不一致时，采用这种砌法较好；全丁砌筑法就是全部用丁砖砌筑，上下皮竖缝相互错开 1/4 砖长，此法仅用于圆弧形砌体，如水池、烟囱、水塔等。

砖砌体的施工工艺过程：抄平、放线、摆砖、立皮数杆、盘角、挂线、砌筑、勾缝、清理等工序。

砌体质量要求：横平竖直、砂浆饱满、错缝搭接、接槎可靠。具体要求包括：

砌体的水平灰缝应平直，灰缝厚度一般为 10mm，不宜小于 8mm，也不宜大于12mm。竖向灰缝应垂直对齐，对不齐而错位，称为游丁走缝，影响墙体外观质量。为保证砖块均匀受力和使块体紧密结合，要求水平灰缝砂浆饱满，厚薄均匀。砂浆的饱满程度以砂浆饱满度表示，用百格网检查，要求饱满度达到 80% 以上。竖向灰缝应饱满，可避免透风漏雨，改善保温性能。为保证墙体的整体性和受力有效，砖块的排列方式应遵循内外搭接、上下错缝的原则。砖块的错缝搭接长度不应小于 1/4 砖长，避免出现垂直通缝，确保砌筑质量。

整个房屋的纵横墙应相互连接牢固，以增加房屋的强度和稳定性。但内外墙往往不能同时砌筑，这时就需要留槎。接槎即先砌砌体与后砌砌体之间的结合。接槎方式的合理与否，对砌体的质量和建筑物整体性影响极大。因留槎处的灰浆不易饱满，故应少留槎。接槎的方式有两种：斜槎和直槎，如图 2-19 所示。斜槎长度不应小于高度的 2/3，操作斜槎简便，砂浆饱满度易于保证。当留斜槎确有困难时，除转角外，也可留直槎，但必须做成阳槎，并设拉结筋。拉结筋沿墙高每 500mm 设一道，每 120mm 墙厚设一根直径为 6mm 的钢筋，但 120mm 墙应设 2 根，其末端应有 90°的弯钩。砖砌体接槎时，必须将接槎处的表面清理干净，浇水润湿，并应填实砂浆，保持灰缝平直，使接槎处的前后砌体粘结牢固。

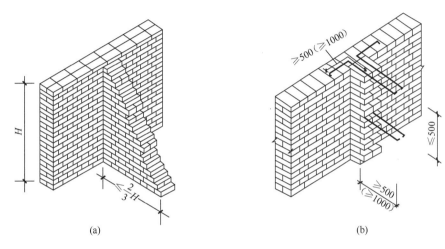

图 2-19 接槎
（a）斜槎砌筑；（b）直槎砌筑

2）砌块砌体的施工方法和技术要求

① 编制砌块排列图。砌块砌筑前，应根据施工图纸的平面、立面尺寸，先绘出砌块排列图。在立面图上按比例绘出纵横墙，标出楼板、大梁、过梁、楼梯、孔洞等位置，在纵横墙上绘出水平灰缝线，然后以主规格为主、其他型号为辅，按墙体错缝搭砌的原则和竖缝大小进行排列。小型砌块施工时，也可不绘制砌块排列图，但必须根据砌块尺寸和灰缝厚度计算皮数和排数，以保证砌体尺寸符合设计要求。

② 砌块的堆放。砌块的堆放位置应在施工总平面图上周密安排，应尽量减少二次搬运，使场内运输路线最短，以便于砌筑时起吊。砌块的规格、数量必须配套，不同类型分别堆放。

③ 砌块的吊装方案。砌块安装方案与所选用的机械设备有关，通常采用的吊装方案有两种：一是以塔式起重机进行砌块、砂浆的运输以及楼板等构件的吊装，由台灵架吊装砌块；二是以井架进行材料的垂直运输，杠杆车进行楼板吊装，所有预制构件及材料的水平运输则用砌块车和劳动车，台灵架负责砌块的吊装。

④ 砌块施工工艺。砌块施工时需弹墙身线和立皮数杆，并按事先划分的施工段和砌

块排列图逐皮安装。其安装顺序是先外后内、先远后近、先下后上。砌块砌筑时应从转角处或定位砌块处开始，并校正其垂直度，然后按砌块排列图和错缝搭接的原则进行安装，每个楼层砌筑完成后应复核标高，如有偏差则应找平校正。铺灰和灌浆完成后，吊装上一皮砌块时，不允许碰撞或撬动已安装好的砌块。如相邻砌体不能同时砌筑时，应留阶梯形斜槎，不允许留直槎。砌块施工的主要工序：铺灰、吊砌块就位、校正、灌缝和镶砖等。

⑤ 砌筑工程施工的质量要求与安全措施。砌体的质量包括砌块、砂浆和砌筑质量，即在采用合理的砌体材料的前提下，关键是要有良好的砌筑质量，以使砌体有良好的整体性、稳定性和受力性能。砌筑质量的基本要求：横平竖直、砂浆饱满和厚薄均匀、上下错缝、内外搭砌、接槎牢固。

4. 钢结构工程施工技术要求

（1）对钢结构材料的要求

1）符合设计图纸说明中所应用的钢材的技术要求。

2）采用焊条的类型符合设计要求。

3）建筑钢结构中常用的普通螺栓钢号为 Q235，一般为六角头螺栓；普通螺栓的通用规格为 M8、M10、M12、M16、M20、M24、M30、M36、M42、M48、M56 和 M64 等。普通螺栓质量等级按螺栓加工制作的质量及精度公差分 A、B、C 三个等级，A、B 级螺栓为精制螺栓，C 级为粗制螺栓，A 级适用于小规格螺栓，直径 $d \leqslant M24$，长度 $L \leqslant 150mm$ 及 $L \leqslant 10d$；B 级适用于大规格螺栓，$d > M24$，长度 $L > 150mm$ 及 $L > 10d$；C 级螺栓是用未经加工的圆钢制成，C 级螺栓可用于承受静载结构中的次要连接，以及临时固定用的安装连接。

4）高强度螺栓根据其受力特征可分为两种受力类型：摩擦型高强度螺栓和承压型高强度螺栓，承压型高强度螺栓宜用于承受静载的结构。常用的高强度螺栓有大六角头高强度螺栓和扭剪型高强度螺栓两种类型。高强度螺栓的螺杆、螺母和垫圈均采用高强度钢材制成，其成品应再经热处理，以进一步提高强度。

5）锚栓主要用作钢柱脚与钢筋混凝土基础之间的锚拉连接件，宜采用 Q235 钢及 Q355 钢等塑性性能较好的钢制作，不宜采用高强度钢材。

6）圆柱头焊钉（带头栓钉）是高层建筑钢结构中用量较大的连接件。圆柱头焊钉作钢构件与混凝土构件之间的抗剪连接件。圆柱头焊钉需采用专用焊机焊接，并配置焊接瓷环。圆柱头焊钉与钢梁焊接时，应在所焊的母材上设置焊接瓷环，以保证圆柱头焊钉的焊接质量。

（2）钢结构的连接方法与技术要求

钢结构的连接方法可分为焊接连接、螺栓连接和拼接连接等。

1）焊接连接的要求

焊接连接常用的焊接方法主要有：电弧焊（又分为手工电弧焊、半自动埋弧焊、自动埋弧焊和气体保护焊）、电阻焊、电渣焊、接触焊。按照被连接构件间的相对位置，焊接连接的形式通常可分为：平接、搭接、T 形连接和角接连接等。这些连接所采用的焊缝形式主要有对接焊缝和角焊缝两种。

2）螺栓连接的要求

普通螺栓和高强度螺栓在构件上连接的构造要求如下：

① 每一杆件在节点上或拼接连接的一侧，永久性的螺栓数目不宜少于 2 个。对组合构件的缀条，其端部连接可采用一个螺栓。对抗震结构，每一杆件在节点上或拼接连接的一侧，永久性的螺栓数目不应少于 3 个。

② 高强度螺栓孔应采用钻成孔。摩擦型高强度螺栓的孔径比螺栓公称直径大 1.5～2.0mm；承压型或受拉型高强度螺栓的孔径比螺栓公称直径大 1.0～1.5mm。

③ 在高强度螺栓连接范围内，构件接触面的处理方法应在施工图中说明。

④ 普通螺栓和高强度螺栓通常采用并列和错列的布置形式。螺栓行列之间以及螺栓与构件边缘的距离，应符合表 2-13 的要求。

螺栓的最大、最小允许间距　　　　　　　　　　表 2-13

名称	位置和方向			最大允许距离（取两者的较小者）	最小允许距离
中心间距	任意方向	外排		$8d_0$ 或 $12t$	$8d_0$
		中间排	构件受压力	$12d_0$ 或 $18t$	
			构件受拉力	$16d_0$ 或 $24t$	
中心至构件边缘距离	顺内力方向			$4d_0$ 或 $8t$	$2d_0$
	垂直内力方向	切割边			$1.5d_0$
		轧制边	高强度螺栓		$1.2d_0$
			普通螺栓		

注：1. d_0 为螺栓的孔径，t 为外层较薄板件的厚度。

　　2. 钢板边缘与刚性构件（如角钢、槽钢等）相连的螺栓的最大间距，可按中间排的数值采用。

3）拼接连接的要求

① 钢材的工厂焊接拼接。材料的工厂拼接一般是采用焊接连接。钢板的拼接应满足下列要求：凡能保证连接焊缝强度与钢材强度相等时，可采用对接正焊缝（垂直于作用力方向的焊缝）进行拼接；连接焊缝的强度低于钢材强度时，则应采用对接斜焊缝（与作用力方向的夹角为 45°～55°的斜焊缝）进行拼接；组合工字形或 H 形截面的翼缘板和腹板的拼接，一般宜采用完全焊透的坡口对接焊缝进行拼接；拼接连接焊缝的位置宜设在受力较小的部位，并应采用引弧板施焊，以消除弧坑的影响。

采用双角钢组合的 T 形截面杆件，其角钢的接长拼接通常是采用拼接角钢，并应将拼接角钢的背棱切角，使其紧贴于被拼接角钢的内侧。拼接角钢通常是采用同号角钢切割制成，切去后的截面削弱由垫板补强。拼接角钢的长度根据连接焊缝的计算长度确定。

单角钢杆件的拼接除可采用角钢拼接外，也可采用钢板拼接。此时拼接角钢或钢板应按被拼接角钢截面面积的等强度条件来确定。

轧制工字钢、槽钢的焊接拼接，一般采用拼接连接板，并按被拼接的工字钢、槽钢截面面积的等强度条件来确定。轧制 H 型钢的焊接拼接，通常是采用完全焊透的坡口对接焊缝的等强度连接。

圆钢管的拼接连接，通常是采用设置衬环或垫板的等强度对接焊缝连接和设置外套筒的等强度角焊缝连接。在采用对接正焊缝的拼接连接中，无论有无衬管或衬环，均须保证完全焊透。

② 梁和柱现场安装拼接。轧制工字钢、H 型钢或组合工字形截面、箱形截面梁或柱的现场安装拼接，可根据具体情况采用焊接连接，或高强度螺栓连接，或高强度螺栓和焊接的混合连接。梁的拼接连接通常是设在距梁端 1.0m 左右位置处；柱的拼接连接通常是设在楼板面以上 1.1～1.3m 的位置处。钢管支撑架斜梁与柱的连接，通常采用端板连接。

（3）钢结构的制作方法和技术要求

1）放样和号料

① 放样是根据施工详图，以 1∶1 的比例在样板台上弹出实样，求取实长，根据实长制成样板（样杆）。放样应采用经过计量检定的钢尺，并将标定的偏差值计入量测尺寸。尺寸划法应先量全长后分尺寸，不得分段丈量相加，避免偏差积累。放样和样板（样杆）是号料的基础。样板、样杆可采用厚度为 0.3～0.5mm 的薄钢板制作。

② 号料是以样板为依据，在材料上划出实样并打上各种加工记号。号料应使用经过检查合格的样板（样杆），避免直接用钢尺所造成的过大偏差或看错尺寸而引起的不必要损失。

号料过程中发现原料有质量问题，则需要另行调换或和技术部门及时联系。当材料有较大幅度弯曲而影响号料质量时，可先矫正平直，再号料。

2）切割

机械切割后钢材不得有分层，断面上不得有裂纹，并应清除切口处的毛刺或熔渣和飞溅物。钢材的下料切割方法通常可根据具体要求和实际条件，参照表 2-14 选用。

各种切削方法的特点及适用范围　　　　　　　　　　表 2-14

类别	使用设备	特点及适用范围
机械切割	剪板机型钢冲剪机	切割速度快、切口整齐，效率高，适用于薄钢板、压型钢板、冷弯檩条的切削
	无齿锯	切割速度快，可切割不同形状的各类型钢、钢管和钢板，缺点是切口不光洁，噪声大，适用于锯切精度要求较低的构件或下料留有余量尚需最后精加工的构件
	砂轮锯	切口光滑、生刺较薄易清除，缺点是噪声大，粉尘多，适用于切割薄壁型钢及小型钢管。切割材料的厚度不宜超过 4mm
	锯床	切割精度高，适用于切割各类型钢及梁、柱等型钢构件
气割	自动切割	切割精度高，速度快，在其数控气割时可省去放样、划线等工序直接切割，适用于钢板切割
	手工切割	设备简单、操作方便、费用低、切口精度较差，能够切割各种厚度的钢材
等离子切割	等离子切割机	切割温度高，冲刷力大，切割边质量好，变形小，可以切割任何高熔点金属。特别是不锈钢、铝、铜及其合金等

3）矫正和成型

在钢结构制作过程中，由于原材料变形，气割、剪切变形，钢结构成型后焊接变形，运输变形等，影响构件的制作及安装质量，一般须采用机械或火焰矫正。

4）制孔

轻钢结构中一般有高强度螺栓孔、普通螺栓孔、地脚螺栓孔等，高强度螺栓孔应采用钻成孔，檩条等结构上的孔可采用冲孔，地脚螺栓孔与螺栓间的间隙较大，当孔径超过

50mm 时也可用火焰割孔。制孔后应用磨光机清除孔边生刺，并不得损伤母材。螺栓孔的允许偏差超过上述规定时，不得采用钢块填塞，可采用与母材材质相匹配的焊条补焊，打磨平整后重新制孔。

5）组装

钢结构构件的组装是按照施工图的要求，把已加工完成的零件或半成品装配成独立的成品构件。零部件在组装前应矫正其变形并在控制偏差范围以内，接触表面应无毛刺、污垢和杂物，除工艺要求外零件组装间隙不得大于 1.0mm，顶紧接触面应有 75％以上的面积紧贴，用 0.3mm 塞尺检查，其塞入面积应小于 25％，边缘间隙不应大于 0.8mm，板叠上所有螺栓孔、铆钉孔等应采用量规检查。组装出首批构件后，必须由质检部门进行全面检查，经合格认可后方可进行继续组装。

6）焊接

梁、柱结构一般由 H 型钢组成，适用于采用自动埋弧焊机、船形焊接。H 型钢翼缘板只允许在长度方向拼接，腹板则在长度、宽度方向上均可拼接，拼接缝可为"十"字形或"T"字形，上下翼缘板和腹板的拼装缝应错开 200mm 以上；拼接焊接应在 H 型钢组装前进行。

7）摩擦面处理

摩擦面处理方法有：喷砂（或抛丸）后生赤锈、喷砂后涂无机富锌漆、砂轮打磨、钢线刷消除浮锈、火焰加热清理氧化皮、酸洗等。其中，以喷砂（抛丸）为最佳处理方法。施工过程中，应注意摩擦面的保护，防止构件运输、装卸、堆放、二次搬运、翻吊时连接板的变形。安装前，应处理好被污染的连接面表面。

（4）钢结构的安装方法及技术要求

1）柱子安装

① 吊点选择。吊点位置及吊点数量，应根据钢柱形状、端面、长度、起重机性能等具体情况确定。一般钢柱采用一点正吊，吊耳放在柱顶处。受起重机臂杆长度限制，吊点也可放在柱长 1/3 处。

② 起吊方法。一般钢柱吊装可采用有旋转法和滑行法两种起吊方法，如图 2-20 所示。旋转法起吊是指柱的绑扎点、柱脚、杯基中心三者位于起重机的同一工作幅度的圆弧上（即三点共弧），起吊时起重臂边升钩，边回转，柱顶随起重钩的运动，也边升起边回

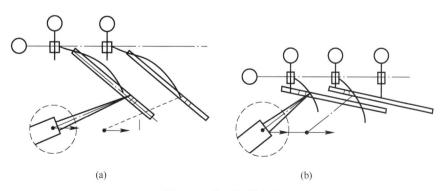

(a)   (b)

图 2-20 柱子起吊方法
（a）旋转法；（b）滑行法

转，绕柱脚旋转起吊。滑行法吊升柱子时，起重机只升钩，起重臂不转动，使柱脚沿地面滑行逐渐直立，然后插入杯口。

③ 钢柱校正。钢柱校正工作有柱基标高调整，对准纵横十字线，柱身垂直度校正。

A. 柱基标高调整。根据钢柱实际长度，柱底平整度，钢牛腿顶部距柱底部距离，重点要保证钢牛腿顶部标高值，来决定基础标高的调整数值。具体做法：首层柱安装时，可在钢柱底板下的地脚螺栓上加一个调整螺母，螺母上表面的标高调整到与柱底板标高齐平，放上柱子后，利用底板下的螺母控制柱子标高，精度可达±1mm 以内。柱子底板下预留的空隙，可用无收缩砂浆以捻浆法填实。

B. 对准纵横十字线。钢柱底部制作时，在柱底板侧面，用钢冲打出互相垂直的四个面，每个面一个点，用三个点与基础面十字线对准即可，达到点线重合。对线方法，起重机不脱钩的情况下，将三面线对准缓慢降落至标高位置。

C. 柱身垂直度校正。采用缆风绳校正方法，用两台呈 90°的经纬仪找垂直，在校正过程中不断调整柱底板下螺母，直至校正完毕，将柱底板上面的 2 个螺母拧上，缆风绳松开不受力，柱身呈自由状态，再用经纬仪复核，如有小偏差，调整下螺母，无误后将上螺母拧紧。地脚螺栓螺母一般可用双螺母，也可在螺母拧紧后，将螺母与螺杆焊实。

2）钢屋架安装

钢屋架的侧向刚度较差，安装前需要加固。单机吊（加铁扁担法）常加固下弦；双机抬吊，应加固上弦。

屋架的绑扎点，必须绑扎在屋架节点上。第一榀屋架起吊就位后，应在屋架两侧设缆风绳固定。第二榀屋架起吊就位后，进行屋架垂直度校正，两端支座处用螺栓固定或焊接固定，然后安装垂直支撑与水平支撑，检查无误，成为样板间，以此类推继续安装。

3）钢梁安装

① 钢吊车梁安装。吊车梁的安装应在柱子第一次校正和柱间支撑安装后进行。吊车梁的安装应从有柱间支撑的跨间开始，吊装后的吊车梁应进行临时固定。吊车梁的校正应在屋面系统构件安装并永久连接后进行，其内容包括标高、纵横轴线（包括轴线和轨距）和垂直度。

② 高层及超高层钢结构钢梁安装。原则上竖向构件由下向上逐件安装，由于上部和周边都处于自由状态，易于安装测量保证质量。习惯上同一列柱的钢梁从中间跨开始对称地向两端扩展，同一跨钢梁，先安上层梁再安装中下层梁。在安装和校正柱与柱之间的主梁时，再把柱子撑开。测量必须跟踪校正，预留偏差值，留出接头焊接收缩量，这时柱子产生的内力，焊接完毕焊缝收缩后也就消失。

柱与柱接头和梁与柱接头的焊接，以互相协调为好，一般可以先焊一节柱的顶层梁，再从下向上焊各层梁与柱的接头，柱与柱的接头可以先焊，也可以最后焊。

③ 轻型钢结构斜梁安装。钢管支撑架斜梁在地面组装好后吊起就位，并与柱连接。可选用单机两点或三、四点起吊或用铁扁担以减小索具所产生的对斜梁压力，或者双机抬吊，防止斜梁侧向失稳。大跨度斜梁吊点须经计算确定。吊点部位，要防止构件局部变形和损坏，放置加强肋板或用木方填充好，进行绑扎。

4）钢网架的安装

网架的制造与安装分三个阶段，首先是制备杆件及节点，然后拼装成基本单元体，最后在现场安装。杆件与节点的制备都在工厂中进行，和一般钢结构的制造相同。基本单元体的拼装可在工厂或施工现场附近进行，单元体的大小视网格尺寸及运输条件而定，可以是一个网格，也可以是几个网格。网架的安装方法有高空散装法、整体安装法、分条分块法、高空滑移法、顶升法等。下面主要介绍整体安装法。

整体安装法是指在设计位置的地面上错位将网架拼装成整体后，采用单（或多）根拔杆或单（多）台起重机进行吊装吊升超过设计标高，空中移位后落位固定。此法不需要搭设高的拼装架，高空作业少，易于保证接头焊接质量，但需要起重能力大的设备，吊装技术也复杂。此法以吊装焊接球节点网架为宜，尤其是三向网架的吊装。根据吊装方式和所用的起重设备不同，可分为多机抬吊及独脚拔杆。

5）高强度螺栓施工

高强度螺栓组装时，组装时应用钢钎、冲子等校正孔位，为了接合部钢板间摩擦面贴紧，结合良好，可先用临时普通安装螺栓和手动扳手紧固，达到贴紧为止。待结构调整就位以后穿入高强度螺栓，并用带把扳手适当拧紧，再用高强度螺栓逐个取代安装螺栓。

高强度螺栓连接副的拧紧应分为初拧、终拧。对于大型节点应分为初拧、复拧、终拧。复拧扭矩等于初拧扭矩。初拧、复拧、终拧应在24h内完成。施拧一般应按由螺栓群节点中心位置顺序向外拧紧的方法进行初（复）拧、终拧后并应做好标志。

5. 屋面及防水工程施工技术要求

（1）卷材防水屋面

卷材屋面一般由结构层、隔气层、保温层、找平层、防水层和保护层组成。

1）石油沥青卷材防水屋面

石油沥青卷材防水屋面防水层的施工包括基层的准备、沥青胶的调制、卷材铺贴前的处理及卷材铺贴等工序。

① 基层要求。凡防水层以下的各层均称为基层。基层处理的好坏，直接影响到屋面的施工质量，故要求基层要有足够的结构整体性和刚度，承受荷载时不产生显著变形。找平层的排水应符合设计要求，一般采用水泥砂浆（体积比为水泥：砂＝1：2.5～1：3，水泥的强度等级不得低于32.5级）、沥青砂浆（质量比为沥青：砂＝1：8）和细石混凝土（强度等级不得低于C20）找平层作基层。找平层的排水坡度应符合设计要求。平屋面采用结构找坡不应小于3％，采用材料找坡宜为2％；天沟、檐沟纵向找坡不应小于1％，沟底水落差不得超过200mm。基层的平整度，应用2m靠尺检查，面层与直尺间最大空隙不应大于5mm。基层表面不得有酥松、起皮起砂、空裂缝等现象。平面与突出物连接处和阴阳角等部位的找平层应抹成圆弧。

② 卷材的铺贴顺序与方向。防水层施工应在屋面上其他工程（如砌筑、烟囱、设备管道等）完工后进行；卷材铺贴应采取先高后低、先远后近的施工顺序：即高低跨屋面，先铺高跨后铺低跨；等高的大面积屋面，先铺离上料地点远的部位，后铺较近部位，由屋面最低标高处向上施工。铺贴卷材的方向应根据屋面坡度或屋面是否受振动而确定。当屋面坡度小于3％时，宜平行于屋脊铺贴；屋面坡度在3％～15％时，卷材可平行于或垂直于屋脊铺贴；当屋面坡度大于15％或屋面受振动时，为防止卷材下滑，应垂直于屋脊铺贴；上下层卷材不得相互垂直铺贴。大面积铺贴卷材前，应先做好节点和屋面排水比较集

中的部位（屋面与水落口连接处、檐口、天沟、变形缝、管道根部等）的处理，通常采用附加卷材或防水涂料、密封材料做附加增强处理。

③ 搭接要求。铺贴卷材应采用搭接方法，即上下两层及相邻两卷材的搭接接缝均应错开。各层卷材的搭接宽度：长边不应小于70mm，短边不应小于100mm，上下两层卷材的搭接接缝均应错开1/3或1/2幅宽，相邻两幅卷材的短边搭接缝应错开不小于300mm以上。平行于屋脊的搭接缝，应顺水流方向搭接；垂直于屋脊的搭接缝，应顺主导风向搭接。

④ 卷材的铺贴。在铺贴卷材时，应先在屋面标高的最低处开始弹出第一块卷材的铺贴基准线，然后按照所规定的搭接宽度边铺边弹基准线。卷材铺贴方法常用的有浇油粘贴法和刷油粘贴法。浇油粘贴法是用带嘴油壶将沥青胶浇在基层上，然后用力将卷材往前推滚。刷油粘贴法是用长柄棕刷（或粗帆布刷）将沥青胶均匀涂刷在基层上，然后迅速铺贴卷材。施工时，要严格控制沥青胶的厚度，底层和里层宜为1～1.5mm，面层宜为2～3mm。卷材的搭接缝应粘结牢固，密封严密，不得有皱折、翘边和鼓泡等缺陷；防水层的收头应与基层粘结牢固，缝口封严，不得翘边。

⑤ 保护层施工。保护层应在卷材防水层完工并经验收合格后进行，施工时应做好成品的保护。具体做法是在卷材上层表面浇一层2～4mm厚的沥青胶，趁热撒上一层粒径为3～5mm的小豆石（绿豆砂），并加以压实，使豆石与沥青胶粘结牢固，未粘结的豆石随即清扫干净。

2）高聚物改性沥青卷材防水屋面

目前使用较为普遍的是SBS改性沥青卷材、APP改性沥青卷材、PVC改性沥青卷材和再生胶改性沥青卷材等，其施工工艺流程与普通卷材防水层基本相同。

① 冷粘贴法施工。冷粘贴法施工是利用毛刷将胶粘剂涂刷在基层或卷材上，然后直接铺贴卷材，使卷材与基层、卷材与卷材粘结，不需要加热施工。

冷粘贴施工要求：胶粘剂涂刷应均匀、不漏底、不堆积；排气屋面采用空铺法、条粘法、点粘法应按规定位置与面积涂刷；铺贴卷材时，应排除卷材下的空气，并辊压粘贴牢固；根据胶粘剂的性能，应控制胶粘剂与卷材的间隔时间；铺贴卷材时应平整顺直，搭接尺寸准确，不得扭曲、皱折；搭接部位接缝胶应满涂、辊压粘结牢固，溢出的胶粘剂随即刮平封口。接缝口应用密封材料封严，宽度不小于10mm。

② 自粘法施工。自粘法卷材防水施工是指采用带有自粘胶的防水卷材，不用热施工，也不需涂胶结材料而进行粘结的方法。施工时在基层表面均匀涂刷基层处理剂，将卷材背面隔离纸撕净，将卷材粘贴于基层上形成防水层。

高聚物改性沥青防水卷材施工时，其细部做法如檐沟、檐口、泛水、变形缝、伸出屋面管道、水落口等处以及对排水屋面施工要求与沥青防水卷材施工相同。

3）高分子卷材防水屋面

高分子防水卷材有橡胶、塑料和橡塑共混三大系列，这类防水卷材与传统的石油沥青卷材相比，具有单层结构防水、冷施工、使用寿命长等优点。合成高分子卷材主要品种有：三元乙丙橡胶防水卷材、氯化聚乙烯-橡胶共混防水卷材、氯化聚乙烯防水卷材和聚氯乙烯防水卷材等。

合成高分子卷材防水施工方法分为冷粘贴施工及自粘法施工，使用最多的是冷粘贴施工。

冷粘贴防水施工是指以合成高分子卷材为主体材料，配以与卷材同类型的胶粘剂及其他辅助材料，用胶粘剂贴在基层形成防水层的施工方法。

（2）涂料防水屋面

涂料防水屋面是采用防水涂料在屋面基层（找平层）上现场喷涂、刮涂或涂刷抹压作业，涂料经过自然固化后形成一层有一定厚度和弹性的无缝涂膜防水层，从而使屋面达到防水的目的。防水涂料应采用高聚物防水涂料或高分子防水涂料，有薄质涂料和厚质涂料两类施工方法。

1）薄质防水涂料施工

① 对基层的要求。涂料防水屋面的结构层、找平层的施工与卷材防水屋面基本相同。如采用预制板，对屋面的板缝处理应遵守有关规定。该屋面要求基层具有一定的强度和刚度，表面要平整、密实，不应有起砂、起壳、龟裂、爆皮等现象，表面平整度应用 2m 的直尺检查，最大间隙不应超过 5mm，间隙仅允许平缓变化。基层与屋面凸出屋面结构连接处及基层转角处应做成圆弧或钝角。按设计要求做好排水坡度，不得有积水现象。在基层干燥后，先将其清扫干净，再在上面涂刷基层处理剂，要涂刷均匀，完全覆盖。

② 特殊部位的附加增强处理。在排水口、檐口、管道根部、阴阳角等容易渗漏的薄弱部位，应先增涂一布二油附加层，宽度为 300～450mm。

③ 涂料防水层施工。基层处理剂干燥后方可进行涂膜的施工。薄质防水涂料屋面一般有三胶、一毡三胶、二毡四胶、一布一毡四胶、二布五胶等做法。

涂料的涂布顺序：先高跨后低跨，先远后近，先立面后平面。同一屋面上先涂布排水较集中的水落口、天沟、檐口等节点部位，再进行大面积涂布。涂层应厚薄均匀、表面平整，待先涂的涂层干燥成膜后，方可涂布后一遍涂料。涂层中夹铺增强材料（玻璃棉布或毡片，其主要目的是增强防水层）时，宜边涂边铺胎体，应采用搭接法铺贴，其长边搭接宽度不得小于 50mm，短边搭接宽度不得小于 70mm。采用二层胎体增强材料时，上下不得相互垂直铺设，搭接缝应错开，其间距不应小于 1/3 幅宽。涂膜防水层收头应用防水涂料多遍涂刷或用密封材料封严。

涂膜防水层与基层应粘结牢固，表面平整，涂刷均匀，无流淌、皱折、鼓泡、露胎体和翘边等缺陷。

④ 保护层施工。涂膜防水屋面应设置保护层，保护层材料根据设计规定或涂料的使用说明书选定，一般可采用细砂、蛭石、云母、浅色涂料、水泥砂浆或块材等。当采用水泥砂浆或块材时，应在涂膜与保护层之间设隔离层。当用细砂、蛭石、云母时，应在最后一遍涂料涂刷后随即撒上，并随即用胶辊滚压，使之粘牢，隔日将多余部分扫去。涂层刷浅色涂料时，应在涂膜固化后进行。

2）厚质防水涂料施工

石灰乳化沥青属于厚质的防水涂料，采用抹压法施工，要求基层干燥密实、坚固干净，无松动现象，不得起砂、起皮。石灰乳化沥青应搅拌均匀，其稠度为 50～100mm，铺抹前，宜根据不同季节和气温高低决定涂刷不同的冷底子油。当日最高气温≥30℃时，应先用水将屋面基层冲洗干净，然后刷稀释的石灰乳化沥青冷底子油（汽油：沥青＝7：3），必要时应通过试抹确定冷底子油的种类和配合比。待冷底子油干燥后，立即铺抹石灰乳化沥青，厚度为 5～7mm，待表面收水后，用铁抹子压实抹光，施工气温以 5～30℃为宜。

（3）刚性防水屋面

刚性防水屋面是指用细石混凝土、块体材料或补偿收缩混凝土等刚性材料作为防水层的屋面。适用于Ⅰ～Ⅲ级的屋面防水；不适用于设有松散材料保温层以及受较大振动或冲击的和坡度大于15％的建筑屋面。

1）材料要求

① 水泥。防水层的细石混凝土宜用普通硅酸盐水泥或硅酸盐水泥，用矿渣硅酸盐水泥时应采取减少泌水性的措施。水泥的强度等级不宜低于42.5级。

② 骨料与水。在防水层的细石混凝土和砂浆中，粗骨料的最大粒径不宜大于15mm，含泥量不应大于1％，细骨料应采用粗砂或中砂，含泥量不应大于2％；拌合用水应不含有害物质的洁净水。

③ 外加剂。防水层细石混凝土使用的膨胀剂、减水剂、防水剂等外加剂，应根据不同品种的适用范围及技术要求选定。

④ 钢筋。防水层内配置的钢筋宜采用冷拔低碳钢丝。

⑤ 配制。细石混凝土应按防水混凝土的要求设计，每立方米混凝土的水泥用量不得少于330kg；含砂率为35％～40％；灰砂比为1∶2～1∶2.5；水灰比不应大于0.55；混凝土强度等级不应低于C20。

2）施工工艺

① 基层要求。刚性防水屋面的结构层宜为整体现浇的钢筋混凝土。刚性防水屋面的坡度宜为2％～3％，并应采用结构找坡。如采用装配式钢筋混凝土时，应用强度等级不小于C20的细石混凝土灌缝，灌缝的细石混凝土宜掺微膨胀剂。当屋面板板缝宽度大于40mm或上窄下宽时，板缝内必须设置构造钢筋，板端缝应进行密封处理。

② 隔离层施工。细石混凝土防水层与结构层宜设隔离层。隔离层可选用干铺卷材、砂垫层、低强度等级砂浆等材料。

③ 现浇细石混凝土防水层施工。包括以下工艺：分格缝的设置、钢筋网施工、浇筑细石混凝土、表面处理及养护等。

分格缝的一般做法是在施工刚性防水层前，先在隔离层上定好分格缝的位置，再放分格条，分格条应先浸水并涂刷隔离剂，用砂浆固定在隔离层上。

钢筋网铺设应按设计要求，设计无规定时，一般配置 $\phi^b 4$，间距为100～200mm双向钢丝网片，网片可采用绑扎或点焊成型，其位置宜居中偏上为宜，保护层不小于15mm。分格缝钢筋必须断开。

细石混凝土厚度不宜小于40mm，浇筑时应按先远后近、先高后低的原则进行。一个分格缝内的混凝土必须一次浇筑完成，不得留施工缝。从搅拌到浇筑完成应控制在2h以内。

混凝土浇筑12～24h后进行养护，养护时间不应少于14d，养护初期屋面不允许上人。养护方法可采取洒水湿润，也可覆盖塑料薄膜、喷涂养护剂等，但必须保证细石混凝土处于湿润状态。

（4）地下防水施工技术要求

1）变形缝、后浇缝的处理

① 变形缝处理。地下结构物的变形缝应满足密封防水、适应变形、施工方便、检查

容易等要求。选用变形缝的构造形式和材料时，应综合考虑工程特点、地基或结构变形情况以及水压、水质影响等因素，以适应防水混凝土结构的伸缩和沉降的需要，并保证防水结构不受破坏。变形缝的宽度宜为20～30mm，通常采用止水带、遇水膨胀橡胶腻子止水条等高分子防水材料和接缝密封材料。

② 后浇缝处理。当地下室为大面积防水混凝土结构时，为防止结构变形、开裂而造成渗漏水时，在设计与施工时需留设后浇缝，缝内的结构钢筋不能断开。混凝土后浇缝是一种刚性接缝，应设在受力和变形较小的部位，宽度以1m为宜，其形式有平直缝、阶梯缝和企口缝。后浇缝的混凝土施工，应在其两侧混凝土浇筑完毕并养护6周，待混凝土收缩变形基本稳定后再进行，浇筑前应将接缝处混凝土表面凿毛，清洗干净，保持湿润。浇筑后浇缝的混凝土应优先选用补偿收缩混凝土，其强度等级与两侧混凝土相同。后浇缝混凝土的施工温度应低于两侧混凝土施工时的温度，而且宜选择在气温较低的季节施工，以保证先后浇筑的混凝土相互粘结牢固，不出现缝隙。后浇缝的混凝土浇筑完成后应保持在潮湿条件下养护4周以上。

③ 穿墙管处理。当结构变形或管道伸缩量较小时，穿墙管可采用直接埋入混凝土内的固定式防水法，主管应满焊止水环；当结构变形或管道伸缩量较大或有更换要求时，应采用套管式防水法，套管与止水环满焊；当穿墙管线较多且密时，宜相对集中，采用穿墙盒法。盒的封口钢板应与墙上的预埋角钢焊严，并从钢板的浇筑孔注入密封材料。穿过地下室外墙的水、暖、电的管周应填塞膨胀橡胶泥，并与外墙防水层连接。

2）卷材防水层施工

地下室卷材防水层施工大多采用外防水法（卷材防水层粘贴在地下结构的迎水面）。而外防水中，依保护墙的施工先后及卷材铺贴位置，可分为外防外贴法和外防内贴法。

① 外防外贴法施工。外防外贴法是在垫层铺贴好底板卷材防水层后，进行地下需防水结构的混凝土底板与墙体的施工，待墙体侧模拆除后，再将卷材防水层直接铺贴在墙面上，如图2-21所示。

外防外贴法的施工程序：首先浇筑需防水结构的底面混凝土垫层，并在垫层上砌筑部分永久性保护墙，墙下干铺油毡一层，墙高不小于 $B+(200～500mm)$（B 为底板厚度）。在永久性保护墙上用石灰砂浆砌临时保护墙，墙高为150mm×（油毡层数+1）；在永久性保护墙上和垫层上抹1:3水泥砂浆找平层，临时保护墙用石灰砂浆找平；待找平层基本干燥后，即在其上满涂冷底子油，然后分层铺贴立面和平面卷材防水层，并将顶端临时固定。在铺贴好的卷材表面做好保护层后，再进行需防水结构的底板和墙体施工。需防水结构施工完成

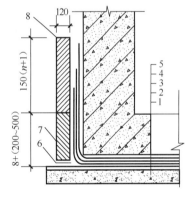

图2-21 外防外贴法

1—垫层；2—找平层；3—卷材防水层；
4—保护层；5—构筑物；6—油毡；
7—永久保护墙；8—临时性保护墙

后，将临时固定的接槎部位的各层卷材揭开并清理干净，再在此区段的外墙表面上补抹水泥砂浆找平层，找平层上满涂冷底子油，将卷材分层错槎搭接向上铺贴在结构表面上，并及时做好防水层的保护结构。

② 外防内贴法施工。外防内贴法是在垫层四周先砌筑保护墙，然后将卷材防水层铺贴

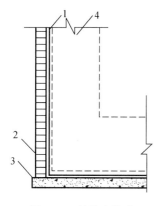

图 2-22　外防内贴法
1—卷材防水层；2—保护层；
3—垫层；4—尚未施工的构筑物

在垫层和保护墙上，最后再进行地下需防水结构的混凝土底板与墙体的施工，如图 2-22 所示。

外防内贴法的施工程序：先铺设底板的垫层，在垫层四周砌筑永久性保护墙，然后在垫层及保护墙上抹 1：3 水泥砂浆找平层，待其基本干燥并满涂冷底子油，沿保护墙与底层铺贴防水卷材。铺贴完毕后，在立面防水层上涂刷最后一层沥青胶时，趁热粘上干净的热砂或散麻丝，待冷却后，立即抹一层 10～20mm 厚的 1：3 水泥砂浆找平层；在平面上铺设一层 30～50mm 厚的水泥砂浆或细石混凝土保护层，最后再进行需防水结构的混凝土底板和墙体的施工。

卷材防水层的施工要求：铺贴卷材的基层表面必须牢固、平整、清洁和干燥。阴阳角处均应做成圆弧或钝角，在粘贴卷材前，基层表面应用与卷材相容的基层处理剂满涂。铺贴卷材时，胶结材料应涂刷均匀。

3）防水混凝土结构的施工

常用的防水混凝土有普通防水混凝土、外加剂或掺合料防水混凝土和膨胀水泥防水混凝土三类。

① 材料要求。防水混凝土使用的水泥品种应按设计要求选用，其强度等级不应低于 42.5 级，不得使用过期或受潮结块水泥；碎石或卵石的粒径宜为 5～40mm，含泥量不得大于 1.0%，泥块含量不得大于 0.5%；砂宜用中砂，含泥量不得大于 3.0%，泥块含量不得大于 1.0%；拌制混凝土所用的水，应采用不含有害杂质的洁净水；外加剂的技术性能，应符合国家或行业标准一等品及以上的质量要求；粉煤灰的级别不应低于二级；硅粉掺量不应大于 3%，其他掺合料的掺量应通过试验确定。

② 防水混凝土的施工。防水混凝土配料必须按重量配合比准确称量。在运输和浇筑过程中，应防止漏浆和离析，坍落度不损失。浇筑时必须做到分层连续进行，采用机械振捣，严格控制振捣时间，不得欠振漏振，以保证混凝土的密实性和抗渗性。

应连续浇筑宜少留施工缝，墙体一般只允许留水平施工缝，其位置应留在高出底板上表面 300mm 的墙身上。必须加强养护，一般混凝土进入终凝后（浇筑后 4～6h）即应覆盖，浇水湿润不少于 14d，不宜采用电热养护和蒸汽养护。防水混凝土养护达到设计强度等级的 70% 以上，且混凝土表面温度与环境温度之差不大于 15℃ 时，方可拆模，拆模后应及时回填土，以免温差产生裂缝。

6. 建筑节能工程施工技术要求

（1）墙体节能工程施工技术要求

保温节能工程按其设置部位不同分为墙体保温、屋面保温、楼地面保温。节能墙体主要分为单一材料墙体和复合墙体两大类。单一材料墙体主要包括空心砖墙、加气混凝土墙和轻骨料混凝土墙，其施工方法与砌体结构相同；复合墙体主要包括外墙外保温和外墙内保温两种类型。下面主要介绍 EPS 板薄抹灰外墙外保温墙体的施工要点。

1）EPS 板薄抹灰外墙外保温构造

　　EPS板薄抹灰外墙外保温，是由EPS板（阻燃型模塑聚苯乙烯泡沫塑料板）、聚合物粘结砂浆（必要时使用锚栓辅助固定）、耐碱玻璃纤维网格布（也称玻纤网）及外墙装饰面层组成的外墙外保温系统，其基本构造如图2-23所示。EPS板薄抹灰外墙外保温适用于新建房屋的保温隔热及旧房改建；无论是在钢筋混凝土现浇基层上，还是在其他各类墙体上，均可获得良好的施工效果。

　　2）施工条件

　　① 墙体基层的质量。确保外墙外表面不能有空鼓和开裂，基层有良好的附着力，即达到规范要求基层的附着力0.30MPa。墙体的基层表面应清洁、干燥、平整、坚固，无污染、油渍、油漆或其他有害的材料。墙体的门窗洞口要经过验收，墙外的消防梯、水落管、防盗窗预埋件或其他预埋件、入口管线或

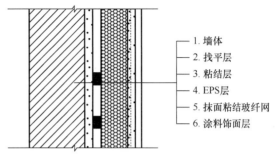

图2-23　EPS板外墙保温系统构造图

1. 墙体
2. 找平层
3. 粘结层
4. EPS层
5. 抹面粘结玻纤网
6. 涂料饰面层

其他预留洞口，应按设计图纸或施工验收规范要求提前施工。建筑物中的伸缩缝在外墙外保温系统中必须留设。

　　② 施工中的天气条件。施工时温度不应低于5℃，而且施工完成后，24h内气温应高于5℃。夏季高温时，不宜在强光下施工，必要时可在脚手架上搭设防晒布，遮挡墙壁。5级风以上或雨天不能施工，如施工时遇降雨，应采取有效措施，防止雨水冲刷墙壁。

　　③ 施工材料准备。材料进场后，应按各种材料的技术要求进行验收，并分类挂牌存放。EPS板应成捆平放，注意防雨防潮；玻纤网要防潮存放，聚合物水泥砂浆应存放于阴凉干燥处，防止过期硬化。

　　3）施工工艺要求

　　施工顺序主要根据工程特点决定，一般采用自下往上、先大面后局部的施工方法。施工程序：

　　墙体基层处理→弹线→基层墙体湿润→配制聚合物粘结砂浆→粘贴EPS板→铺设玻纤网→面层抹聚合物砂浆→找平修补→成品保护→外饰面施工。

　　① 墙体基层处理。基层必须清洁、平整、坚固，墙面应无油渍、涂料、泥土等污物或有碍粘结的材料；基层过干时，应先喷水湿润，必须先做粘贴试验。

　　② 弹线。根据设计图纸的要求，在经过验收处理的墙面上沿散水标高，用墨线弹出散水及勒脚水平线。当图纸设计要求需设置变形缝时，应在墙面相应位置，弹出变形缝及宽度线，标出EPS板的粘贴位置。粘贴EPS板前，要挂水平和垂直通线。

　　③ 配制聚合物粘结砂浆。必须有专人负责，以确保搅拌质量；聚合物粘结砂浆的配合比为：聚合物胶粘剂：42.5级普通硅酸盐水泥：砂子（用16目筛底）＝1：1.88：4.97（重量比）。聚合物粘结砂浆应随用随配，配好的聚合物砂浆最好在2h之内用光。聚合物粘结砂浆应于阴凉放置，避免阳光暴晒。

　　④ 粘贴EPS板。挑选EPS板。EPS板应是无变形、翘曲，无污染、破损，表面无变质的整板；EPS板的切割应采用适合的专用工具切割，切割面应垂直。从外墙阳角及勒脚部位开始，自下而上沿水平方向横向铺贴EPS板，竖缝应逐行错缝1/2板长，在墙角

处要交错拼接，同时应保证墙角垂直度。EPS 板粘贴可采用条粘法和点粘法。无论采用条粘法还是点粘法进行铺贴施工，其涂抹的面积与 EPS 板的面积之比都不得小于 40%。粘结砂浆应涂抹在 EPS 板上，粘结点应按面积均布，且板的侧边不能涂浆。

将 EPS 板抹完粘结砂浆后，应立即将板平贴在墙体基层上，滑动就位。粘贴时，动作要轻柔，不能局部按压、敲击，应均匀挤压。为了保持墙面的平整度，应随时用一根长度为 2m 的铝合金靠尺进行整平操作，贴好后应立即刮除板缝和板侧面残留的粘结砂浆。

粘贴时，EPS 板与板之间应挤压紧密，当板缝间隙大于 2mm，应用 EPS 板条将缝塞满，板条不用粘结；当板间高差大于 1mm，应使用专用工具在粘贴完工 24h 后，再打磨平整，并随时清理干净泡沫碎屑。

粘贴预留孔洞时，周围要采用满粘施工；在外墙的变形缝及不再施工的成品节点处，应进行翻包。

当饰面层为贴面砖时，在粘贴 EPS 板前应先在底部安装托架，并采用膨胀螺栓与墙体连接，每个托架不得少于两个 φ10 膨胀螺栓，螺栓嵌入墙壁内不少于 60mm。

⑤ 铺设玻纤网。铺设玻纤网前，应先检查 EPS 板表面是否平整、干燥，同时应去除板面的杂物，如泡沫碎屑或表面变质部分。

铺设玻纤网时，用抹刀在 EPS 板表面均匀涂抹一道厚度为 2~3mm 的抹面浆，立即将玻纤网压入粘结砂浆中，不得有空鼓、翘边等现象。在第一遍粘结砂浆八成干燥时，再抹上第二遍粘结砂浆，直至全部覆盖玻纤网，使玻纤网处在两道粘结砂浆中间的位置，两遍抹浆总厚度不宜超过 5mm。

铺设玻纤网应自上而下，沿外墙一圈一圈铺设。当遇到洞口时，应在洞口四角处沿 45°方向补贴一块标准网，尺寸约 200mm×300mm，以防止开裂。抹面粘结砂浆施工间歇处最好选择自然断开处，以方便后续施工的搭接。

⑥ 细部构造与找平施工。细部构造施工包括装饰线条的安装、变形缝的施工等。细部构造完成后，进行保温墙面的找平修补工作。

⑦ 成品保护。玻纤网粘完后应防止雨水冲刷，保护面层施工后 4h 内不能被雨淋；容易碰撞的阳角、门窗应采取保护措施，上料口部位采取防污染措施，发生表面损坏或污染必须立即处理。保护层终凝后要及时喷水养护，当昼夜平均气温高于 15℃时不得少于 48h，低于 15℃时不得少于 72h。

⑧ 饰面层的施工。施工前，应首先检查抹面粘结砂浆上玻纤网是否全部嵌入，修补抹面粘结砂浆的缺陷或凹凸不平处，凹陷过大的部位应再铺贴玻纤网，然后抹灰。在抹面粘结砂浆层表干后，即可进行柔性腻子和涂料施工，做法同普通墙面涂料施工，按设计及施工规范要求进行。

（2）屋面节能工程施工技术要求

保温屋面的种类一般分现浇类和保温板类两种，现浇类包括：现浇膨胀珍珠岩保温屋面、现浇水泥蛭石保温屋面；保温板类包括：硬质聚氨酯泡沫塑料保温屋面、饰面聚苯板保温屋面和水泥聚苯板保温屋面等。下面以现浇膨胀珍珠岩保温屋面施工为例介绍技术要求。

1）现浇膨胀珍珠岩保温屋面的材料要求

现浇膨胀珍珠岩保温屋面用料规格及用料配合比，见表 2-15。用作保温隔热层的用料体积配合比一般采用 1:12 左右。

现浇膨胀珍珠岩保温屋面用料规格及用料配合比　　　　表 2-15

用料体积比		密度 （kg/m³）	抗压强度 （MPa）	导热率 λ [W/(m·K)]
水泥 （42.5 级）	膨胀珍珠岩 （密度：120～160kg/m³）			
1	6	548	1.65	0.121
1	8	610	1.95	0.085
1	10	389	1.15	0.080
1	12	360	1.05	0.074
1	14	351	1.00	0.071
1	16	315	0.85	0.064

2）施工工艺要求

① 拌合水泥珍珠岩浆。水泥和珍珠岩按设计规定的配合比用搅拌机或人工搅拌均匀，再加水拌合。水灰比不宜过高，否则珍珠岩将由于体轻而上浮，发生离析现象。灰浆稠度以外观松散、手捏成团不散、挤不出灰浆或只能挤出极少量灰浆为宜。

② 铺设水泥珍珠岩浆。根据设计对屋面坡度和不同部位厚度要求，先将屋面各控制点处的保温层铺好，然后根据已铺好的控制点的厚度拉线控制保温层的虚铺厚度。铺设厚度与设计厚度的百分比称为压缩率，一般采用130％左右，而后进行大面积铺设。铺设后可用木夯轻轻夯实，以铺设厚度夯至设计厚度为控制标准。

③ 铺设找平层。珍珠岩灰浆浇捣夯实后，做厚度为 7～10mm 1：3 水泥砂浆一层，可在保温层完成后 2～3d 做找平层。整个保温隔热层包括找平层在内，抗压强度应达到 1MPa 以上。

④ 屋面养护。由于珍珠岩灰浆含水量较少，且水分散发较快，保温层应在浇捣完毕一周以内浇水养护。在夏季，保温层施工完毕 10d 后，即可完全干燥，铺设卷材。

7. 装配式混凝土结构施工技术要求

（1）施工准备工作

1）技术准备

施工前，根据图纸和规范要求做好装配式结构施工专项方案，该方案包括但不限于以下内容：

① 整体进度计划，包括结构总体施工进度计划，构件生产计划，构件安装进度计划，原材料采购计划，设备进场计划。

② 预制构件生产，包括各类预制构件生产工艺及流程，具体详见《预制构件生产专项方案》。

③ 预制构件运输，包括车辆数量，运输路线，现场装卸方法等，具体详见《预制构件运输专项方案》。

④ 施工场地布置，包括场内通道，吊装设备，吊装方案，构件码放场地。

⑤ 构件堆码，应按照规范要求及构件受力分析来进行构件堆码以及设置垫木所放位置。

⑥ 构件安装，包括测量放线，节点施工，防水（局部保温）施工，成品保护及修补措施。

⑦ 施工安全，包括制定吊装安全措施，专项施工安全措施；吊绳、吊索以及所有吊具的选型以及受力计算；塔式起重机、施工升降机附着受力计算；预制构件堆载地基承载力验算、边坡稳定性验算，若构件堆放于地下室顶板，应进行顶板受力验算；预制柱斜撑受力验算、承插式满堂支撑架受力验算；编制安全应急预案。

⑧ 质量管理：构件安装的专项施工质量管理。

⑨ 绿色施工与环境保护措施。

同时，应做好测量放线准备。根据提供的红线桩、水准点测设符合本工程的现场测量控制网及高程控制网。各控制点均作加固处理，必要时设防保护，以防破坏；利用控制网控制和校正建筑物的轴线、标高等，确保工程质量。一般工程测量内容主要包括：

① 楼层标高测量及轴网建立。

② 柱插筋定位测量。

③ 墙、柱水平定位控制线的建立。

④ 预制柱标高控制线的建立。

2）施工人员准备

① 劳动力计划（见表 2-16）。

PC安装施工作业人员配备表　　　　　　　　　　　　表 2-16

序号	工种	PC安装	
		作业人数	作业内容
1	小工		打胶、堵缝、清理
2	安装工		PC安装、固定
3	调运工（特种作业）		PC吊装，塔式起重机司机指挥
4	木工		整体支撑架搭设、模板安装

② 管理人员计划（见表 2-17）。

PC安装施工管理人员配备表　　　　　　　　　　　　表 2-17

序号	职务	PC安装	
		人数	工作内容
1	项目经理		PC施工质量、安全、协调总负责
2	项目总工		PC构件施工技术、质量负责人
3	生产经理		施工实施、协调负责人
4	安全总监		PC安装施工安全、设备负责人
5	施工员		测量放线、现场协调与指导
6	质量员		PC构件安装质量管控、报验
7	技术员		协助总工完成各项技术交底、技术复核
8	物资部主任		现场材料采购、供应

③ 吊装前的人员培训。根据构件的受力特征进行专项技术交底培训，确保构件吊装

状态符合构件设计受力情况,防止构件吊装过程中发生损坏;根据构件的安装方式准备必要的连接工器具,确保安装快捷、连接可靠;根据构件的连接方式,进行连接钢筋定位、构件套筒灌浆连接、螺栓连接、焊接等工艺培训,规范操作顺序,增强施工人员的操作质量意识。塔式起重机操作人员、指挥人员应进行培训,正式吊装前进行试吊,确保吊装机械正常作业,提高吊装人员安全意识;同时要进行安全、防火和文明施工等方面的教育,并安排好职工的生活。

④ 吊装前的技术交底。设立专门的 PC 安装班组,由技术负责人统一管理。向施工队组、工人进行施工组织设计、施工方案、安全文明施工等方面的交底,以保证工程严格地按照设计图纸、施工组织设计、安全操作规程和施工验收规范等要求进行施工。

3)施工机械选型

施工机械选型包括:结构施工阶段施工机械配备;塔式起重机选择;塔式起重机附着方案;施工电梯选型等。具体内容不再赘述。

4)现场准备

现场准备包括:道路设置、主要吊场布置、堆场布置等。具体内容不再赘述。

5)预制构件运输准备。预制构件运输应注意以下几点:

① 预制构件根据其安装状态受力特点,制定有针对性的运输措施,保证运输过程构件不受损坏。

② 预制构件运输过程中,运输车根据构件类型设专用运输架,且需有可靠的稳定构件措施,用钢丝带加紧固器绑牢,以防构件在运输时受损,构件运输方式见表 2-18。

构件运输方式   表 2-18

构件名称	运输方式
预制柱	水平运输
预制梁	水平运输
预制板	水平运输
预制楼梯	水平运输
预制外挂板	竖向运输

③ 构件运输前,根据运输需要选定合适、平整坚实的路线,车辆启动应慢、车速行驶均匀,严禁超速、猛拐和急刹车。

(2)吊装施工工艺

1)预制柱安装及节点施工要点

① 预制柱安装工艺流程如图 2-24 所示。

② 预制柱安装前准备。

A. 放线。混凝土达到一定强度后进行该层的放线工作,弹出轴线、柱的边线和200mm 控制线,如图 2-25 所示。

B. 剔毛。浇筑后在柱表面涂刷缓凝剂,在初凝前用水冲刷。

C. 预制柱钢筋定位。预制柱钢筋采用灌浆套筒连接,定位钢筋的准确性直接影响预制柱吊装的速度及预制墙板施工的安全性。应制定定位钢筋的施工技术措施方案。

D. 现浇板施工时预制柱斜支撑埋件施工。预制柱支撑体系中,要求在楼层梁水平模

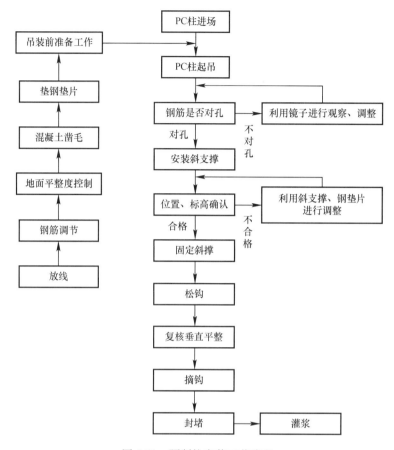

图 2-24　预制柱安装工艺流程

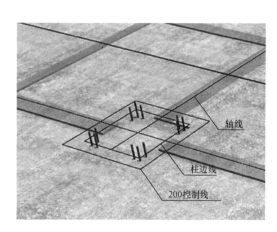

图 2-25　200mm 控制线

板搭设完毕后，根据预埋螺母定位图进行定位，并弹线标出，要求预埋螺母定位必须准确，误差在 ±5mm 以内。预埋螺母在预埋定位前，必须用胶带将预埋螺母口缠裹好，保证在浇筑混凝土时不污染螺母口。

③ 预制柱吊装

A. 预制柱的翻转。预制柱柱底垫设橡胶轮胎，同时对预制柱柱底设置木模板护角防止吊装时破坏，通过预制柱的吊钩利用塔式起重机将其翻转后进行起吊。

B. 预制柱起吊。柱子吊装时用卸扣（或吊钩）将钢丝绳与预制柱的预留吊环连接，起吊至距地 500mm，检查构件外观质量及吊环连接无误后，方可继续起吊，起吊要求缓慢匀速，保证预制柱边缘不被损坏。预制柱吊装时，要求塔式起重机缓慢起吊，吊至作业层上方 500mm 左右时，施工人员辅助定位至连接位置，并缓缓下降柱子。

C. 柱的调节。初调，即预制构件从堆放场地吊至安装现场，由 1 名指挥工、2～3 名操作工配合，利用下部柱的定位螺栓（或者钢垫片）进行初步定位；定位调节，即根据控制线精确调整预制柱底部，使底部位置和测量放线的位置重合；高度调节，即构件标高用水准仪来进行复核；垂直度调节，每一块预制构件设置 2 道可调节斜拉杆，拉杆后端均牢靠固定在结构楼板上，拉杆顶部设有可调螺纹装置，通过旋转杆件，可以对预制构件顶部形成推拉作用，起到垂直度调节的作用，构件垂直度用垂准仪来进行复核。每块板块吊装完成后须复核，每个楼层吊装完成后须统一复核。垂直度的要求为小于 5mm。

④ 预制柱斜支撑安装（图 2-26）。

用螺栓将预制柱的斜支撑安装在预制柱

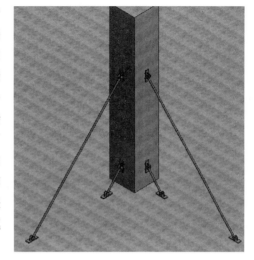

图 2-26　斜支撑布置示意

及现浇板的螺栓连接件上，进行初调，保证柱子大致竖直。预制柱初步就位后，利用固定可调节斜支撑螺栓杆进行临时固定，方便后续墙板精确校正。

预制柱临时支撑应在灌浆料抗压强度能确保结构达到后续施工承载要求后，方可拆除。

⑤ 柱子就位后，进行柱子精确调节。

2）叠合梁安装及节点施工要点

① 叠合梁安装工艺流程，如图 2-27 所示。

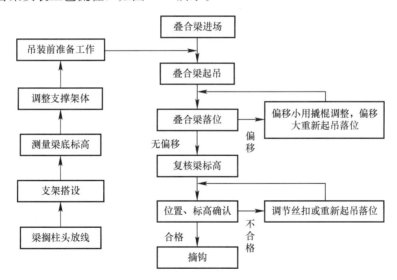

图 2-27　叠合梁安装工艺流程

② 叠合梁安装准备。

A. 放线。提前在预制柱上放出梁的边线（在柱吊装前完成），并在板面上弹出梁的投影线。根据施工图纸，测量并修正柱顶标高，确保与梁底标高一致，柱上弹出梁边控制线（梁搁柱头 2cm 线）。叠合框架梁的定位以牛担板的中心线为准。

B. 支撑架搭设。在预制梁吊装前完成梁底支撑的搭设，并完成主龙骨的铺设。

C. 进场前验收。进场前对预制梁的位置进行复核、对主次梁伸入支座的长度进行复核、对梁锚固段钢筋的定位进行复核。

③ 叠合梁的吊装。

叠合梁吊装过程中，在作业层上空 500mm 处略作停顿，根据叠合梁位置调整叠合梁方向进行定位。吊装过程中注意避免叠合梁上的预留钢筋与柱头的竖向钢筋碰撞，叠合梁停稳慢放，以免吊装放置时冲击力过大导致板面损坏。

叠合梁落位后，先对叠合梁的底标高进行复测，同时使用水平靠尺的水平气泡观察叠合梁是否水平，如出现偏差，及时对叠合梁和独立固定支撑进行调节，待标高和平整度控制在安装误差内，再进行摘钩。

梁端使用扣件对两端进行固定。梁长度大于 4m 的底部支撑应不少于 3 个。

次梁采用搁置式时直接搁置在牛担板上，保证两端部的满堂架支撑不受力。

3）叠合板安装及节点施工要点

① 叠合板安装工艺流程。

叠合板吊装工艺与叠合梁类似，如图 2-28 所示。

② 叠合板安装准备：根据施工图纸，检查叠合板构件类型，确定安装位置，并对叠

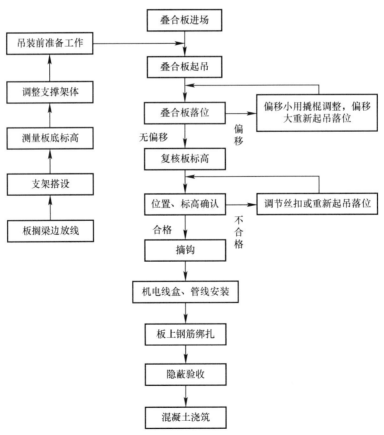

图 2-28　叠合板安装工艺流程

合板吊装顺序进行编号和方向标识；根据施工图纸，弹出叠合板的水平及标高控制线，同时对控制线进行复核，并在梁上放出板的定位线；根据支撑方案搭设好满堂架。

③ 叠合板吊装。

A. 初步定位。按顺序根据梁上所放出的楼板侧边线及支撑标高，缓慢下降落在支撑架上。安装就位时，一定要注意按箭头方向落位同时观察楼板预留孔洞与水电图纸的相对位置（以防止构件厂将箭头编错）。叠合板安装时短边深入梁上 15mm，叠合板长边与梁或板与板拼缝见设计图纸。

B. 调整。根据控制线以及标高精确调整构件的水平位置、标高、垂直度，使误差控制在方案允许范围内。

C. 检查。叠合楼板吊装完后全数检查支撑架的受力情况，以及板与板拼缝处的高差（此处高差应在 3mm 以内）。

D. 取钩。检查下面支撑及板的拼缝，使所有支撑杆件受力基本一致，板底拼缝高低差小于 3mm，确认后取钩。

叠合板吊装过程中，在作业层上空 500mm 处略作停顿，根据叠合板位置调整叠合板方向进行定位。吊装过程中注意避免叠合板上的预留钢筋与叠合梁箍筋碰撞，叠合板停稳慢放，以免吊装放置时冲击力过大导致板面损坏。

4）预制楼梯安装施工

① 预制楼梯安装工艺流程。

根据工程楼梯的特点，在上层混凝土浇筑完后再吊装和安装下层的楼梯板，如图 2-29 所示。

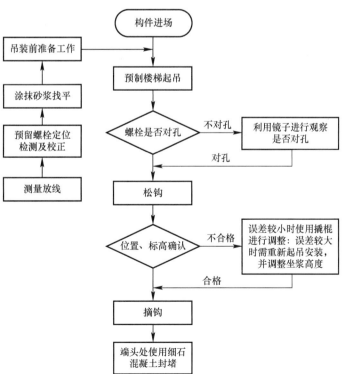

图 2-29　预制楼梯安装工艺流程

② 预制楼梯安装准备。

熟悉图纸，检查核对构件编号，确定安装位置，并对吊装顺序进行编号。根据施工图纸，弹出楼梯安装控制线，对控制线及标高进行复核。楼梯侧面距结构墙体预留 30mm 空隙，为后续初装的抹灰层预留空间；梯井之间根据楼梯栏杆安装要求预留 40mm 空隙。

在楼梯段上下口梯梁处铺 20mm 厚 M15 砂浆找平。

③ 预制楼梯吊装。

A. 支撑。如果楼梯采用滑动支座，楼梯直接搁置在梁上，不需要支撑。

B. 吊具安装。根据构件形式选择合适的吊具，因楼梯为斜构件，吊装时用 2 根同长钢丝绳 4 点起吊，楼梯梯段底部用 1 根钢丝绳分别固定两个吊钉。楼梯梯段上部由 1 根钢丝绳穿过吊钩两端固定在两个吊钉上（下部钢丝绳加吊具长度应是上部的两倍）。如图 2-30 所示。

C. 安装、就位。根据梯段两端预留位置安装，安装时根据图纸要求调节安装空隙的尺寸。

D. 检查、校核。梯段就位前休息平台叠合板须安装调节完成，因平台板需支撑梯段荷载。检查梯段支撑面叠合板的标高是否准确，梯段支撑面下部支撑是否搭设完毕且牢固。

楼梯板固定后，在预制楼梯板与休息平台连接部位采用灌浆料进行灌浆，灌浆要求从楼梯板的一侧向另外一侧灌注，待灌浆料从另一侧溢出后表示灌满。

图 2-30　楼梯的吊装示意

5）预制外挂板安装

① 预制外挂板安装工艺流程，如图 2-31 所示。

② 预制外挂板安装准备：熟悉图纸，检查核对编号，确定安装位置，并对吊装顺序进行编号。将外挂板的水平位置线及标高控制线弹出，并对其控制线及标高进行复核。

③ 外挂板吊装。

当塔式起重机把外挂板调离地面时，检查构件是否水平，各吊钉的受力情况是否均匀，使构件达到水平，各吊钩受力均匀后，方可起吊至施工位置。

在距离安装位置 500mm 高时停止塔式起重机下降，检查墙板的正反面是否和图纸一致，检查地上所标示的位置是否与图纸相符。

根据楼面所放出的墙板侧边线、端线、垫块、外挂板下端的连接件（连接件安装时外边与外挂板内边线重合）使外挂板就位。

初步就位：预制构件从堆放场地吊至安装现场，由 1 名指挥工、2～3 名操作工配合，利用上部挂板的固定螺栓和下部的定位螺栓进行初步定位。

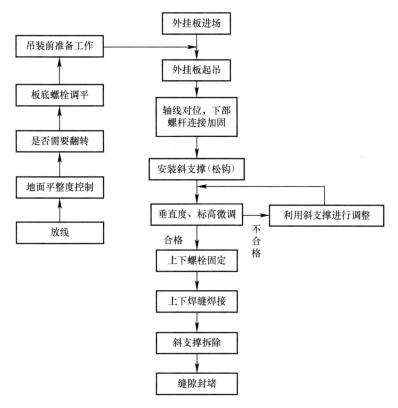

图 2-31 预制外挂板安装工艺流程

初步就位后进行外挂板斜拉杆的安装。

在塔式起重机松钩前完成上部螺栓的加固连接。

定位调节：根据控制线精确调整外挂板底部，使底部位置和测量放线的位置重合。

高度调节：构件标高通过水准仪来进行复核。

垂直度调节：构件垂直度调节采用可调节斜拉杆，每一块预制构件设置 4 道可调节斜拉杆，拉杆后端均牢靠固定在结构楼板上。

外挂板就位后，立即进行焊接固定，焊接采用单面焊。完成焊接后拆除斜支撑。

④ 外挂板的斜拉杆安装：外挂板在吊装至设计位置后先用斜拉件进行初步固定。检查斜拉杆埋件牢固后通过斜拉杆对板的垂直度进行微调。

（3）柱底灌浆施工

1）柱底灌浆工艺流程（图 2-32）

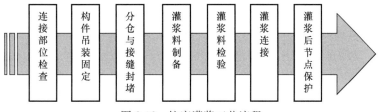

图 2-32 柱底灌浆工艺流程

2）前期准备工作

前期准备工作包括：作业人员培训、灌浆料的运输与存放、器具准备等。

3）界面处理及封堵

预制柱就位校正并支撑牢固后方可开始灌浆操作，包括：

① 构件安装面处理：每个构件的安装面范围内标高差不宜大于5mm；粗糙表面人工凿毛应均匀；表面无污物、砂石或混凝土碎块；构件吊装前宜用干净的水冲洗表面，高温季节尤其要保持安装面润湿。

② 连接钢筋检查与调整：连接钢筋长度符合设计要求（垫片以上为锚固长度）；用模板检测钢筋位置偏差，必要时进行调整；钢筋表面干净，无严重锈蚀和黏附物。

③ 构件支撑垫片码放：垫片不宜靠近钢筋，距离构件边缘不小于15mm；对接密封条接缝应粘接牢固。

④ 缝隙封堵：采取专用封堵砂浆进行封堵，封堵砂浆需单独配制，保证砂浆强度；同时在封堵缝隙时保证砂浆进入结构内小于或等于2cm。

4）灌浆施工

砂浆封堵24h后可进行灌浆，宜采用机械灌浆。浆料从下排灌浆孔进入，灌浆时先用塞子将其余下排灌浆孔封堵，待浆料从上排出浆孔溢出后将上排进行封堵，再继续从下排灌浆至无法灌入后用塞子将其封堵，以此步骤对每个套筒进行逐个灌浆，不得从四侧同时进行灌浆。

灌浆应连续进行，每次拌制的浆料需在30min内用完，灌浆完成后24h之内，预制柱不得受到振动。

单个套筒灌浆采用灌浆枪或小流量灌浆泵；多接头连通腔灌浆采用配套的电动灌浆泵。

灌浆完成浆料初凝前，巡检已灌浆接头，填写记录，如有漏浆及时处理；灌浆料凝固后，检查接头充盈度。

5）现场清理

灌浆完毕后立即清洗搅拌机、搅拌桶、灌浆筒等器具，以免灌浆料凝固，清理困难，注意灌浆筒需每灌注完成一筒后清洗一次，清洗完毕后，方可再次使用。因此，在每个班组灌浆操作时必须至少准备三个灌浆筒，其中一个备用。

（4）预制构件的精确定位

1）预制柱精确定位

在楼板上根据图纸及定位轴线放出预制墙体定位边线及200mm控制线，同时在预制墙体吊装前，在预制柱上放出500mm水平控制线，便于预制墙体安装过程中精确定位，并在吊装前在预制柱顶端放出梁的定位线。

2）预制叠合板精确定位

预制墙体安装完成后，由测量人员根据预制叠合板板宽放出支撑定位线，并搭设满堂架，同时根据叠合板分布图及轴网，利用经纬仪在预制梁上方测出板缝位置定位线，板缝定位线允许误差±10mm。

预制叠合板吊装过程中，在作业层上空500mm处减缓降落，由操作人员根据板缝定位线，引导楼板降落至独立支撑上，根据预制墙体上水平控制线及竖向板缝定位线，校核叠合板水平位置及竖向标高情况，通过调节竖向独立支撑，确保叠合板满足设计标高要求，允许误差为±5mm；通过撬棍（撬棍配合垫木使用，避免损坏板边角）调节叠合板水平位移，确保叠合板满足设计图纸水平分布要求（预制叠合板与墙体搭接10mm），允许误差为5mm，叠合板平整度误差为5mm，相邻叠合板平整度误差为±5mm。

3）预制楼梯精确定位

预制楼梯安装前，测量人员根据楼梯图纸，放出预制楼梯水平定位线及控制线，当预制楼梯吊装至作业面上空500mm时，停止降落，由专业操作工人稳住预制楼梯，根据墙体水平控制线及楼梯控制线缓慢下放楼梯，对准结构休息平台预留钢筋（或螺栓），通过控制线校核预制楼梯安装是否偏位，通过撬棍调整预制楼梯水平位置，确保楼梯满足设计图纸要求；调整预制楼梯标高及水平位置，允许偏差不大于5mm。

4）预制外挂板精确定位

预制外挂板的预埋件预埋允许误差为±5mm，吊装前在边梁上放出外挂板的控制线，当预制外挂板吊装至作业面上500mm时，缓慢降落，由专业操作工人引导预制外挂板降落，使预制外挂板预埋件与梁上的预埋件连接，之后安装斜支撑调节其垂直度，允许误差为5mm。

5）累计误差消除

累计的标高误差主要通过柱垫片进行调节消除，每三层进行一次复核；水平误差每层进行一次整体轴线偏位的复核，并对上层轴线进行偏差消除。

三、施工进度计划的编制

（一）施工进度计划的类型及其作用

1. 施工进度计划的类型

施工进度计划是为实现项目设定的工期目标，对各项施工工程的施工顺序、起止时间和相互衔接关系所作的统筹策划和安排。施工进度计划包括以下分类。

（1）与施工进度有关的计划

与施工进度有关的计划包括施工企业的施工生产计划和建设工程项目施工进度计划，如图 3-1 所示。

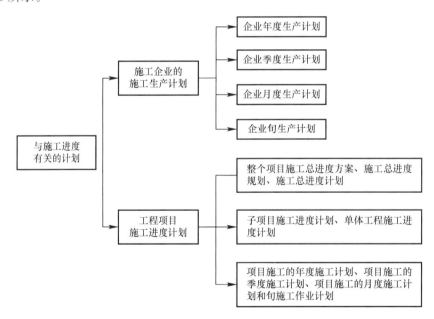

图 3-1　与施工进度有关的计划

施工企业的施工生产计划，属企业计划的范畴。根据整个施工企业施工任务量、企业经营的需求和资源利用的可能性等，合理安排计划周期内的施工生产活动，如年度生产计划、季度生产计划、月度生产计划和旬生产计划等。

工程项目施工进度计划，属工程项目管理的范畴。根据每个工程项目的施工任务，依据企业的施工生产计划的总体安排和履行施工合同的要求，以及施工的条件（包括设计资料提供的条件、施工现场的条件、施工的组织条件、施工的技术条件和资源条件等）和资源利用的可能性，合理安排一个项目的施工的进度。具体包括：整个项目施工总进度方案、施工总进度规划、施工总进度计划；子项目施工进度计划、单位工程施工进度计划；项目施工的年度施工计划、项目施工的季度施工计划、项目施工的月度施工计划和旬施工作业计划等。

施工企业的施工生产计划与工程项目施工进度计划虽属两个不同系统的计划，但是，两者是紧密相关的。前者针对整个企业，而后者则针对一个具体工程项目，计划的编制有一个自下而上和自上而下的往复多次的协调过程。

（2）工程项目施工进度计划的分类

工程项目施工进度计划按编制对象区分，可分为施工总进度计划、单位工程施工进度计划和分部分项（专项）工程施工进度计划。施工总进度计划是施工现场各项施工活动在时间和空间上的体现。编制施工总进度计划是根据施工部署中的施工方案和施工项目开展的程序，对整个工地的所有施工项目作出时间和空间上的安排。单位工程施工进度计划是施工组织设计的重要内容，是控制各分部分项工程施工进程及总工期的主要依据，也是编制施工作业计划及各项资源需要量计划的依据。

工程项目施工进度计划若从计划的功能区分，可分为控制性施工进度计划、指导性施工进度计划和实施性施工进度计划。控制性进度计划和指导性进度计划的界限并不十分清晰，前者更宏观一些。大型和特大型工程项目需要编制控制性施工进度计划、指导性施工进度计划和实施性施工进度计划，而小型工程项目仅编制两个层次的计划即可。

2. 控制性施工进度计划的作用

一般而言，一个工程项目的施工总进度规划或施工总进度计划是工程项目的控制性施工进度计划。对于特大型工程项目，往往包括许多子项目，即使对其编制施工总进度计划的条件已基本具备，还是应该先编制施工总进度规划，规划的编制由粗到细，且可对计划逐层协调，而不宜一步到位，编制较具体的施工总进度计划。另外，如果一个大型工程项目在签订施工承包合同后，设计资料的深度和其他条件还不足以编制比较具体的施工总进度计划时，则可先编制施工总进度规划，待条件成熟时再编制施工总进度计划。

控制性施工进度计划的作用主要包括：

（1）论证施工总进度目标。控制性施工进度计划编制的主要目的是通过计划的编制，以对施工承包合同所规定的施工进度目标进行再论证。

（2）分解施工总进度目标，确定里程碑事件的进度目标。通过对进度目标的分解，确定施工总体部署，确定里程碑事件（或控制节点）的进度目标，作为进度控制的依据。

（3）是编制实施性进度计划的依据。控制性施工进度计划确定了各个建筑物及其主要工种、工程、准备工作和全工地性工程的施工期限及开工和竣工的日期，从而确定建筑施工现场劳动力、材料、成品、半成品、施工机械的需要数量和调配情况，以及现场临时设施的数量、水电供应数量和能源、交通的需要数量等。为编制实施性进度计划提供了依据。

（4）是编制与该项目相关的其他各种进度计划的依据或参考。如子项目施工进度计划、单体工程施工进度计划；项目施工的年度施工计划、项目施工的季度施工计划等。

（5）是施工进度动态控制的依据。

【例 3-1】某国际机场，总投资约 200 亿元，是一个大型建设工程项目。试通过控制性施工进度计划的编制，确定工程的总体部署。

【解】根据施工条件和资源情况，控制性施工进度计划的编制如下：

（1）第一战役：2020 年 9 月～2021 年 4 月 30 日，完成航站楼 ±0.000 以下结构工程、完成总包管理单位招标制作及安装的招标、完成幕墙招标；

（2）第二战役：2021年5月1日～2022年5月30日，完成钢结构细部设计和完成航站楼±0.000以上结构工程（应特别重视钢结构的制作和吊装施工）；

（3）第三战役：2022年6月1日～2022年12月31日，完成航站主楼玻璃幕墙施工、东西连接楼和指廊竣工、基本完成±0.000以下装饰工程；

......

在所编制的某机场的控制性施工进度计划中，也明确了里程碑事件的进度目标：

（1）2021年5月31日完成航站楼±0.000以下结构工程；

（2）2022年5月30日完成航站楼±0.000以上结构工程；

（3）2022年12月31日完成航站主楼玻璃幕墙施工工程；

（4）2023年6月30日航站主楼土建基本完成；

（5）2023年7月31日机电安装完成单机及系统调试；

......

3. 实施性施工进度计划的作用

项目施工的月度施工计划和旬施工作业计划是用于直接组织施工作业的计划，它是实施性施工进度计划。实施性施工进度计划的编制应结合工程施工的具体条件，并以控制性施工进度计划所确定的里程碑事件的进度目标为依据。

一个项目的月度施工计划应反映在这月度中将进行的主要施工作业的名称、实物工程量、工作持续时间、所需的施工机械名称、施工机械的数量等。月度施工计划还反映各施工作业相应的日历天数的安排，以及各施工作业的施工顺序。

一个项目的旬施工作业计划应反映在这旬中，每一个施工作业（或称其为施工工序）的名称、实物工程量、工种、每天的出勤人数、工作班次、工效、工作持续时间、所需的施工机械名称、施工机械的数量、机械的台班产量等。旬施工作业计划还反映各施工作业相应的日历天数的安排以及各施工作业的施工顺序。

实施性施工进度计划的主要作用包括：

（1）确定各分部分项工程的施工时间及其相互之间的衔接、穿插、平行搭接、协作配合等关系。

（2）确定一个月度或旬的人工需求。

（3）确定一个月度或旬的施工机械的需求。

（4）确定一个月度或旬的建筑材料的需求。

（5）确定一个月度或旬的资金的需求等。

（6）指导现场的施工安排，确保施工任务的如期完成。

（二）施工进度计划的表达方法

1. 施工进度计划的编制依据与编制工具

（1）施工进度计划的编制依据

施工进度计划的编制依据主要包括：

1）经过审批的全套施工图及各种标准图和技术资料。

2）工程的工期要求及开工、竣工日期。

3）工程项目工作顺序及相互间的逻辑关系。

4）工程项目工作持续时间的估算。

5）资源需求。包括对资源数量和质量的要求，说明什么资源在什么时间用在什么工作中。当有多个工作同时需要某种资源时，需要作出合理的安排。

6）作业制度安排。明确项目作业制度是十分必要的，它直接影响到进度计划的安排。

7）约束条件。在项目执行过程中总会存在一些关键工作或里程碑事件，这些都是项目执行过程中必须考虑的约束条件。

8）项目工作的提前和滞后要求。为了准确地确定工作关系，有些逻辑关系需要规定提前或滞后的时间。

（2）编制施工进度计划的工具

编制施工进度计划的工具有很多，但主要有以下三种：

1）里程碑计划。里程碑计划是以项目中某些重要事件的开始或完成时间点为基准的计划，如图 3-2 所示。主要用于编制控制性进度计划。

里程碑事件	1月	2月	3月	4月	5月	6月	7月	8月
A		▲						
B				▲				
C							▲	
D								▲

图 3-2　里程碑计划

2）横道计划。横道计划是以横道线条结合时间坐标来表示项目各项工作的开始时间、持续时间和先后顺序，整个计划由一系列横道线组成，如图 3-3 所示。可以用于各类施工进度计划的编制，应用广泛。

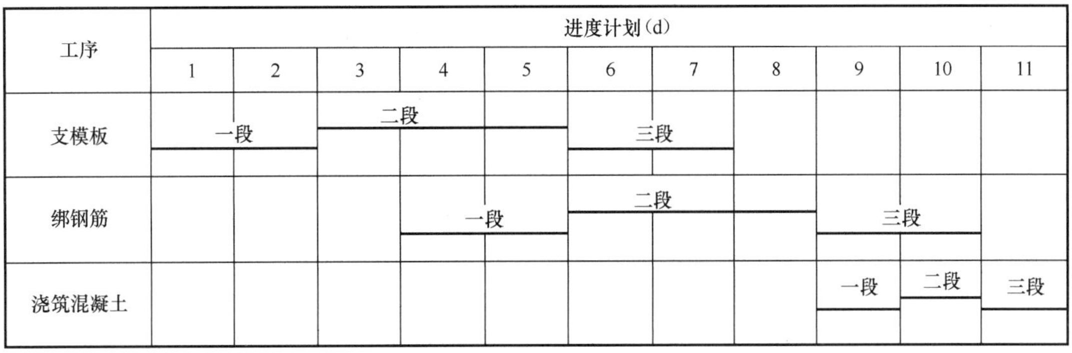

工序	进度计划（d）										
	1	2	3	4	5	6	7	8	9	10	11
支模板	一段		二段			三段					
绑钢筋				一段		二段			三段		
浇筑混凝土									一段	二段	三段

图 3-3　横道计划

　　3）网络计划。网络计划是由箭线和节点组成的表示工作流程的有向、有序的网状图形（即网络图）所表示的进度计划，如图3-4所示。它是进度计划编制的最科学的表达形式。大中型项目施工进度计划必须采用网络计划编制。

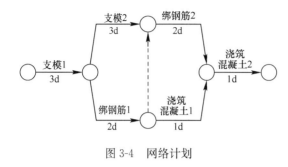

图3-4　网络计划

2. 横道图进度计划的编制方法

（1）横道计划

横道计划由左右两部分组成，左半部分是按施工顺序排列的施工过程（工序），右半部分是在日历坐标上绘制的横道线进度计划，横道线条结合时间坐标来表示项目各项工作的开始时间、持续时间和先后顺序。还可以在进度计划的下方绘制资源动态线来表达资源情况。如图3-5所示。

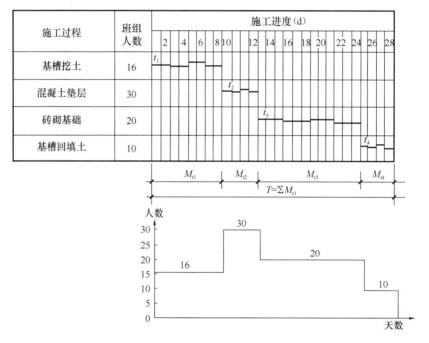

图3-5　某分部工程横道计划

　　横道计划的优点是简单、明了、直观、易懂，且较易编制。因为有时间坐标，故各项工作的开始时间、持续时间、工作进度、总工期等一目了然，便于据图叠加统计资源。其缺点主要是不能全面地反映出各项工作相互之间的关系和影响，也不便于进行各种时间的计算，不能客观地突出工作的重点，也不能从图中看出计划的潜力。

　　（2）施工进度计划的编制步骤

　　1）划分施工过程

　　编制施工进度计划，首先必须划分施工过程。施工过程的划分应考虑下述要求：

　　① 施工过程划分粗细程度的要求

　　对于控制性施工进度计划，其施工过程的划分可以粗一些，一般可按分部工程划分施工过程。如开工前准备、打桩工程、基础工程、主体结构工程等。对于指导性施工进度计划，其施工过程的划分可以细一些。

② 对施工过程进行适当合并，达到简明清晰的要求

为了使计划简明清晰、突出重点，一些次要的施工过程应合并到主要施工过程中去，如基础防潮层可合并到基础施工过程内，有些虽然重要但工程量不大的施工过程也可与相邻的施工过程合并，如挖土可与垫层合并为一项，组织混合班组施工。

③ 施工过程划分的工艺性要求

现浇钢筋混凝土施工，一般可分为支模、扎筋、浇筑混凝土等施工过程，是合并还是分别列项，应视工程施工组织、工程量、结构性质等因素确定。一般现浇钢筋混凝土框架结构的施工应分别列项。如：绑扎柱钢筋、安装柱模板、浇捣柱混凝土，安装梁板模板、绑扎梁板钢筋、浇捣梁板混凝土、养护、拆模等施工过程。但对现浇钢筋混凝土工程量不大的工程，一般不再细分，可合并为一项。

④ 明确施工过程对施工进度的影响程度

根据施工过程对工程进度的影响程度可分为三类。一类为资源驱动的施工过程，对工程的完成与否起着决定性的作用，在条件允许的情况下，可以缩短或延长工期。第二类为辅助性施工过程，它一般不占用拟建工程的工作面，虽需要一定的时间和消耗一定的资源，但不占用工期，故可不列入施工计划以内。如交通运输、场外构件加工或预制等。第三类施工过程虽直接对拟建工程进行作业，但它的时间随着客观条件的变化而变化，应根据具体情况列入施工计划，如混凝土的养护等。

2）计算工程量

工程量计算时应注意以下事项：

① 工程量的计量单位。施工过程工程量的计量单位应与采用的施工定额计量单位相一致。如模板工程以平方米为计量单位；绑扎钢筋以吨为单位计算；混凝土以立方米为计量单位等。

② 采用的施工方法。计算工程量时，应与采用的施工方法相一致，以便计算的工程量与施工的实际情况相符合。例如：挖土时是否放坡，是否加工作面；开挖方式是单独开挖、条形开挖，还是整片开挖，不同的开挖方式，土方量相差是很大的。

③ 正确取用计价文件中的工程量。

3）套用施工定额

确定了施工过程及其工程量之后，即可套用施工定额确定劳动量和机械台班量。

套用定额时，必须注意结合本单位工人的技术等级、实际操作水平，施工机械情况和施工现场条件等因素，确定定额的实际水平，使计算出来的劳动量、机械台班量符合实际需要。有些采用新技术、新材料、新工艺或特殊施工方法的施工过程，定额中尚未编入，可参考类似施工过程的定额、经验资料，按实际情况确定。

4）计算劳动量及机械台班量，确定施工过程的延续时间

① 劳动量的计算。劳动量也称劳动工日数。凡是采用手工操作为主的施工过程，其劳动量均可按下式计算：

$$P_i = \frac{Q_i}{S_i} \text{ 或 } P_i = Q_i \times H_i \tag{3-1}$$

式中　P_i——某施工过程所需劳动量（工日）；

　　　Q_i——该施工过程的工程量（m^3、m^2、m、t）；

　　　S_i——该施工过程采用的产量定额（m^3/工日、m^2/工日、m/工日、t/工日等）；

　　　H_i——该施工过程采用的时间定额（工日/m^3、工日/m^2、工日/m、工日/t等）。

88

【例3-2】　某混合结构工程基槽人工挖土量为600m^3，查劳动定额的产量定额为3.5m^3/工日，计算完成基槽挖土所需的劳动量。

【解】

$$P = \frac{Q}{S} = \frac{600}{3.5} = 171$$

② 机械台班量的计算。凡是采用机械为主的施工过程，可按下式计算其所需的机械台班数：

$$P_{机械} = \frac{Q_{机械}}{S_{机械}} \text{ 或 } P_{机械} = Q_{机械} \times H_{机械} \tag{3-2}$$

式中　$P_{机械}$——某施工过程需要的机械台班数（台班）；

　　　$Q_{机械}$——机械完成的工程量（m^3、t、件等）；

　　　$S_{机械}$——机械的产量定额（m^3/台班、t/台班等）；

　　　$H_{机械}$——机械的时间定额（台班/m^3、台班/t等）。

在实际计算中$S_{机械}$或$H_{机械}$的采用应根据机械的实际情况、施工条件等因素考虑，结合实际确定，以便准确地计算需要的机械台班数。

【例3-3】　某工程基础挖土采用W—100型反铲挖土机挖土，挖方量为2099m^3，经计算采用的机械台班产量为120m^3/台班。计算挖土机所需台班量。

$$P_{机械} = \frac{Q_{机械}}{S_{机械}} = \frac{2099}{120} = 17.49$$

取17.5个台班。

5）计算确定施工过程的延续时间

施工过程持续时间的确定方法有三种：经验估算法、定额计算法和计划倒排法。

① 经验估算法。经验估算法也称三时估算法，即先估计出完成该施工过程的最乐观时间、最悲观时间和最可能时间三种施工时间，再根据式（3-3）计算出该施工过程的延续时间。这种方法适用于新结构、新技术、新工艺、新材料等无定额可循的施工过程。

$$D = \frac{A + 4B + C}{6} \tag{3-3}$$

式中　A——最乐观的时间估算（最短的时间）；

　　　B——最可能的时间估算（最正常的时间）；

　　　C——最悲观的时间估算（最长的时间）。

② 定额计算法。这种方法是根据施工过程需要的劳动量或机械台班量，以及配备的劳动人数或机械台数，确定施工过程持续时间。其计算公式如下：

$$D = \frac{P}{N \times R} \tag{3-4}$$

$$D_{机械} = \frac{P_{机械}}{N_{机械} \times R_{机械}} \tag{3-5}$$

式中　D——以手工操作为主的施工过程持续时间（天）；

　　　　P——该施工过程所需的劳动量（工日）；

　　　　R——该施工过程所配备的施工班组人数（人）；

　　　　N——每天采用的工作班制（班）；

　　$D_{机械}$——以机械施工为主的施工过程的持续时间（天）；

　　$P_{机械}$——该施工过程所需的机械台班数（台班）；

　　$R_{机械}$——该施工过程所配备的机械台数（台）；

　　$N_{机械}$——每天采用的工作台班（台班）。

从上述公式可知，要计算确定某施工过程持续时间，除已确定的 P 或 $P_{机械}$ 外，还必须先确定 R、$R_{机械}$ 及 N、$N_{机械}$ 的数值。

要确定施工班组人数 R 或施工机械台班数 $R_{机械}$，除了考虑必须能获得或能配备的施工班组人数（特别是技术工人人数）或施工机械台数之外，在实际工作中，还必须结合施工现场的具体条件、最小工作面与最小劳动组合人数的要求以及机械施工的工作面大小、机械效率、机械必要的停歇维修与保养时间等因素考虑，才能确定符合实际可能和要求的施工班组人数及机械台数。

【例 3-4】　某工程基础混凝土浇筑所需劳动量为 536 工日，每天采用三班制，每班安排 20 人施工，试求完成混凝土垫层的施工持续时间。

$$D = \frac{P}{N \times R} = \frac{536}{3 \times 20} = 8.93 \approx 9$$

③ 计划倒排法。这种方法根据施工的工期要求，先确定施工过程的延续时间及工作班制，再确定施工班组人数（R）或机械台数（$R_{机械}$）。计算公式如下：

$$R = \frac{P}{N \times D} \tag{3-6}$$

$$R_{机械} = \frac{P_{机械}}{N \times D_{机械}} \tag{3-7}$$

式中符号同式（3-4）、式（3-5）。

如果按上述两式计算出来的结果，超过了本单位现有的人数或机械台数，则要求有关单位进行平衡、调度及支持，或从技术上、组织上采用措施。如组织平行立体交叉流水施工，提高混凝土早期强度及采用多班组、多班制的施工等。

6）初排施工进度

上述各项计算内容确定之后，即可编制施工进度计划的初步方案。一般的编制方法有：

① 根据施工经验直接安排的方法。根据经验资料及有关计算，直接在进度表上画出进度线。其一般步骤：先安排主导施工过程的施工进度，然后再安排其余施工过程，它应尽可能配合主导施工过程并最大限度地搭接，形成施工进度计划的初步方案。总的原则应使每个施工过程尽可能早地投入施工。

② 按工艺组合组织流水的施工方法。先按各施工过程（即工艺组合流水）初排流水进度线，然后将各工艺组合最大限度地搭接起来。

7）检查与调整施工进度计划

施工进度计划初步方案编出后，应根据与业主和有关部门的要求、合同规定及施工条件等，先检查各施工过程之间的施工顺序是否合理、工期是否满足要求、劳动力等资源消耗是否均衡，然后再进行调整，直至满足要求，正式形成施工进度计划。总的要求是在合理的工期下尽可能地使施工过程连续施工。

3. 网络计划的基本概念与识读

（1）网络计划的表达方法与分类

1）网络计划的表达方法

网络计划是指用网络图表达任务构成、工作顺序并加注工作时间参数的进度计划。所谓网络图是指由箭线和节点组成的、用来表示工作流程的有向、有序的网状图形。

网络图中，按节点和箭线所代表的含义不同，可分为双代号网络图和单代号网络图。

① 双代号网络图。以箭线及其两端节点的编号表示工作的网络图称为双代号网络图，如图 3-6 所示。

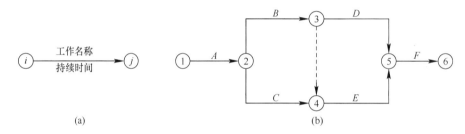

图 3-6　双代号网络图

（a）工作的表示方法；（b）工程的表示方法

② 单代号网络图。以节点及其编号表示工作，以箭线表示工作之间的逻辑关系的网络图称为单代号网络图，如图 3-7 所示。

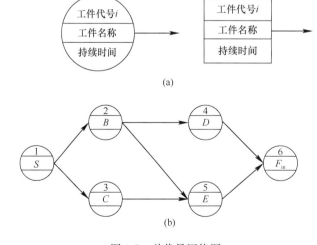

图 3-7　单代号网络图

（a）工作的表示方法；（b）工程的表示方法

2）网络计划的分类

网络计划的种类有很多，可以从不同的角度进行分类，具体分类方法如下：

① 按网络计划目标分类。根据计划最终目标的多少，网络计划可分为单目标网络计划和多目标网络计划。

只有一个最终目标的网络计划称为单目标网络计划，如图 3-8 所示。

由若干个独立的最终目标与其相互有关工作组成的网络计划称为多目标网络计划，如图 3-9 所示。

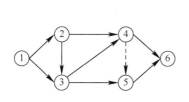

图 3-8　单目标网络计划

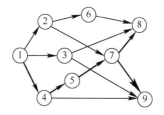

图 3-9　多目标网络计划

② 按网络计划层次分类。根据计划的工程对象不同和使用范围大小，网络计划可分为局部网络计划、单位工程网络计划和综合网络计划。以一个分部工程或施工段为对象编制的网络计划称为局部网络计划；以一个单位工程为对象编制的网络计划称为单位工程网络计划；以一个建设项目或建筑群为对象编制的网络计划称为综合网络计划。

③ 按网络计划时间表达方式分类。根据计划时间的表达不同，网络计划可分为时标网络计划和非时标网络计划。

工作的持续时间以时间坐标为尺度绘制的网络计划称为时标网络计划，如图 3-10 所示。

工作的持续时间以数字形式标注在箭线下面绘制的网络计划称为非时标网络计划。

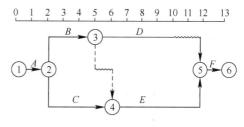

图 3-10　时标网络计划

（2）双代号网络计划

1）双代号网络计划的基本概念

① 箭线。网络图中一端带箭头的实线即为箭线。在双代号网络图中，它与其两端的节点表示一项工作。

箭线表达的内容有以下几个方面：一根箭线表示一项工作或一个施工过程，工作既可以是一个简单的施工过程，也可以是一项复杂的工程任务；一根箭线表示一项工作所消耗的时间和资源，分别用数字标注在箭线的下方和上方；在无时间坐标的网络图中，箭线的长度不代表时间的长短，画图时原则上是任意的，但必须满足网络图的绘制规则；箭线的方向表示工作进行的方向和前进的路线，箭尾表示工作的开始，箭头表示工作的结束；箭线可以画成直线、折线和斜线。

② 节点。网络图中箭线端部的圆圈或其他形状的封闭图形就是节点，如图 3-11 所示。

在双代号网络图中，它表示工作之间的逻辑关系，节点表达的内容有以下几个方面：节点表

图 3-11　节点示意

示前面工作结束和后面工作开始的瞬间，所以节点不需要消耗时间和资源；箭线的箭尾节点表示该工作的开始，箭线的箭头节点表示该工作的结束；根据节点在网络图中的位置不同可以分为起点节点、终点节点和中间节点；网络图中的每个节点都有自己的编号，以便赋予每项工作以代号，便于计算网络图的时间参数和检查网络图是否正确。

③ 逻辑关系。工作之间相互制约或依赖的关系称为逻辑关系。工作之间的逻辑关系包括工艺关系和组织关系。

工艺关系是指生产工艺上客观存在的先后顺序关系，或者是非生产性工作之间由工作程序决定的先后顺序关系。例如，建筑工程施工时，先做基础，后做主体；先做结构，后做装修。工艺关系是不能随意改变的。如图 3-12 所示，槽 1→垫 1→基 1→填 1 为工艺关系。

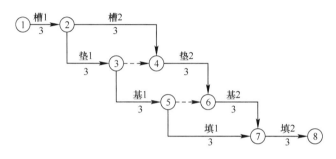

图 3-12 逻辑关系

组织关系是指在不违反工艺关系的前提下，人为安排的工作的先后顺序关系。例如，建筑群中各个建筑物的开工顺序的先后；施工对象的分段流水作业等。组织顺序可以根据具体情况，按安全、经济、高效的原则统筹安排。如图 3-12 所示，槽 1→槽 2；垫 1→垫 2 等为组织关系。

④ 紧前工作、紧后工作、平行工作。紧排在本工作之前的工作称为本工作的紧前工作。本工作和紧前工作之间可能有虚工作。如图 3-12 所示，槽 1 是槽 2 在组织关系上的紧前工作；垫 1 和垫 2 之间虽有虚工作，但垫 1 仍然是垫 2 在组织关系上的紧前工作。槽 1 则是垫 1 在工艺关系上的紧前工作。

紧排在本工作之后的工作称为本工作的紧后工作。本工作和紧后工作之间可能有虚工作。如图 3-12 所示，垫 2 是垫 1 在组织关系上的紧后工作。垫 1 是槽 1 在工艺关系上的紧后工作。

可与本工作同时进行称为本工作的平行工作，如图 3-12 所示，槽 2 是垫 1 的平行工作。

⑤ 虚工作及其应用。双代号网络计划中，只表示前后相邻工作之间的逻辑关系，既不占用时间，也不耗用资源的虚拟的工作称为虚工作。虚工作用虚箭线表示，其表达形式可垂直方向向上或向下，也可水平方向向右。

虚工作主要起着联系、区分、断路三个方面的作用。

⑥ 线路、关键线路、关键工作。网络图中从起点节点开始，沿箭头方向顺序通过一系列箭线与节点，最后达到终点节点的通路称为线路。一个网络图中，从起点节点到终点节点，一般都存在着许多条线路，如图 3-13 中有四条线路，每条线路都包含若干项工作，

这些工作的持续时间之和就是该线路的时间长度，即线路上总的工作持续时间。图 3-13 中四条线路各自的总持续时间见表 3-1。

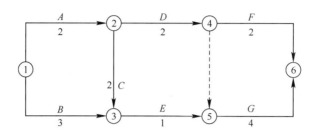

图 3-13　关键线路

线路的总持续时间　　　　　　　　　　　　　　　　　　表 3-1

线路	总持续时间（d）	关键线路
①→②→③→⑤→⑥ 　2　 2　1　 4	9	9d
①→②→④→⑤→⑥ 　2　 2　　 4	8	
①→③→⑤→⑥ 　3　 1　 4	8	
①→②→④→⑥ 　2　 2　 2	8	

线路上总的工作持续时间最长的线路称为关键线路。如图 3-13 所示，线路 1→2→3→5→6 总的工作持续时间最长，即为关键线路。其余线路称为非关键线路。位于关键线路上的工作称为关键工作。

一般来说，一个网络图中至少有一条关键线路。关键线路也不是一成不变的，在一定的条件下，关键线路和非关键线路会相互转化。例如，当采取技术组织措施，缩短关键工作的持续时间，或者非关键工作持续时间延长时，就有可能使关键线路发生转移。网络计划中，关键工作的比重往往不宜过大，网络计划越复杂工作节点就越多，则关键工作的比重应该越小，这样有利于抓住主要矛盾。

非关键线路都有若干机动时间（即时差），它意味着工作完成日期容许适当挪动而不影响工期。时差的意义就在于可以使非关键工作在时差允许范围内放慢施工进度，将部分人、财、物转移到关键工作上去，以加快关键工作的进程；或者在时差允许范围内改变工作开始和结束时间，以达到均衡施工的目的。

关键线路宜用粗箭线、双箭线或彩色箭线标注，以突出其在网络计划中的重要位置。

2）双代号网络图的绘制规则

① 双代号网络图必须正确表达逻辑关系。

② 网络图中不允许出现循环线路。

③ 网络图中不允许出现代号相同的箭线。

④ 在一个网络图中只允许有一个起点节点和一个终点节点。在网络图中除起点和终

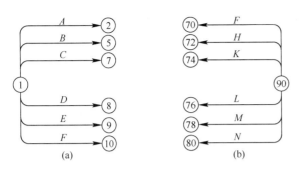

图 3-14　母线法

点外，不允许再出现没有外向工作的节点及没有内向工作的节点（多目标网络除外）。

⑤ 严禁在网络图中出现没有箭尾节点的箭线和没有箭头节点的箭线。

⑥ 网络图中不允许出现双向箭头、无箭头或倒向的线。

⑦ 当网络图的起点节点有多条外向箭线或终点节点有多条内向箭线时，为使图形简洁，可应用母线法绘图，如图 3-14 所示。

⑧ 绘制网络图时，应避免箭线交叉。当交叉不可避免时，可采用图 3-15 中几种表示方法。

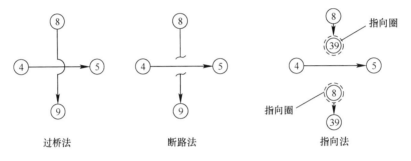

图 3-15　交叉箭线的表示方法

网络图各种逻辑关系的表示方法，见表 3-2。

几种逻辑关系的表示方法

表 3-2

序号	逻辑关系	双代号表示方法
1	A 完成后进行 B；B 完成后进行 C	○—A→○—B→○—C→○
2	A 完成后同时进行 B 和 C	A 完成后分别连接 B、C
3	A 和 B 都完成后进行 C	A、B 汇合后进行 C
4	A 和 B 都完成后同时进行 C 和 D	A、B 汇合后同时进行 C、D

续表

序号	逻辑关系	双代号表示方法
5	A 完成后进行 C；A 和 B 都完成后进行 D	
6	A、B 均完成后进行 D；A、B、C 均完成后进行 E；D、E 均完成后进行 F	
7	A、B 均完成后进行 C；B、D 均完成后进行 E	
8	A 完成后进行 C；A、B 均完成后进行 D；B 完成后进行 E	
9	A、B 两项工作分成三个施工段，分别流水施工：A_1 完成后进行 A_2、B_1，A_2 完成后进行 A_3、B_2；B_1 完成后进行 B_2；A_3、B_2 完成后进行 B_3	

3）双代号网络图的排列方式

在网络计划的实际应用中，要求网络图按一定的次序组织排列，做到逻辑关系准确清晰，形象直观，便于计算与调整。主要排列方式有：

① 按施工过程排列。根据施工顺序把各施工过程按垂直方向排列，施工段按水平方向排列，如图 3-16 所示。其特点是相同工种在同一水平线上，突出不同工种的工作情况。

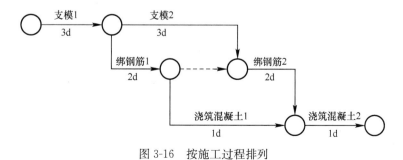

图 3-16　按施工过程排列

② 按施工段排列。同一施工段上的有关施工过程按水平方向排列，施工段按垂直方向排列，如图 3-17 所示。其特点是同一施工段的工作在同一水平线上，反映出分段施工的特征，突出工作面的利用情况。

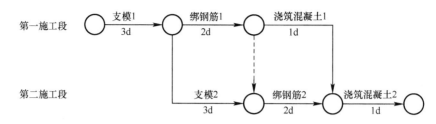

图 3-17　按施工段排列

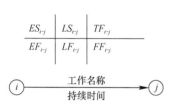

图 3-18　双代号网络计划
时间参数标注形式

4）双代号网络计划时间参数

网络计划时间参数计算包括各项工作的最早开始时间（ES_{i-j}）、最早完成时间（EF_{i-j}）、最迟开始时间（LS_{i-j}）、最迟完成时间（LF_{i-j}）及工作总时差（TF_{i-j}）和自由时差（FF_{i-j}），如图 3-18 所示。按工作计算法计算双代号网络计划时间参数：

① 工作最早开始时间。指各紧前工作全部完成后，本工作有可能开始的最早时刻。工作 $i-j$ 的最早开始时间用 ES_{i-j} 表示。

工作 $i-j$ 的最早开始时间 ES_{i-j} 应从网络计划的起点节点开始，顺箭线方向依次逐项计算。

以起点节点为箭尾节点的工作 $i-j$，如未规定其最早开始时间 ES_{i-j} 时，其值等于零，即

$$ES_{i-j} = 0(i = 1) \tag{3-8}$$

其他工作 $i-j$ 的最早开始时间 ES_{i-j} 应为：

$$ES_{i-j} = \max\{ES_{h-i} + D_{h-i}\} \tag{3-9}$$

式中　ES_{h-i}——工作 $i-j$ 的紧前工作 $h-i$ 的最早开始时间；

　　　D_{h-i}——工作 $i-j$ 的紧前工作 $h-i$ 的持续时间。

② 工作最早完成时间。指各紧前工作全部完成后，本工作有可能完成的最早时刻。工作 $i-j$ 的最早完成时间用 EF_{i-j} 表示。

$$EF_{i-j} = ES_{i-j} + D_{i-j} \tag{3-10}$$

③ 计算工期 T_c。工期是指完成一项任务所需要的时间，一般有以下三种工期：计算工期是指根据时间参数计算所得到的工期，用 T_c 表示；要求工期是指任务委托人提出的指令性工期，用 T_r 表示；计划工期是指根据要求工期和计算工期所确定的作为实施目标的工期，用 T_p 表示。

当规定了要求工期时：$T_p \leqslant T_r$

当未规定要求工期时：$T_p = T_c$

$$T_c = \max\{EF_{i-n}\} \qquad (3\text{-}11)$$

式中　EF_{i-n}——以终点节点（$j=n$）为箭头节点的工作 $i-n$ 的最早完成时间。

④ 工作最迟完成时间。最迟完成时间是指在不影响整个任务按期完成的前提下，工作必须完成的最迟时刻。工作 $i-j$ 的最迟完成时间用 LF_{i-j} 表示。

工作 $i-j$ 的最迟完成时间 LF_{i-j} 应从网络计划的终点节点开始，逆箭线方向依次逐项计算。

以终点节点（$j-n$）为箭头节点的工作的最迟完成时间 LF_{i-n}，应按网络计划的计划工期 T_p 确定，即：

$$LF_{i-n} = T_p \qquad (3\text{-}12)$$

其他工作 $i-j$ 的最迟完成时间 $LF_{i-j}=\min\{LF_{j-k}-D_{j-k}\}$ $\qquad (3\text{-}13)$

式中　LF_{j-k}——工作 $i-j$ 的各项紧后工作 $j-k$ 的最迟完成时间；

　　　D_{j-k}——工作 $i-j$ 的各项紧后工作 $j-k$ 的持续时间。

⑤ 工作最迟开始时间。最迟开始时间是指在不影响整个任务按期完成的前提下，工作必须开始的最迟时刻。工作 $i-j$ 的最迟开始时间用 LS_{i-j} 表示。

$$LS_{i-j} = LF_{i-j} - D_{i-j} \qquad (3\text{-}14)$$

⑥ 工作时差。工作时差分总时差和自由时差。总时差是指在不影响总工期的前提下，本工作可以利用的机动时间。工作 $i-j$ 的总时差用 TF_{i-j} 表示。自由时差是指在不影响其紧后工作最早开始时间的前提下，本工作可以利用的机动时间。工作 $i-j$ 的自由时差用 FF_{i-j} 表示。

工作 $i-j$ 的总时差 TF_{i-j} 应按下式计算：

$$TF_{i-j} = LS_{i-j} - ES_{i-j} \qquad (3\text{-}15)$$

$$\text{或 } TF_{i-j} = LF_{i-j} - EF_{i-j} \qquad (3\text{-}16)$$

工作 $i-j$ 的自由时差 FF_{i-j} 的计算应按下式进行：

$$FF_{i-j} = ES_{j-k} - ES_{i-j} - D_{i-j} \qquad (3\text{-}17)$$

式中　ES_{j-k}——工作 $i-j$ 的紧后工作 $j-k$ 的最早开始时间。

以图 3-19 为例，其图上计算法的计算结果为：

⑦ 关键工作和关键线路的确定：总时差为最小的工作应为关键工作。自始至终全部由关键工作组成的线路或线路上总的工作持续时间最长的线路应为关键线路。该线路在网络图上应用粗线、双线或彩色线标注。图 3-19 中，①→③→④→⑥为关键线路。

5）双代号时标网络计划

时标网络计划是以时间坐标为尺度编制的网络计划。时标网络计划的工作，以实箭线表示，自由时差以波形线表示，虚工作以虚箭线表示。当实箭线后有波形线且其末端有垂直部分时，其垂直部分用实线绘制；当虚箭线有时差且其末端有垂直部分时，其垂直部分用虚线绘制。

图 3-20 是图 3-19 按最早开始时间绘制的时标网络计划。图中各工作的最早开始时间为其箭尾节点所对应的时间坐标，各工作的最早完成时间为其箭线实线末端所对应的时间

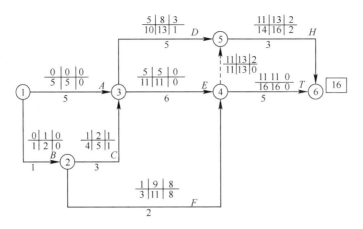

图 3-19 双代号网络计划图上计算法

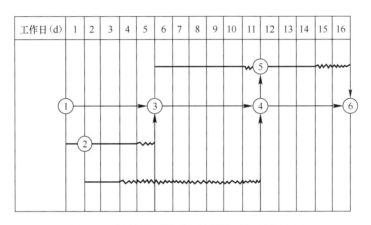

图 3-20 按最早开始时间绘制的时标网络计划

坐标，波形线水平投影长度为该工作的自由时差。

（3）单代号网络图

单代号网络图的绘图规则和双代号网络图的绘图规则基本一致。唯一不同的是，在单代号网络图的开始和结束可增加虚拟的起点节点和终点节点，这是单代号网络图所特有的。

4. 流水施工进度计划的编制方法

建筑工程流水施工是建立在分工协作与成批生产的基础上，通过组织流水施工，可以充分地利用时间和空间，连续、均衡、有节奏地进行施工，从而提高劳动生产率，加快工期，节省施工费用，降低工程成本。

（1）流水施工的基本概念

流水施工就是指所有的施工过程按一定的时间间隔依次投入施工，各个施工过程陆续开工、陆续竣工，使同一施工过程的施工队组保持连续、均衡施工，不同的施工过程尽可能平行搭接施工的组织方式。如图 3-21 所示。

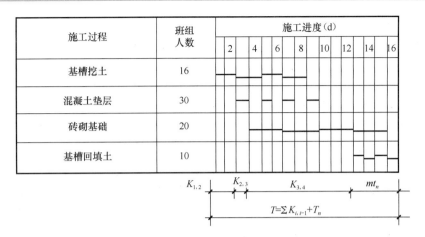

施工过程	班组人数	施工进度（d）							
		2	4	6	8	10	12	14	16
基槽挖土	16								
混凝土垫层	30								
砖砌基础	20								
基槽回填土	10								

图 3-21　流水施工

1）流水施工的技术经济效果

流水施工带来了较好的技术经济效果，具体可归纳为以下几点：

① 按专业工种建立劳动组织，实行生产专业化，有利于劳动生产率的不断提高。

② 科学地安排施工进度，使各施工过程在保证连续施工的条件下最大限度地实现搭接施工，从而减少了因组织不善而造成的停工、窝工损失，合理地利用了施工的时间和空间，有效地缩短了施工工期。

③ 施工的连续性、均衡性，使劳动消耗、物资供应、机械设备利用等处于相对平稳状态，充分发挥管理水平，降低工程成本。

2）组织流水施工的要点

组织流水施工的要点：划分分部分项工程；划分施工段；每个施工过程组织独立的施工队组；主要施工过程必须连续、均衡地施工；不同的施工过程尽可能组织平行搭接施工。

（2）流水施工参数

流水施工的基本参数有工艺参数、空间参数和时间参数

1）工艺参数

工艺参数是在组织流水施工时，用以表达流水施工在施工工艺上开展顺序及其特征的参数。通常，工艺参数包括施工过程数和流水强度两种。

施工过程数是指参与一组流水的施工过程数目，以符号"n"表示。施工过程划分的数目多少、粗细程度一般与下列因素有关：

① 施工计划的性质与作用。对工程施工控制性计划、长期计划及建筑群体、规模大、结构复杂、施工期长的工程的施工进度计划，其施工过程划分可粗些，综合性大些，一般划分至单位工程或分部工程。对中小型单位工程及施工期不长的工程实施施工计划，其施工过程划分可细些、具体些，一般划分至分项工程。对月度作业性计划，有些施工过程还可分解为工序，如安装模板、绑扎钢筋等。

② 施工方案及工程结构。施工过程的划分与工程的施工方案及工程结构形式有关。如厂房的柱基础与设备基础挖土，如同时施工，可合并为一个施工过程，若先后施工，

可分为两个施工过程。承重墙与非承重墙的砌筑，也是如此。砖混结构、大墙板结构、装配式框架与现浇钢筋混凝土框架等不同结构体系，其施工过程划分及其内容也各不相同。

③ 劳动组织及劳动量大小。施工过程的划分与施工队组的组织形式有关。如现浇钢筋混凝土结构的施工，如果是单一工种组成的施工班组，可以划分为支模板、绑扎钢筋、浇混凝土三个施工过程；同时为了组织流水施工的方便或需要，也可合并成一个施工过程，这时劳动班组的组成是多工种混合班组。施工过程的划分还与劳动量大小有关，劳动量小的施工过程，当组织流水施工有困难时，可与其他施工过程合并，如垫层劳动量较小时可与挖土合并为一个施工过程，这样可以使各个施工过程的劳动量大致相等，便于组织流水施工。

④ 施工过程内容和工作范围。一般来说，施工过程可分为下述四类：加工厂（或现场外）生产各种预制构件的施工过程；各种材料及构件、配件、半成品的运输过程；直接在工程对象上操作的各个施工过程（安装砌筑类施工过程）；大型施工机具安置及砌砖、抹灰、装修等脚手架搭设施工过程（不构成工程实体的施工过程）。前两类施工过程，一般不应占用施工工期，只配合工程实体施工进度的需要，及时组织生产和供应到现场，所以一般可以不划入流水施工过程；第三类必须划入流水施工过程；第四类要根据具体情况，如果需要占有施工工期，则可划入流水施工过程。

2）空间参数

在组织流水施工时，用以表达流水施工在空间布置上所处状态的参数，称为空间参数。空间参数主要有：工作面、施工段数和施工层数。

① 工作面。某专业工种的工人在从事建筑产品施工生产过程中，所必须具备的活动空间，这个活动空间称为工作面。它的大小是根据相应工种单位时间内的产量定额、工程操作规程和安全规程等的要求确定的。

② 施工段数和施工层数。施工段数和施工层数是指工程对象在组织流水施工中所划分的施工区段数目。一般把平面上划分的若干个劳动量大致相等的施工区段称为施工段，用符号"m"表示。把建筑物垂直方向划分的施工区段称为施工层，用符号"r"表示。

划分施工段的基本要求：施工段的数目要合理；各施工段的劳动量（或工程量）要大致相等（相差宜在 15% 以内），以保证各施工队组连续、均衡、有节奏地施工；要有足够的工作面；要有利于结构的整体性；以主要施工过程为依据进行划分；当组织流水施工的工程对象有层间关系，分层分段施工时，应使各施工队组能连续施工。

3）时间参数

在组织流水施工时，用以表达流水施工在时间排列上所处状态的参数，称为时间参数。它包括：流水节拍、流水步距、平行搭接时间、技术与组织间歇时间、工期等。

① 流水节拍。是指从事某一施工过程的施工队组在一个施工段上完成施工任务所需的时间，用符号 t_i 表示（$i=1、2……$）。流水节拍的大小直接关系到投入的劳动力、机械和材料量的多少，决定着施工速度和施工的节奏。

流水节拍可按下列三种方法确定：

A. 定额计算法：根据各施工段的工程量和现有能够投入的资源量（劳动力、机械台数和材料量等），按公式进行计算。

B. 经验估算法：根据以往的施工经验进行估算。一般为了提高其准确程度，往往先估算出该流水节拍的最长、最短和最可能三种时间，然后据此求出期望时间作为某施工队组在某施工段上的流水节拍。因此，本法也称为三种时间估算法。这种方法多适用于采用新工艺、新方法和新材料等没有定额可循的工程。

C. 工期计算法：对某些施工任务在规定日期内必须完成的工程项目，往往采用倒排进度法，即根据工期要求先确定流水节拍，然后求出所需的施工队组人数或机械台数。但在这种情况下，必须检查劳动力和机械供应的可能性，物资供应能否与之相适应。

② 流水步距。流水步距是指两个相邻的施工过程的施工队组相继进入同一施工段开始施工的最小时间间隔（不包括技术与组织间歇时间），用符号 $k_{i,i+1}$ 表示（i 表示前一个施工过程，$i+1$ 表示后一个施工过程）。流水步距的数目等于（$n-1$）个参加流水施工的施工过程（队组）数。

确定流水步距的基本要求：主要施工队组连续施工的需要；施工工艺的要求，保证每个施工段的正常作业程序，不发生前一个施工过程尚未全部完成，而后一施工过程提前介入的现象；最大限度搭接的要求；满足保证工程质量，满足安全生产、成品保护的需要。

流水步距的确定方法：简捷实用的方法主要有图上分析计算法（公式法）和累加数列法（潘特考夫斯基法）。累加数列法适用于各种形式的流水施工，且较简捷、准确。

累加数列法没有计算公式，它的文字表达式为：累加数列错位相减取大差。其计算步骤为：将每个施工过程的流水节拍逐段累加，求出累加数列；根据施工顺序，对所求相邻的两累加数列错位相减；根据错位相减的结果，确定相邻施工队组之间的流水步距，即相减结果中数值最大者。

【例 3-5】 某项目由 A、B、C、D 四个施工过程组成，分别由四个专业工作队完成，在平面上划分成四个施工段，每个施工过程在各个施工段上的流水节拍见表 3-3。试确定相邻专业工作队之间的流水步距。

某工程流水节拍（d）   表 3-3

施工段 施工过程	Ⅰ	Ⅱ	Ⅲ	Ⅳ
A	4	2	3	2
B	3	4	3	4
C	3	2	2	3
D	2	2	1	2

【解】 （1）求流水节拍的累加数列

A：4，6，9，11

B：3，7，10，14

C：3，5，7，10

D：2，4，5，7

（2）错位相减

A 与 B：

$$
\begin{array}{r}
4,\ 6,\ 9,\ 11 \\
-)\quad 3,\ 7,\ 10,\quad 14 \\
\hline
4,\ 3,\ 2,\ 1\quad -14
\end{array}
$$

B 与 C：

$$
\begin{array}{r}
3,\ 7,\ 10,\ 14 \\
-)\quad 3,\ 5,\ 7,\quad 10 \\
\hline
3,\ 4,\ 5,\ 7,\ -10
\end{array}
$$

C 与 D：

$$
\begin{array}{r}
3,\ 5,\ 7,\ 10 \\
-)\quad 2,\ 4,\ 5,\quad 7 \\
\hline
3,\ 3,\ 3,\ 5,\ -7
\end{array}
$$

（3）确定流水步距

因流水步距等于错位相减所得结果中数值最大者，故有

$K_{A,B}=\max\{4,3,2,1,-14\}=4\text{d}$

$K_{B,C}=\max\{3,4,5,7,-10\}=7\text{d}$

$K_{C,D}=\max\{3,3,3,5,-7\}=5\text{d}$

③ 平行搭接时间

在组织流水施工时，有时为了缩短工期，在工作面允许的条件下，如果前一个施工队组完成部分施工任务后，能够提前为后一个施工队组提供工作面，使后者提前进入前一个施工段，两者在同一施工段上平行搭接施工，这个搭接时间称为平行搭接时间，通常以 $C_{i,i+1}$ 表示。

④ 技术与组织间歇时间

在组织流水施工时，有些施工过程完成后，后续施工过程不能立即投入施工，必须有足够的间歇时间。由建筑材料或现浇构件工艺性质决定的间歇时间称为技术间歇，如现浇混凝土构件养护时间、抹灰层和油漆层的干燥硬化时间等。由施工组织原因造成的间歇时间称为组织间歇，如回填土前地下管道检查验收，施工机械转移和砌墙前墙身位置弹线以及其他作业前准备工作。技术与组织间歇时间用 $Z_{i,i+1}$ 表示。

⑤ 工期

工期是指完成一项工程任务或一个流水组施工所需的时间，一般可采用式（3-18）计算完成一个流水组的工期。

$$T = \Sigma K_{i,i+1} + T_n + \Sigma Z_{i,i+1} - \Sigma C_{i,i+1} \tag{3-18}$$

式中 T——流水施工工期；

$\Sigma K_{i,i+1}$——流水施工中各流水步距之和；

T_n——流水施工中最后一个施工过程的持续时间；

$Z_{i,i+1}$——第 i 个施工过程与第 $i+1$ 个施工过程之间的技术与组织间歇时间；

$C_{i,i+1}$——第 i 个施工过程与第 $i+1$ 个施工过程之间的平行搭接时间。

（3）流水施工的基本组织方式

根据流水施工节奏特征的不同，流水施工的基本方式分为有节奏流水和无节奏流水两大类。有节奏流水又可分为等节奏流水和异节奏流水。

1）等节奏流水施工

等节奏流水施工是指同一施工过程在各施工段上的流水节拍都相等，并且不同施工过程之间的流水节拍也相等的一种流水施工方式。即各施工过程的流水节拍均为常数，故也称为全等节拍流水或固定节拍流水，如图3-22所示。

等节奏流水施工的特征：各施工过程在各施工段上的流水节拍彼此相等；流水步距彼此相等，而且等于流水节拍值；各专业工作队在各施工段上能够连续作业，施工段之间没有空闲时间；施工班组数等于施工过程数。等节奏流水施工一般适用于工程规模较小、建筑结构比较简单、施工过程不多的房屋或某些构筑物。常用于组织一个分部工程的流水施工。

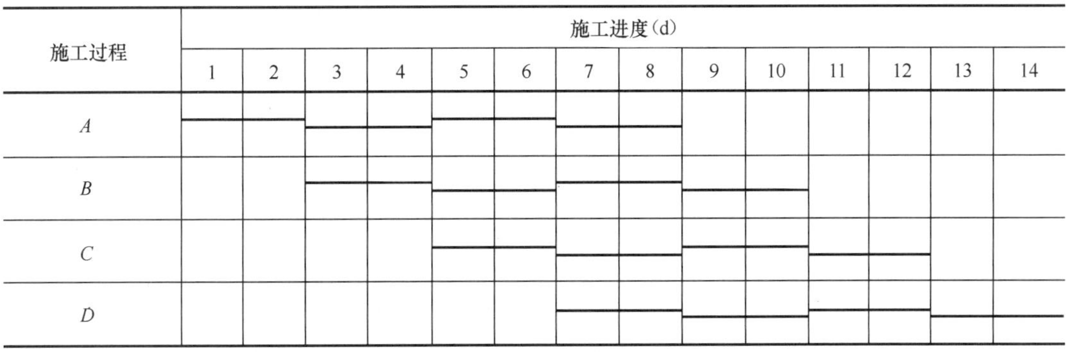

施工过程	施工进度（d）													
	1	2	3	4	5	6	7	8	9	10	11	12	13	14
A														
B														
C														
D														

图 3-22　等节拍流水施工进度计划

2）异节奏流水施工

异节奏流水施工是指同一施工过程在各施工段上的流水节拍都相等，不同施工过程之间的流水节拍不一定相等的流水施工方式。异节奏流水施工分为异步距异节拍流水施工和等步距异节拍流水施工两种。

① 异步距异节拍流水施工。异步距异节拍流水施工的特征：同一施工过程流水节拍相等，不同施工过程之间的流水节拍不一定相等；各个施工过程之间的流水步距不一定相等；施工班组数等于施工过程数。异步距异节拍流水施工适用于施工段大小相等的分部和单位工程的流水施工，它在进度安排上比全等节拍流水灵活，实际应用范围较广泛，如图3-23所示。

② 等步距异节拍流水施工。等步距异节拍流水施工亦称成倍节拍流水，是指同一施工过程在各个施工段上的流水节拍相等，不同施工过程之间的流水节拍不完全相等，但各个施工过程的流水节拍均为其中最小流水节拍的整数倍，即各个流水节拍之间存在一个最大公约数。为加快流水施工进度，按最大公约数的倍数组建每个施工过程的施工队组，以形成类似于等节奏流水的等步距异节奏流水施工方式，如图3-24所示。

等步距异节拍流水施工的特征：同一施工过程流水节拍相等，不同施工过程流水节拍

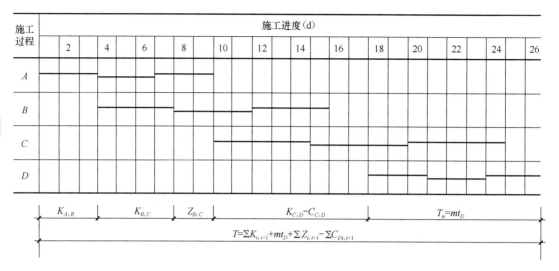

图 3-23　某工程异步距异节拍流水施工进度计划

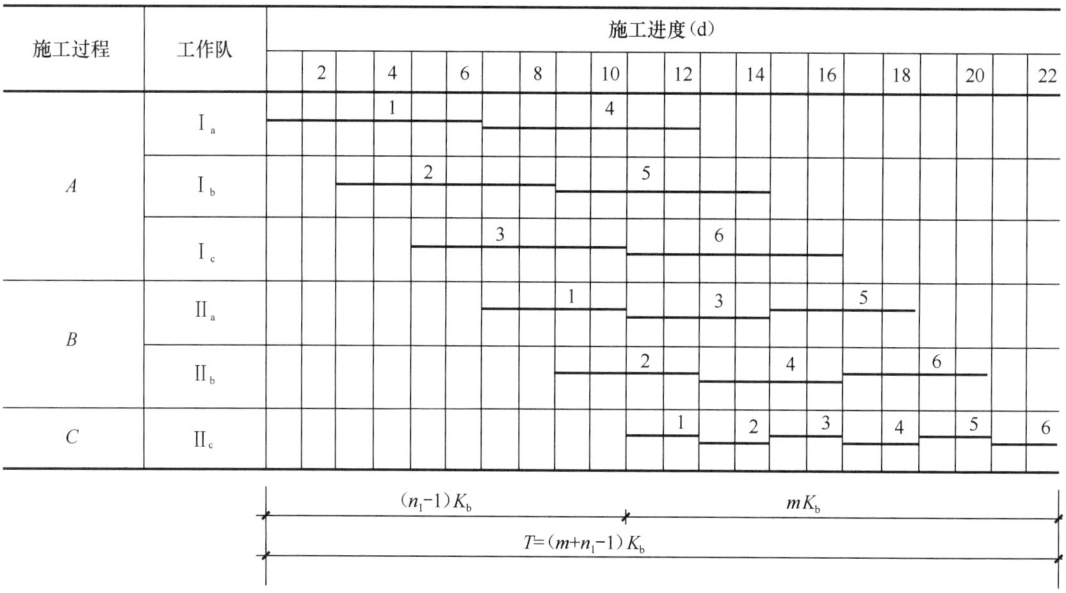

图 3-24　某工程等步距异节拍流水施工进度计划

等于其中最小流水节拍的整数倍；流水步距彼此相等，且等于最小流水节拍值；施工队组数大于施工过程数。

3）无节奏流水施工

无节奏流水施工是指同一施工过程在各个施工段上流水节拍不完全相等的一种流水施工方式。在实际工程中，通常每个施工过程各个施工段的工程量不等，各专业施工队的生产效率相差较大，导致大多数的流水节拍也彼此不相等，无节奏流水是施工的普遍形式。如图 3-25 所示。

无节奏流水施工的特点：每个施工过程在各个施工段上的流水节拍不尽相等；各个施工过程之间的流水步距不完全相等且差异较大；各施工作业队能够在施工段上连续作业，

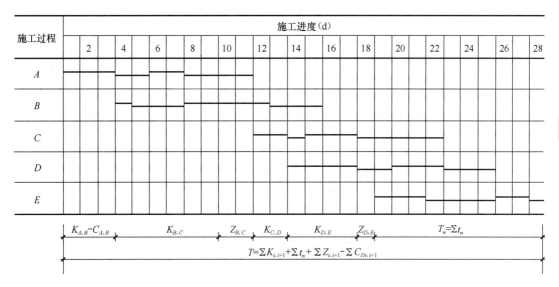

图 3-25　某工程无节奏流水施工进度计划

但有的施工段之间可能有空闲时间；施工队组数等于施工过程数。无节奏流水施工不像有节奏流水施工那样有一定的时间规律约束，在进度安排上比较灵活、自由，适用于分部工程和单位工程及大型建筑群的流水施工，实际运用比较广泛。

（三）施工进度计划的检查与调整

1. 施工进度计划的检查方法

在工程项目的实施过程中，为了进行进度控制，进度控制人员应经常地、定期地跟踪检查施工实际进度情况，主要是收集工程项目进度材料，进行统计整理和对比分析，确定实际进度与计划进度之间的关系，其主要工作包括：

（1）跟踪检查工程实际进度

跟踪检查工程实际进度是项目进度控制的关键措施，其目的是收集实际施工进度的有关数据。跟踪检查的时间和收集数据的质量，直接影响控制工作的质量和效果。一般检查的时间间隔与工程项目的类型、规模、施工条件和对进度执行要求程度有关。通常可以确定每月、半月、旬或周进行一次。若在施工中遇到天气、资源供应等不利因素的严重影响，检查的时间间隔可临时缩短，次数应频繁，甚至可以每日进行检查，或派人员驻现场督阵。检查和收集资料的方式一般采用进度报表方式或定期召开进度工作汇报会。根据不同需要，检查的内容包括：

1）检查期内实际完成和累计完成工程量。

2）实际参加施工的劳动力、机械数量和生产效率。

3）窝工人数、窝工机械台班数及其原因分析。

4）进度管理情况。

5）进度偏差情况。

6）影响进度的特殊原因及分析。

（2）整理统计跟踪检查数据

收集到的工程项目实际进度数据，要进行必要的整理、按计划控制的工作项目进行统计，形成与计划进度具有可比性的数据、相同的量纲和形象进度。一般可以按实物工程量、工作量和劳动消耗量以及累计百分比整理和统计实际检查的数据，以便与相应的计划完成量相对比。

（3）对比实际进度与计划进度

将收集的资料整理和统计成具有与计划进度可比性的数据后，用工程项目实际进度与计划进度的比较方法进行比较。通过比较得出实际进度与计划进度一致、超前、拖后三种情况。

（4）工程项目进度检查结果的处理

按照检查报告制度的规定，将工程项目进度检查的结果，形成进度控制报告向有关主管人员和部门汇报。

进度控制报告是把检查比较的结果、有关施工进度现状和发展趋势，提供给项目经理及各级业务职能负责人的最简单的书面报告。进度控制报告根据报告的对象不同，确定不同的编制范围和内容。一般分为项目概要级进度控制报告、项目管理级进度控制报告和业务管理级进度控制报告。

项目概要级进度报告是报给项目经理、企业经理或业务部门以及建设单位或业主的，它是以整个工程项目为对象说明进度计划执行情况的报告。项目管理级进度报告是报给项目经理及企业业务部门的，它是以单位工程或项目分区为对象说明进度计划执行情况的报告。业务管理级进度报告是就某个重点部位或重点问题为对象编写的报告，供项目管理者及各业务部门为其采取应急措施而使用的。

进度报告由计划负责人或进度管理人员与其他项目管理人员协作编写。报告时间一般与进度检查时间相协调，也可按月、旬、周等间隔时间进行编写上报。

通过检查应向企业提供月度进度报告的内容主要包括：

1）项目实施概况、管理概况、进度概要的总说明。

2）项目施工进度、形象进度及简要说明。

3）施工图纸提供进度，材料、物资、构配件供应进度，劳务记录及预测，日历计划。

4）对建设单位、业主和施工者的工程变更指令、价格调整、索赔及工程款收支情况。

5）进度偏差的状况和导致偏差的原因分析，解决问题的措施，计划调整意见等。

2. 施工进度计划偏差的纠正办法

（1）施工进度计划偏差的原因分析

由于工程项目的工程特点，尤其是较大和复杂的工程项目，工期较长，影响进度因素较多。编制计划、执行和控制工程进度计划时，必须充分认识和估计这些因素，才能克服其影响，使工程进度尽可能按计划进行，当出现偏差时，应考虑有关影响因素，分析产生的原因。其主要影响因素有：

1）工期及相关计划的失误

① 计划时遗漏部分必需的功能或工作。

② 计划值（例如计划工作量、持续时间）不足，相关的实际工作量增加。

③ 资源或能力不足，例如计划时没考虑到资源的限制或缺陷，没有考虑如何完成工作。

④ 出现了计划中未考虑到的风险或状况，未能使工程实施达到预定的效率。

⑤ 在现代工程中，上级（业主、投资者、企业主管）常常在一开始就提出很紧迫的工期要求，使承包商或其他设计人、供应商的工期太紧。而且许多业主为了缩短工期，常常压缩承包商做标期、前期准备的时间。

2）工程条件的变化

① 工作量的变化。可能是由于设计的修改、设计的错误、业主新的要求、修改项目的目标及系统范围的扩展造成的。

② 外界（如政府、上层系统）对项目新的要求或限制，设计标准的提高可能造成项目资源的缺乏，使得工程无法及时完成。

③ 环境条件的变化。工程地质条件和水文地质条件与勘察设计不符，如地质断层、地下障碍物、软弱地基、溶洞，以及恶劣的气候条件等，都对工程进度产生影响、造成临时停工或破坏。

④ 发生不可抗力事件。实施中如果出现意外的事件，如战争、内乱、拒付债务、工人罢工等政治事件；地震、洪水等严重的自然灾害；重大工程事故、试验失败、标准变化等技术事件；通货膨胀、分包单位违约等经济事件都会影响工程进度计划。

3）管理过程中的失误

① 计划部门与实施者之间、总分包商之间、业主与承包商之间缺少沟通。

② 工程实施者缺乏工期意识，例如管理者拖延了图纸的供应和批准，任务下达时缺少必要的工期说明和责任落实，拖延了工程活动。

③ 项目参加单位对各个活动（各专业工程和供应）之间的逻辑关系（活动链）没有清楚地了解，下达任务时也没有作详细的解释，同时对活动的必要的前提条件准备不足，各单位之间缺少协调和信息沟通，许多工作脱节，资源供应出现问题。

④ 由于其他方面未完成项目计划规定的任务造成拖延。例如设计单位拖延设计、运输不及时、上级机关拖延批准手续、质量检查拖延、业主不果断处理问题等。

⑤ 承包商没有集中力量施工，材料供应拖延，资金缺乏，工期控制不紧。这可能是由于承包商同期工程太多，力量不足造成的。

⑥ 业主没有集中资金的供应，拖欠工程款，或业主的材料、设备供应不及时。

4）其他原因

例如由于采取其他调整措施造成工期的拖延，如设计的变更、质量问题的返工、实施方案的修改。

（2）分析进度计划偏差的影响

通过进度比较方法，判断出现进度偏差的情况，应当分析偏差对后续工作和对总工期的影响。进度控制人员由此可以确认产生进度偏差的工作和偏差值的大小，以便确定调整措施，获得符合实际进度情况和计划目标的新进度计划。

1）若出现偏差的工作为关键工作，则无论偏差大小，都对后续工作及总工期产生影响，必须采取相应的调整措施，若出现偏差的工作不为关键工作，需要根据偏差值与总时差和自由时差的大小关系，确定对后续工作和总工期的影响程度。

2）分析进度偏差是否大于总时差。若工作的进度偏差大于该工作的总时差，说明此偏差必将影响后续工作和总工期，必须采取相应的调整措施；若工作的进度偏差小于或等于该工作的总时差，说明此偏差对总工期无影响，但它对后续工作的影响程度，需要根据比较偏差与自由时差的情况来确定。

3）分析进度偏差是否大于自由时差。若工作的进度偏差大于该工作的自由时差，说明此偏差对后续工作产生影响。应该如何调整，应根据后续工作允许影响的程度而定；若工作的进度偏差小于或等于该工作的自由时差，则说明此偏差对后续工作无影响，因此，原进度计划可以不作调整。

（3）施工进度计划的调整方法

1）增加资源投入

通过增加资源投入，缩短某些工作的持续时间，使工程进度加快，并保证实现计划工期。这些被压缩持续时间的工作是由于实际进度的拖延而引起总工期增长的关键线路和某些非关键线路上的工作，同时这些工作又是可压缩持续时间的工作。它会带来如下问题：

① 造成费用的增加，如增加人员的调遣费用、周转材料一次性费用、设备的进出场费用。

② 由于增加资源造成资源使用效率的降低。

③ 加剧资源供应的困难。如有些资源没有增加的可能性，加剧项目之间或工序之间对资源激烈的竞争。

2）改变某些工作间的逻辑关系

在工作之间的逻辑关系允许改变的条件下，可改变逻辑关系，达到缩短工期的目的。例如可以把依次进行的有关工作改成平行的或互相搭接的，以及分成几个施工段进行流水施工的等，都可以达到缩短工期的目的。这可能产生如下问题：

① 工作逻辑上的矛盾性。

② 资源的限制，平行施工要增加资源的投入强度。

③ 工作面限制及由此产生的现场混乱和低效率问题。

3）资源供应的调整

如果资源供应发生异常，应采用资源优化方法对计划进行调整，或采取应急措施，使其对工期影响最小。

4）增减工作范围

增减工作范围包括增减工作量或增减一些工作包（或分项工程）。增减工作内容应做到不打乱原计划的逻辑关系，只对局部逻辑关系进行调整。在增减工作内容以后，应重新计算时间参数，分析对原网络计划的影响。当对工期有影响时，应采取调整措施，保证计划工期不变。但这可能产生如下影响：

① 损害工程的完整性、经济性、安全性、运行效率，或提高项目运行费用。

② 必须经过上层管理者，如投资者、业主的批准。

5）提高劳动生产率

通过改善工具器具以提高劳动效率；通过辅助措施和合理的工作过程，提高劳动生产率。要注意如下问题：

① 加强培训，且应尽可能地提前。

② 注意工人级别与工人技能的协调。

③ 工作中的激励机制，例如奖金、小组精神发扬、个人负责制、目标明确。

④ 改善工作环境及项目的公用设施。

⑤ 项目小组时间和空间上合理的组合和搭接。

⑥ 多沟通，避免项目组织过程中的矛盾。

6）将部分任务转移

如分包、委托给另外的单位，将原计划由自己生产的结构构件改为外购等。当然这样做不仅有风险，还会产生新的费用，而且需要增加控制和协调工作。

7）将一些工作包合并

特别是在关键线路上按先后顺序实施的工作包合并，与实施者一道研究，通过局部调整实施过程和人力、物力的分配，达到缩短工期的目的。

四、环境与职业健康安全管理的基本知识

环境是指组织运行活动的外部存在，包括空气、水、土地、自然资源、植物、动物、人以及它们之间的相互关系。

职业健康安全是指影响工作场所内员工、临时工作人员、合同方人员、访问者和其他人员健康安全的条件和因素。

建设工程项目环境管理的目的是保护生态环境，使社会的经济发展与人类的生存环境相协调。控制作业现场的各种粉尘、废水、废气、固体废弃物以及噪声、振动对环境的污染和危害，还应考虑能源节约和避免资源的浪费。

建设工程项目的职业健康安全管理的目的是保护产品生产者和使用者的健康与安全。控制影响工作场所内员工、临时工作人员、合同方人员、访问者和其他有关部门人员健康和安全的条件和因素，还应考虑和避免因使用不当对使用者造成的健康和安全的危害。

环境与职业健康安全管理的任务是建筑生产组织（企业）为达到环境与建筑工程职业健康安全管理的目的而进行的组织、计划、控制、领导和协调的活动，包括制定、实施、实现、评审和保持职业健康安全与环境方针所需的组织结构、计划活动、职责、惯例、程序、过程和资源，并为此应建立职业健康安全与环境管理体系，作为总管理体系的一部分。

（一）文明施工与现场环境保护的要求

1. 文明施工的要求

文明施工是保持施工现场良好的作业环境、卫生环境和工作秩序。主要包括：规范施工现场的场容，保持作业环境的整洁卫生；科学组织施工，使生产有序进行；减少施工对周围居民和环境的影响；遵守施工现场文明施工的规定和要求，保证职工的安全和身体健康。

（1）文明施工的管理组织和管理制度

1）管理组织

施工现场应成立以项目经理为第一责任人的文明施工管理组织。分包单位应服从总包单位的文明施工管理组织的统一管理，并接受监督检查。

2）管理制度

各项施工现场管理制度应有文明施工的规定，包括个人岗位责任制、经济责任制、安全检查制度、持证上岗制度、奖惩制度、竞赛制度和各项专业管理制度等。

3）文明施工的检查

加强和落实现场文明施工的检查、考核及奖惩管理，以促进文明施工管理工作的有效实施。检查范围和内容应全面周到，例如生产区、生活区、场容场貌、周边环境及制度落实等内容。检查中发现的问题应采取整改措施。

（2）文明施工的文件和资料

1）上级关于文明施工的标准、规定、法律法规等资料。

2）施工组织设计（方案）中对文明施工的管理规定，各阶段施工现场文明施工的措施。

3）文明施工自检资料。

4）文明施工教育、培训、考核计划的资料。

5）文明施工活动各项记录资料。

（3）文明施工的基本要求

1）施工现场必须设置明显的标牌，标明工程项目名称、建设单位、设计单位、施工单位、项目经理和施工现场总代表人的姓名、开工和竣工日期、施工许可证批准文号等。施工单位负责现场标牌的保护工作。

2）施工现场的管理人员在施工现场应当佩戴证明其身份的证卡。

3）应当按照施工总平面布置图设置各项临时设施。现场堆放的大宗材料、成品、半成品和机具设备不得侵占场内道路及安全防护等设施。

4）施工现场的用电线路、用电设施的安装和使用必须符合安装规范和安全操作规程，并按照施工组织设计进行架设，严禁任意拉线接电。施工现场必须设有保证施工安全要求的夜间照明；危险潮湿场所的照明以及手持照明灯具，必须采用符合安全要求的电压。

5）施工机械应当按照施工总平面布置图规定的位置和线路设置，不得任意侵占场内道路。施工机械进场须经过安全检查，经检查合格后方能使用。施工机械操作人员必须按有关规定持证上岗，禁止无证人员操作。

6）应保证施工现场道路畅通，排水系统处于良好的使用状态；保持场容场貌的整洁，随时清理建筑垃圾。在车辆、行人通行的地方施工，应当设置施工标志，并对沟井坎穴进行覆盖。

7）施工现场的各种安全设施和劳动保护器具必须定期检查和维护，及时消除隐患，保证其安全有效。

8）施工现场应当设置各类必要的职工生活设施，并符合卫生、通风、照明等要求。职工的膳食、饮水供应等应当符合卫生要求。

9）应当做好施工现场安全保卫工作，采取必要的防盗措施，在现场周边设立围护设施。

10）应当严格依照《中华人民共和国消防法》的规定，在施工现场建立和执行防火管理制度，设置符合消防要求的消防设施，并保持完好的备用状态。在容易发生火灾的地区施工，或者储存、使用易燃易爆器材时，应当采取特殊的消防安全措施。

11）施工现场发生的工程建设重大事故的处理，依照《生产安全事故报告和调查处理条例》执行。

2. 施工现场环境保护的措施

施工现场环境保护是按照法律法规、各级主管部门和企业的要求，保护和改善作业现场的环境，控制现场的各种粉尘、废水、废气、固体废弃物、噪声、振动等对环境的污染和危害。

（1）施工现场环境保护的相关规定

1）建筑工程施工组织设计中应有防治扬尘、噪声、固体废物和废水等污染环境的有效措施，并在施工作业中认真组织实施。

2）建筑施工现场应建立环境保护管理体系，落实责任，保证有效运行。

3）对施工现场防治扬尘、噪声、水污染及环境保护管理工作进行检查。

4）定期对职工进行环保法规知识培训考核。

（2）建筑工程环境保护措施

施工单位应遵守国家有关环境保护的法律，采取有效措施控制施工现场环境。施工单位应当采取下列防止环境污染的措施：

1）妥善处理泥浆水，未经处理不得直接排入城市排水设施和河流。

2）除设有符合规定的装置外，不得在施工现场熔融沥青或者焚烧油毡、油漆以及其他会产生有毒有害烟尘和恶臭气体的物质。

3）使用密封式的筒体或者采取其他措施处理高空废弃物。

4）采取有效措施控制施工过程中的扬尘。

5）禁止将有毒有害废弃物用作土方回填。

6）对产生噪声、振动的施工机械，应采取外仓隔声材料降低声音分贝，避免夜间施工，减轻噪声扰民。

3. 施工现场环境事故的处理

（1）对施工现场空气污染物的处理

1）施工现场空气污染物

① 气体状态污染物，如二氧化硫、氮氧化物、一氧化碳、苯、苯酚、汽油等。

② 粒子状态污染物，包括降尘和飘尘。飘尘又称为可吸入颗粒物，易随呼吸进入人体肺脏，危害人体健康。

③ 工程施工工地对空气产生的主要污染物有锅炉、熔化炉、厨房烧煤产生的烟尘，建材破碎、筛分、碾磨、加料过程、装卸运输过程产生的粉尘，施工动力机械尾气排放等。

2）施工现场空气污染的处理方法

① 严格控制施工现场和施工运输过程中的降尘和飘尘对周围大气的污染，可采用清扫、洒水、遮盖、密封等措施降低污染。

② 严格控制有毒有害气体的产生和排放，如：禁止随意焚烧油毡、橡胶、塑料、皮革、树叶、枯草、各种包装物等废弃物品，尽量不使用有毒有害的涂料等化学物质。

③ 所有机动车的尾气排放应符合现行国家标准。

（2）对施工现场水污染的处理

1）水体的主要污染源和污染物

① 水体污染源包括：工业污染源、生活污染源、农业污染源等。

② 水体的主要污染物包括：各种有机和无机有毒物质。有机有毒物质包括挥发酚、有机磷农药、苯并（a）芘等。无机有毒物质包括汞、镉、铬、铅等重金属以及氰化物等。

③ 施工现场废水和固体废物随水流流入水体部分，包括泥浆、水泥、油漆、各种油

类，混凝土添加剂、有机溶剂、重金属、酸碱盐等。

2）施工现场水体污染的处理方法

① 控制污水的排放。

② 改革施工工艺，减少污水的产生。

③ 综合利用废水。

（3）施工现场的噪声污染的处理

1）噪声的分类

① 噪声按照振动性质可分为：气体动力噪声、机械噪声、电磁性噪声。

② 按噪声来源可分为：交通噪声（如汽车、火车等）、工业噪声（如鼓风机、汽轮机等）、建筑施工的噪声（如打桩机、混凝土搅拌机等）、社会生活噪声（如高音喇叭、收音机等）。

2）对施工现场噪声的处理

噪声控制技术可从声源、传播途径、接收者防护等方面来考虑。

① 声源控制。从声源上降低噪声，这是防止噪声污染的最根本的措施。包括尽量采用低噪声设备和工艺代替高噪声设备与加工工艺；在声源处安装消声器；严格控制人为噪声。

② 传播途径的控制。在传播途径上控制噪声方法主要有：吸声、隔声、消声、减振降噪等。

③ 接收者的防护。让处于噪声环境下的人员使用耳塞、耳罩等防护用品，减少相关人员在噪声环境中的暴露时间，以减轻噪声对人体的危害。

（4）对施工现场固体废物的处理

固体废物是生产、建设、日常生活和其他活动中产生的固态、半固态废弃物质。固体废物是一个极其复杂的废物体系。按照其化学组成可分为有机废物和无机废物；按照其对环境和人类健康的危害程度可以分为一般废物和危险废物。

1）施工工地上常见的固体废物

施工工地上常见的固体废物主要有：建筑渣土，废弃的散装建筑材料，生活垃圾，设备、材料等的包装材料等。

2）固体废物的处理方法

固体废物处理的基本思想是采取资源化、减量化和无害化的处理，可对固体废物进行综合利用，建立固体废弃物回收体系。固体废物的主要处理和处置方法有：

① 物理处理，包括压实浓缩、破碎、分选、脱水干燥等。

② 化学处理，包括氧化还原、中和、化学浸出等。

③ 生物处理，包括有氧处理、厌氧处理等。

④ 热处理，包括焚烧、热解、焙烧、烧结等。

⑤ 固化处理，包括水泥固化法和沥青固化法等。

⑥ 回收利用，包括回收利用和集中处理等资源化、减量化的方法。

⑦ 处置，包括土地填埋、焚烧、贮留池贮存等。

（二）建筑工程施工安全危险源分类及防范的重点

1. 施工安全危险源的分类

施工安全危险源存在于施工活动场所及周围区域，是安全管理的主要对象。虽然危险源的表现形式不同，但从本质上说，能够造成危害（如伤亡事故、人身健康受损害、物体受破坏和环境污染等）的，均可称为危险源。

危险源的分类方法有多种，可按危险源在事故发生过程中的作用、引起的事故类型、导致事故和职业危害的直接原因、职业病类别等分类。

（1）按危险源在事故发生过程中的作用分类

在实际生活和生产过程中的危险源是以多种多样的形式存在，危险源导致事故可归结为能量的意外释放或有害物质的泄漏。根据危险源在事故发生发展中的作用把危险源分为第一类危险源和第二类危险源。

1）第一类危险源

能量和危险物质的存在是危害产生的最根本原因，通常把可能发生意外释放的能量（能源或能量载体）或危险物质称作第一类危险源。第一类危险源的危险性主要表现为导致事故和造成事故后果的严重程度。第一类危险源危险性的大小主要取决于以下几方面：

① 能量或危险物质的数量。

② 能量或危险物质意外释放的强度。

③ 意外释放的能量或危险物质的影响范围。

2）第二类危险源

造成约束、限制能量和危险物质措施失控的各种不安全因素称作第二类危险源。第二类危险源主要体现在设备故障或缺陷（物的不安全状态）、人为失误（人的不安全行为）、环境因素和管理缺陷等几个方面。

事故的发生是两类危险源共同作用的结果，第一类危险源是事故发生的前提，第二类危险源的出现是第一类危险源导致事故的必要条件。在事故的发生和发展过程中，两类危险源相互依存，相辅相成。第一类危险源是事故的主体，决定事故的严重程度，第二类危险源出现的难易，决定事故发生的可能性大小。

（2）按引起的事故类型分类

根据《企业职工伤亡事故分类》GB 6441—1986，综合考虑事故的起因物、致害物、伤害方式等特点，将危险源及危险源造成的事故分为20类。具体分为：物体打击、车辆伤害、机械伤害、起重伤害、触电、淹溺、灼烫、火灾、高处坠落、坍塌、冒顶片帮、透水、放炮、火药爆炸、瓦斯爆炸、锅炉爆炸、容器爆炸、其他爆炸（化学爆炸、炉膛、钢水爆炸等）、中毒和窒息、其他伤害（扭伤、跌伤、野兽咬伤等）。在建设工程施工生产中，最主要的事故类型是高处坠落、物体打击、触电事故、机械伤害、坍塌事故、火灾和爆炸。

2. 施工安全危险源的防范重点的确定

根据国务院《建设工程安全生产管理条例》和《危险化学品重大危险源辨识》GB 18218—

2018的有关条款进行施工安全重大危险源的辨识，是加强施工安全生产管理，预防重大事故发生的基础性工作。

（1）施工现场重大危险源

每一个施工项目都有可能包含若干个危险源。存在于分部、分项工程施工、施工设备运行过程和物质的重大危险源有：

1）脚手架（包括落地架、悬挑架、爬架等）、模板和支撑、塔式起重机、物料提升机、施工电梯安装与运行、人工挖孔桩（井）、基坑（槽）施工，局部结构工程或临时建筑失稳，造成坍塌、倒塌。

2）高度大于2m的作业面（包括高空、洞口、临边作业），因安全防护设施不符合或无防护设施、人员未配系防护绳等造成人员踏空、滑倒、失稳等。

3）焊接、金属切割、冲击钻孔等施工及各种施工电气设备的安全保护不符合要求造成人员触电、局部火灾等。

4）工程材料、构件及设备的堆放与搬（吊）运等发生高空坠落、堆放散落、撞击人员等。

5）工程拆除、人工挖孔（井）、浅岩基等爆破，因误操作、防护不足等，造成人员伤亡、建筑及设施损坏等。

6）人工挖孔桩、隧道、室内涂料及粘贴等因通风排气不畅造成人员窒息或气体中毒等。

7）施工用易燃易爆化学物品临时存放或使用不符合要求、防护不到位，造成火灾或人员意外中毒；工地饮食因卫生不符合要求造成集体中毒或疾病等。

8）施工场所周围地段重大危险源，主要与工程项目所在社区、工程类型、施工工艺、施工装置及物质有关。

（2）施工安全危险源的防范重点

一般工程施工安全危险源的防范重点主要考虑以下内容：

1）对施工现场总体布局进行优化。整体考虑施工期内对周围道路、行人及邻近居民、设施的影响，采取相应的防护措施（全封闭防护或部分封闭防护）；平面布置应考虑施工区与生活区分隔以及自己的施工排水、安全通道、高处作业对下部和地面人员的影响；临时用电线路的整体布置、架设方法；安装工程中的设备、构配件吊运，起重设备的选择和确定，起重半径以外安全防护范围等。

2）对深基坑、基槽的土方开挖，应了解土壤种类，选择土方开挖方法、放坡坡度或固壁支撑的具体做法。

3）30m以上脚手架或设置的挑架，大型混凝土模板工程，还应进行架体和模板承重强度、荷载计算，以保证施工过程中的安全。

4）施工过程中的"四口"（即楼梯口、电梯口、通道口、预留洞口）应有防护措施。如楼梯、通道口应设置1.2m高的防护栏杆并加装安全立网；预留孔洞应加盖；大面积孔洞，如吊装孔、设备安装孔、天井孔等应加周边栏杆并安装立网。

5）"临边"防护措施。施工中未安装栏杆的阳台（走台）周边、无外架防护的屋面（或平台）周边、框架工程楼层周边、跑道（斜道）两侧边、卸料平台外侧边等均属于临边危险地域，应采取防止人员和物料下落的措施。

6）当外电线路与在建工程（含脚手架具）的外侧边缘与外电架空线的边线之间达到最小安全操作距离时，必须采取屏障、保护网等措施。如果小于最小安全距离时，还应设置绝缘屏障，并悬挂醒目的警示标志。

7）施工工程、暂设工程、井架门架等金属构筑物，凡高于周围原有避雷设备，均应有防雷设施，对易燃易爆作业场所必须采取防火防爆措施。

8）季节性施工的安全措施。如夏季防止中暑措施，包括降温、防热辐射、调整作息时间、疏导风源等措施；雨期施工要制定防雷防电、防坍塌措施；冬季防火、防大风等。

（三）建筑工程施工安全事故的分类与处理

1. 建筑工程施工安全事故的分类

事故即造成死亡、疾病、伤害、损坏或其他损失的意外情况。职业健康安全事故分两大类型，即职业伤害事故与职业病。

职业伤害事故是指因生产过程及工作原因或与其相关的其他原因造成的伤亡事故。

根据我国有关法规和标准，伤亡事故分类主要有：

（1）按安全事故类别分类

根据《企业职工伤亡事故分类》GB 6441—1986 规定，将事故类别划分为 20 类，即物体打击、车辆伤害、机械伤害、起重伤害、触电、淹溺、灼烫、火灾、高处坠落、坍塌、冒顶片帮、透水、放炮、瓦斯爆炸、火药爆炸、锅炉爆炸、容器爆炸、其他爆炸、中毒和窒息、其他伤害。

（2）按事故后果严重程度分类

1）轻伤事故：造成职工肢体或某些器官功能性或器质性轻度损伤，表现为劳动能力轻度或暂时丧失的伤害，一般每个受伤人员休息 1 个工作日以上，105 个工作日以下。

2）重伤事故：一般指受伤人员肢体残缺或视觉、听觉等器官受到严重损伤，能引起人体长期存在功能障碍或劳动能力有重大损失的伤害，或者造成每个受伤人损失 105 个工作日以上的失能伤害。

3）死亡事故：一次事故中死亡职工 1~2 人的事故。

4）重大伤亡事故：一次事故中死亡 3 人以上（含 3 人）的事故。

5）特大伤亡事故：一次死亡 10 人以上（含 10 人）的事故。

6）急性中毒事故：指生产性毒物一次或短期内通过人的呼吸道、皮肤或消化道大量进入体内，使人体在短时间内发生病变，导致职工立即中断工作，并须进行急救或死亡的事故；急性中毒的特点是发病快，一般不超过一个工作日，有的毒物因毒性有一定的潜伏期，可在下班后数小时发病。

（3）按生产安全事故造成的人员伤亡或直接经济损失分类

《生产安全事故报告和调查处理条例》第三条规定，生产安全事故造成的人员伤亡或者直接经济损失，事故一般分为以下等级：

1）特别重大事故，是指造成 30 人以上死亡，或者 100 人以上重伤（包括急性工业中毒，下同），或者 1 亿元以上直接经济损失的事故；

2）重大事故，是指造成 10 人以上 30 人以下死亡，或者 50 人以上 100 人以下重伤，或者 5000 万元以上 1 亿元以下直接经济损失的事故；

3）较大事故，是指造成 3 人以上 10 人以下死亡，或者 10 人以上 50 人以下重伤，或者 1000 万元以上 5000 万元以下直接经济损失的事故；

4）一般事故，是指造成 3 人以下死亡，或者 10 人以下重伤，或者 1000 万元以下 100 万元以上直接经济损失的事故。

2. 建筑工程施工安全事故报告和调查处理

在建设工程生产过程中发生的安全事故，必须按照《生产安全事故报告和调查处理条例》（国务院令第 493 号）和住房和城乡建设部制定的《关于进一步规范房屋建筑和市政工程生产安全事故报告和调查处理工作的若干意见》的有关规定，认真做好安全事故报告和调查处理工作。

（1）生产安全事故报告和调查处理原则

在进行生产安全事故报告和调查处理时，要实事求是、尊重科学，既要及时、准确地查明事故原因，明确事故责任，使责任人受到追究；又要总结经验教训，落实整改和防范措施，防止类似事故再次发生。必须坚持"四不放过"的原则：

1）事故原因不清楚不放过。

2）事故责任者和员工没有受到教育不放过。

3）事故责任者没有处理不放过。

4）没有制定防范措施不放过。

（2）事故报告

1）施工单位事故报告。安全事故发生后，受伤者或最先发现事故的人员应立即用最快的传递手段，将发生事故的时间、地点、伤亡人数、事故原因等情况，向施工单位负责人报告；施工单位负责人接到报告后，应当在 1 小时内向事故发生地县级以上人民政府建设主管部门和有关部门报告。情况紧急时，事故现场有关人员可以直接向事故发生地县级以上人民政府建设主管部门和有关部门报告。实行施工总承包的建设工程，由总承包单位负责上报事故。

2）建设主管部门事故报告。建设主管部门接到事故报告后，应当依照规定上报事故情况，并通知安全生产监督管理部门、公安机关、劳动保障行政主管部门、工会和人民检察院。

3）事故报告的内容。事故发生的时间、地点和工程项目、有关单位名称；事故的简要经过；事故已经造成或者可能造成的伤亡人数（包括下落不明的人数）和初步估计的直接经济损失；事故的初步原因；事故发生后采取的措施及事故控制情况；事故报告单位或报告人员；其他应当报告的情况。

（3）事故的调查与处理

1）组织调查组

① 施工单位项目经理应指定技术、安全、质量等部门的人员，会同企业工会、安全管理部门组成调查组，开展调查。

② 建设主管部门应当按照有关人民政府的授权或委托组织事故调查组，对事故进行

调查。

2）现场勘查

现场勘查的主要内容有：

① 现场笔录。包括发生事故的时间、地点、气象等；现场勘查人员姓名、单位、职务；现场勘查起止时间、勘查过程；能量失散所造成的破坏情况、状态、程度等；设备损坏或异常情况及事故前后的位置；事故发生前劳动组合、现场人员的位置和行动；散落情况；重要物证的特征、位置及检验情况等。

② 现场拍照。包括方位拍照，反映事故现场在周围环境中的位置；全面拍照，反映事故现场各部分之间的联系；中心拍照，反映事故现场中心情况；细目拍照，提示事故直接原因的痕迹物、致害物等；人体拍照，反映伤亡者主要受伤和造成死亡伤害部位。

③ 现场绘图。根据事故类别和规模以及调查工作的需要应绘出下列示意图：建筑物平面图、剖面图；发生事故时人员位置及活动图；破坏物立体图或展开图；涉及范围图；设备或工、器具构造简图等。

3）分析事故原因

① 通过全面的调查来查明事故经过，弄清造成事故的原因，包括人、物、生产管理和技术管理等方面的问题，经过认真、客观、全面、细致、准确的分析，确定事故的性质和责任。

② 分析事故原因时，应根据调查所确认事实，从直接原因入手逐步深入到间接原因。通过对直接原因和间接原因的分析确定事故中的直接责任者和领导责任者，再根据其在事故发生过程中的作用确定主要责任者。

③ 事故性质类别分为责任事故、非责任事故、破坏性事故。

4）制定预防措施

根据事故原因分析，制定防止类似事故再次发生的预防措施。同时，根据事故后果和事故责任者应负的责任提出处理意见。对于重大未遂事故不可掉以轻心，应认真地按上述要求查找原因，分清责任严肃处理。

5）写出调查报告

事故调查报告的内容包括：

① 事故发生单位概况。

② 事故发生经过和事故救援情况。

③ 事故造成的人员伤亡和直接经济损失。

④ 事故发生的原因和事故性质。

⑤ 事故责任的认定和对事故责任者的处理建议。

⑥ 事故防范和整改措施。

6）建设主管部门的事故处理

建设主管部门的事故处理主要包括以下三点：

① 依据有关人民政府对事故的批复和有关法律法规的规定，对事故相关责任者实施行政处罚。处罚权限不属本级建设主管部门的，应当在收到事故调查报告批复后15个工作日内，将事故调查报告（附具有关证据材料）、结案批复、本级建设主管部门对有关责任者的处理建议等转送有权限的建设主管部门。

② 依照有关法律法规的规定，对因降低安全生产条件导致事故发生的施工单位给予暂扣或吊销安全生产许可证的处罚；对事故负有责任的相关单位给予罚款、停业整顿、降低资质等级或吊销资质证书的处罚。

③ 依照有关法律法规的规定，对事故发生负有责任的注册执业资格人员给予罚款、停止执业或吊销其注册执业资格证书的处罚。

五、工程质量管理的基本知识

（一）建筑工程质量管理特点和原则

1. 建筑工程质量管理的特点

工程质量管理是确定工程质量方针、目标和责任，并通过质量体系中的质量策划、质量控制、质量保证和质量改进，来实现所有管理职能的全部活动。它不仅重视工程和服务质量，更强调体系或系统的质量、人的质量，并以人的质量、体系质量去确保工程或服务质量。建筑工程质量管理具备以下特点：

（1）影响质量的因素多

项目的施工是动态的，影响项目质量的因素也是动态的。项目的不同阶段、不同环节、不同过程，影响因素也不尽相同，如设计、材料、自然条件、施工工艺、技术措施、管理制度等，均直接影响质量。

（2）质量控制的难度大

由于建筑产品生产的单件性和流动性，不具有一般工业产品生产的固定生产流水线、规范化的生产工艺、完善的检测技术、成套的生产设备和稳定的生产环境，不能进行标准化施工，施工质量容易产生波动；而且施工场面大、人员多、工序多、关系复杂、作业环境差，都加大了质量控制的难度。

（3）过程控制的要求高

工程项目在施工过程中，由于工序衔接多、中间交接多、隐蔽工程多，施工质量具有一定的过程性和隐蔽性。在施工质量控制工作中，必须加强对施工过程的质量检查，及时发现和整改存在的质量问题，避免事后从表面进行检查。施工过程结束后的检查难以发现在过程中产生又被隐蔽了的质量隐患。

（4）终结检查的局限大

工程项目建成以后不能像一般工业产品那样，依靠终检来判断产品的质量和控制产品的质量；也不可能像工业产品那样将其拆卸或解体检查内在质量，或更换不合格的零部件。因此，工程项目的终检（竣工验收）存在一定的局限性。所以，工程项目的施工质量控制应强调过程控制，边施工边检查边整改，并及时做好检查、认证和施工记录。

2. 施工质量的影响因素

影响施工质量的因素主要有五大方面：人、材料、设备、方法和环境。对这五方面因素的控制，是保证项目质量的关键。

（1）人的因素

人作为控制的对象，是要避免产生失误；人作为控制的动力，是要充分调动积极性，发挥人的主导作用。因此，应提高人的素质，健全岗位责任制，改善劳动条件，公平合理地激励劳动热情；应根据项目特点，从确保质量出发，在人的技术水平、人的生理缺陷、人的心理行为、人的错误行为等方面控制人的使用；更为重要的是提高人的质量意识，形成人人重视质量的项目环境。

（2）材料的因素

材料主要包括原材料、成品、半成品、构配件等。对材料的控制主要通过严格检查验收，正确合理地使用，进行收、发、储、运的技术管理，杜绝使用不合格材料等环节来进行控制。

（3）设备的因素

设备包括项目使用的机械设备、工具等。对设备的控制，应根据项目的不同特点，合理选择、正确使用、管理和保养。

（4）方法的因素

方法包括项目实施方案、工艺、组织设计、技术措施等。对方法的控制，主要通过合理选择、动态管理等环节加以实现。合理选择就是根据项目特点选择技术可行、经济合理、有利于保证项目质量、加快项目进度、降低项目费用的实施方法。动态管理就是在项目进行过程中正确应用，并随着条件的变化不断进行调整。

（5）环境控制

影响项目质量的环境因素较多，有项目技术环境，如地质、水文、气象等；项目管理环境，如质量保证体系、质量管理制度等；劳动环境，如劳动组合、作业场所等。根据项目特点和具体条件，采取有效措施对影响质量的环境因素进行控制。

3. 施工质量管理原则

《质量管理体系　要求》GB/T 19001 中，质量管理原则包括以下八个方面：

（1）以顾客为关注焦点。组织（从事一定范围生产经营活动的企业）依存于顾客。任何一个组织都应时刻关注顾客，将理解和满足顾客的要求作为首要工作考虑，并以此安排所有的活动，同时还应了解顾客要求的不断变化和未来的需求，并争取超越顾客的期望。

（2）领导作用。领导者应当创造并保持使员工能充分参与实现组织目标的内部环境。确保员工主动理解和自觉实现组织目标，以统一的方式来评估、协调和实施质量活动，促进各层次之间协调。

（3）全员参与。各级人员的充分参与，才能使他们的才干为组织带来收益。人是管理活动的主体，也是管理活动的客体。质量管理是通过组织内各职能各层次人员参与产品实现过程及支持过程来实施的，全员的主动参与极为重要。

（4）过程方法。将活动和相关的资源作为过程进行管理，可以更为高效地得到期望的结果。为使组织有效工作，必须识别和管理众多相互关联的过程，系统地识别和管理组织所应用的过程，特别是这些过程之间的相互作用，对于每个过程，作出恰当的考虑与安排，更加有效地使用资源、降低成本、缩短周期，通过控制活动，进行改进，取得好的效果。

（5）管理的系统方法。将相互关联的过程作为系统加以识别、理解和管理，有助于组织提高实现其目标的有效性和效率。

（6）持续改进。持续改进是组织的一个永恒的目标。事物是在不断发展的。组织能适应外界环境变化，增强适应能力和竞争力，改进组织的整体业绩，持续改进。

（7）基于事实的决策方法。有效的决策是建立在数据和信息分析的基础上，决策是一个在行动之前选择最佳行动方案的过程。作为过程就应有信息或数据输入，输入信息和数据足够可靠，能准确地反映事实，则为决策方案奠定了重要的基础。

（8）与供方互利的关系。任何一个组织都有其供方和合作伙伴，组织与供方是相互依存、互利的关系。合作的越来越好，双方都会获得效益。

（二）建筑工程施工质量控制

质量控制是质量管理的一部分，致力于满足质量要求。质量控制的目标就是确保项目质量能满足有关方面所提出的质量要求（如适用性、可靠性、安全性等）。质量控制的范围涉及项目质量形成全过程的各个环节。

质量控制的工作内容包括专业技术和管理技术两方面。质量控制应贯彻预防为主与检验把关相结合的原则，对影响项目工作质量的人、机、料、法、环（4M1E）因素进行控制，并对质量活动的成果进行分阶段验证，以便及时发现问题，查明原因，采取措施，防止类似问题重复发生，并使问题在早期得到解决，减少经济损失。

1. 施工质量控制的基本内容和要求

（1）施工质量控制的基本环节

施工质量控制应贯彻全面全过程质量管理的思想，运用动态控制原理，进行质量的事前控制、事中控制和事后控制。

1）事前质量控制

在正式施工前进行的事前主动质量控制，通过编制施工质量计划，明确质量目标，制定施工方案，设置质量管理点，落实质量责任，分析可能导致质量目标偏离的各种影响因素，针对这些影响因素制定有效的预防措施，防患于未然。

2）事中质量控制

在施工质量形成过程中，对影响施工质量的各种因素进行全面的动态控制。事中控制首先是对质量活动的行为约束，其次是对质量活动过程和结果的监督控制。事中控制的关键是坚持质量标准，控制的重点是工序质量、工作质量和质量控制点的控制。

3）事后质量控制

也称为事后质量把关，以使不合格的工序或最终产品（包括单位工程或整个工程项目）不流入下道工序、不进入市场。事后控制包括对质量活动结果的评价、认定和对质量偏差的纠正。控制的重点是发现施工质量方面的缺陷，并通过分析提出施工质量改进的措施，保证质量处于受控状态。

（2）施工质量控制的基本内容

1）质量文件的审核

审核有关技术文件、报告或报表。这些文件包括：

① 施工单位的技术资质证明文件和质量保证体系文件。

② 施工组织设计和施工方案及技术措施。

③ 有关材料、半成品及构配件的质量检验报告。

④ 有关应用新技术、新工艺、新材料的现场试验报告和鉴定报告。

⑤ 反映工序质量动态的统计资料或控制图表。

⑥ 设计变更和图纸修改文件。

⑦ 有关工程质量事故的处理方案。

⑧ 相关方面在现场签署的有关技术签证和文件。

2）现场质量检查

现场质量检查的内容包括：

① 开工前的检查。主要检查是否具备开工条件，开工后是否能够保持连续正常施工，能否保证工程质量。

② 工序交接检查。对于重要的工序或对工程质量有重大影响的工序，应严格执行"三检"制度，即自检、互检、专检。未经监理工程师（或建设单位技术负责人）检查认可，不得进行下道工序施工。

③ 隐蔽工程的检查。施工中凡是隐蔽工程必须检查认证后，方可进行隐蔽掩盖。

④ 停工后复工的检查。因客观因素停工或处理质量事故等停工复工时，经检查认可后，方能复工。

⑤ 分项、分部工程完工后的检查。应经检查认可，并签署验收记录后，才能进行下一工程项目的施工。

⑥ 成品保护的检查。检查成品有无保护措施以及保护措施是否有效可靠。

（3）施工质量控制的原则

1）坚持质量第一的原则

"百年大计，质量第一"。在工程建设中自始至终把"质量第一"作为对工程质量控制的基本原则。

2）坚持以人为核心的原则

工程质量控制中，要以人为核心，重点控制人的素质和人的行为，充分发挥人的积极性和创造性，以人的工作质量保证工程质量。

3）坚持以预防为主的原则

质量控制要重点做好质量的事先控制和事中控制，以预防为主，加强过程和中间产品的质量检查和控制。

4）坚持质量标准的原则

质量标准是评价产品质量的尺度。识别工程质量是否符合规定的质量标准要求，应通过质量检验并和质量标准对照，符合质量标准要求的才是合格，不符合质量标准要求的就是不合格，必须返工处理。

5）坚持科学、公正、守法的道德规范

在工程质量控制中，要尊重科学，尊重事实，以数据资料为依据，客观、公正地处理质量问题。坚持原则，遵纪守法。

（4）施工质量控制的基本要求

1）以人的工作质量确保工程质量

对工程质量的控制始终应"以人为本"，狠抓人的工作质量，避免人的失误；充分调动人的积极性，发挥人的主导作用，增强人的质量观和责任感，使每个人牢牢树立"百年大计，质量第一"的思想，认真负责地搞好本职工作，以优秀的工作质量来创造优质的工程质量。

2）严格控制投入品的质量

投入品质量不符合要求，工程质量也就不可能符合标准，严格控制投入品的质量，是确保工程质量的前提。对投入品的订货、采购、检查、验收、取样、试验均应进行全面控制，从组织货源、优选供货厂家，直到认证使用，做到层层把关，确保投入品的质量。

3）全面控制施工过程，重点控制工序质量

工程质量是在工序中创造的，确保工程质量就必须重点控制工序质量。对每一道工序质量都必须进行严格检查，当上一道工序质量不符合要求时，绝不允许进入下一道工序施工。这样，只要每一道工序质量都符合要求，整个工程项目的质量就能得到保证。

4）严把分项工程质量检验评定关

分项工程质量是分部工程、单位工程质量评定的基础；分项工程质量不符合标准，分部工程、单位工程的质量也不可能评为合格；而分项工程质量评定正确与否，又直接影响分部工程和单位工程质量评定的真实性和可靠性。在进行分项工程质量检验评定时，一定要坚持质量标准，严格检查，一切用数据说话，避免出现判断错误。

5）贯彻"预防为主"的方针

预防为主就是要加强对影响质量因素的控制，对投入品质量的控制；就是要从对质量的事后检查把关，转向对质量的事前控制、事中控制；从对产品质量的检查，转向对工作质量的检查、对工序质量的检查、对中间产品的质量检查。这些是确保施工项目质量的有效措施。

6）严防系统性因素的质量变异

系统性因素，如使用不合格的材料、违反操作规程、混凝土达不到设计强度等级、机械设备发生故障等，均必然会造成不合格产品或工程质量事故。系统性因素的特点是易于识别、易于消除，是可以避免的；只要增强质量观念，提高工作质量，精心施工，完全可以预防系统性因素引起的质量变异。

2. 施工过程质量控制的基本程序、方法、质量控制点的确定

（1）施工过程质量控制的基本程序

任何工程都是由分项工程、分部工程和单位工程所组成，施工项目是通过一道道工序来完成。所以，施工项目的质量控制是从工序质量到分项工程质量、分部工程质量、单位工程质量的系统控制过程（图5-1）；也是一个由对投入原材料的质量控制开始，直到完成工程质量检验为止的全过程的系统过程（图5-2）。

施工项目质量控制的基本程序划分为四个阶段：

1）第一阶段为计划控制。在这一阶段主要是制定质量目标，实施方案和计划。

2）第二阶段为监督检查阶段。在按计划实施的过程中进行监督检查。

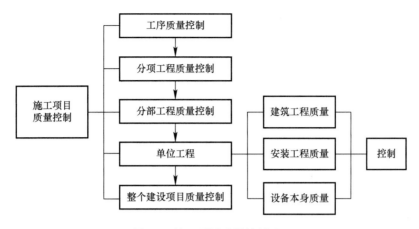

图 5-1　施工项目质量控制过程

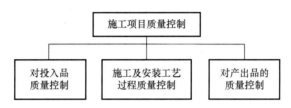

图 5-2　施工项目投入与产出质量控制过程

3）第三阶段为报告偏差阶段。根据监督检查的结果，发出偏差信息。

4）第四阶段为采取纠正行动阶段。监理单位检查纠正措施的落实情况及其效果，并进行信息的反馈。

施工单位在质量控制中，应按照这个循环程序制定质量控制的措施，按合同和有关法规的要求和标准进行质量的控制。

（2）施工过程质量控制的依据

1）工程合同文件

工程施工承包合同文件规定了参与建设各方在质量控制方面的权利和义务，有关各方必须履行在合同中的承诺。

2）设计文件

"按图施工"是施工阶段质量控制的一项重要原则。设计文件、设计交底及图纸会审记录、设计修改和技术变更等，无疑是质量控制的重要依据。

3）国家及政府有关部门颁布的有关质量管理方面的法律、法规性文件

《中华人民共和国建筑法》《建设工程质量管理条例》《建筑业企业资质管理规定》等，都是建设行业质量管理方面所应遵循的基本法规文件。此外，其他各行业如交通、能源、水利、冶金、化工等的政府主管部门和省、自治区、直辖市的有关主管部门，也均根据本行业及地方的特点，制定和颁发了有关的法规性文件。

4）专门技术法规

针对不同的行业、不同质量控制对象制定的专门技术法规文件包括规范、规程、标准、规定等，如：工程建设项目质量检验评定标准；有关建筑材料、半成品和构配件的质

量方面的专门技术法规性文件；有关材料验收、包装和标志等方面的技术标准和规定；施工工艺质量等方面的技术法规性文件；有关新工艺、新技术、新材料、新设备的质量规定和鉴定意见等。

（3）施工过程质量控制的方法

1）施工质量控制的技术活动

施工质量控制的技术活动包括：确定控制对象，例如一道工序、设计过程、制造过程；规定控制标准，即详细说明控制对象应达到的质量要求；制定具体的控制方法，例如工艺规程；明确所采用的检验方法，包括检验手段；实际进行检验；说明实际与标准之间有差异的原因；为解决差异而采取的行动等。

2）现场质量检查方法

现场质量检查的方法主要有目测法、实测法和试验法等。

① 目测法。凭借感官进行检查，也称观感质量检验。其手段可概括为"看、摸、敲、照"。看，就是根据质量标准要求进行外观检查，例如，清水墙面是否洁净，喷涂的密实度和颜色是否良好、均匀，工人的操作是否正常，混凝土外观是否符合要求等；摸，就是通过触摸手感进行检查、鉴别，例如油漆的光滑度等；敲，就是运用敲击工具进行音感检查，例如，对地面工程、装饰工程中的水磨石、面砖、石材饰面等，均应进行敲击检查；照，就是通过人工光源或反射光照射，检查难以看到或光线较暗的部位，例如，管道井、电梯井等内的管线、设备安装质量，装饰吊顶内连接及设备安装质量等。

② 实测法。就是通过实测数据与施工规范、质量标准的要求及允许偏差值进行对照，以此判断质量是否符合要求。其手段可概括为"靠、量、吊、套"。靠，就是用直尺、塞尺检查诸如墙面、地面等的平整度；量，就是指用测量工具和计量仪表等检查断面尺寸、轴线、标高、湿度、温度等的偏差，例如，大理石板拼缝尺寸与超差数量，混凝土坍落度的检测等；吊，就是利用托线板以及线锤吊线检查垂直度，例如，砌体垂直度检查、门窗的安装等；套，是以方尺套方，辅以塞尺检查，例如，对阴阳角的方正、踢脚线的垂直度、预制构件的方正、门窗口及构件的对角线检查等。

③ 试验法。指通过进行现场试验或实验室试验等理化试验手段，取得数据，分析判断质量情况。包括：力学性能试验，如各种力学指标的测定：测定抗拉强度、抗压强度、抗弯强度、抗折强度、冲击韧性、硬度、承载力等；物理性能试验，如测定相对密度、密度、含水量、凝结时间、安定性、抗渗性、耐磨性、耐热性、隔声等；化学性能试验，如材料的化学成分、耐酸性、耐碱性、抗腐蚀等；无损测试，探测结构物或材料、设备内部组织结构或损伤状态，如超声检测、回弹强度检测、电磁检测、射线检测等。它们一般可以在不损伤被探测物的情况下了解被探测物的质量情况。

此外，必要时还可在现场通过诸如对桩或地基的现场静载试验或打试桩，确定其承载力；对混凝土现场取样，通过实验室的抗压强度试验，确定混凝土达到的强度等级；以及通过管道压力试验判断其耐压及渗漏情况等。

（4）施工过程质量控制点的确定

质量控制点是指为了保证作业过程质量而确定的重点控制对象、关键部位或薄弱环节。设置质量控制点是保证达到施工质量要求的必要前提，在拟订质量控制工作计划时，应予以详细地考虑，并以制度来保证落实。对于质量控制点，一般要事先分析可能造成质量问题的原因，再针对原因制定对策和措施进行预控。

1）选择质量控制点的一般原则

是否设置为质量控制点，主要是视其对质量特性影响的大小、危害程度以及其质量保证的难度大小而定。应当选择那些保证质量难度大、对质量影响大或者发生质量问题时危害大的对象作为质量控制点：

① 施工过程中的关键工序或环节以及隐蔽工程。

② 施工中的薄弱环节，或质量不稳定的工序、部位或对象。

③ 对后续工程施工或对后续工序质量或安全有重大影响的工序、部位或对象。

④ 使用新技术、新工艺、新材料的部位或环节。

⑤ 施工中无足够把握的、施工条件困难的或技术难度大的工序或环节。

质量控制点的选择要准确、有效。为此，一方面需要有经验的工程技术人员来进行选择，另一方面也要集思广益，集中群体智慧由有关人员充分讨论，在此基础上进行选择。选择时要根据对重要的质量特性进行重点控制的要求，选择质量控制的重点部位、重点工序和重点的质量因素作为质量控制对象，进行重点控制和预控，这是进行质量控制的有效方法。

2）建筑工程质量控制点的位置

根据质量控制点选择的原则，建筑工程质量控制点的位置可以参考表 5-1。

质量控制点的设置位置 表 5-1

分项工程	质量控制点
工程测量定位	标准轴线桩、水平桩、龙门板、定位轴线、标高
地基、基础（含设备基础）	基坑（槽）尺寸、标高、土质、地基承载力，基础垫层标高，基础位置、尺寸、标高，预埋件、预留洞孔的位置、标高、规格、数量，基础杯口弹线
砌体	砌体轴线，皮数杆，砂浆配合比，预留洞孔、预埋件的位置、数量，砌块排列
模板	位置、标高、尺寸，预留洞孔位置、尺寸，预埋件的位置，模板的强度、刚度和稳定性，模板内部清理及润湿情况
钢筋混凝土	水泥品种、强度等级，砂石质量，混凝土配合比，外加剂比例，混凝土振捣，钢筋品种、规格、尺寸、搭接长度，钢筋焊接、机械连接，预留洞孔及预埋件规格、位置、尺寸、数量，预制构件吊装或出厂（脱模）强度，吊装位置、标高、支承长度、焊缝长度
吊装	吊装设备的起重能力、吊具、索具、地锚
钢结构	翻样图、放大样
焊接	焊接条件、焊接工艺
装修	视具体情况而定

3）作为质量控制点重点控制的对象

质量控制点的选择要准确、有效，可作为质量控制点中重点控制的对象主要包括以下几个方面：

127

① 人的行为

对某些作业或操作，应以人为重点进行控制，例如高空作业等，对人的身体素质或心理应有相应的要求；技术难度大或精度要求高的作业，如复杂模板放样、复杂的设备安装等对人的技术水平均有相应的较高要求。

② 物的质量与性能

施工设备和材料是直接影响工程质量和安全的主要因素，常作为控制的重点。例如作业设备的质量、计量仪器的质量都是直接影响主要因素；又如钢结构工程中使用的高强螺栓、某些特殊焊接使用的焊条，都应作为重点控制其材质与性能；还有水泥的质量是直接影响混凝土工程质量的关键因素，施工中应对进场的水泥质量进行重点控制，必须检查核对其出厂合格证，并按要求进行强度和安定性的复试等。

③ 关键的操作与施工方法

某些直接影响工程质量的关键操作应作为控制的重点，如预应力钢筋的张拉工艺操作过程及张拉力的控制，是可靠地建立预应力值和保证预应力构件质量的关键过程。同时，那些易对工程质量产生重大影响的施工方法，也应列为控制的重点，如大模板施工中模板的稳定和组装问题、液压滑模施工时支撑杆稳定问题、升板法施工中提升差的控制等。

④ 施工技术参数

混凝土的外加剂掺量、水灰比，回填土的含水量，砌体的砂浆饱满度，防水混凝土的抗渗等级，冬期施工混凝土受冻临界强度等技术参数是质量控制的重要指标。

⑤ 施工顺序

某些工作必须严格作业之间的顺序，例如对于屋架固定一般应采取对角同时施焊，以免焊接应力使已校正的屋架发生变位，再如对冷拉的钢筋应当先焊接后冷拉。

⑥ 技术间歇时间

有些作业之间需要有必要的技术间歇时间，例如混凝土浇筑后至拆模之间应保持一定的间歇时间；砌筑与抹灰之间，应在墙体砌筑后留 6～10d，让墙体充分沉陷、稳定、干燥，再抹灰，抹灰层干燥后，才能喷白、刷浆等。

⑦ 易发生或常见的质量通病

例如：混凝土工程的蜂窝、麻面、空洞，墙、地面、屋面防水工程渗水、漏水、空鼓、起砂、裂缝等，都与工序操作有关，均应事先研究对策，提出预防措施。

⑧ 新工艺、新技术、新材料的应用

由于缺乏经验，施工时新工艺、新技术、新材料的应用可作为重点进行严格控制。

⑨ 易发生质量通病的工序

产品质量不稳定、不合格率较高及易发生质量通病的工序应列为重点，仔细分析、严格控制。

⑩ 特殊地基或特种结构

如大孔性湿陷性黄土、膨胀土等特殊土地基的处理、大跨度和超高结构等难度大的施工环节和重要部位等都应予以特别重视。

（三）施工质量问题的处理方法

1. 施工质量问题（缺陷）的分类

（1）施工质量问题（缺陷）的概念

① 质量不合格。根据《质量管理体系 要求》GB/T 19001 的规定，凡工程产品没有满足某个规定的要求，就称为质量不合格；而没有满足某个预期使用要求或合理的期望（包括安全性方面）要求，称为质量缺陷。

② 质量问题。凡是工程质量不合格，必须进行返修、加固或报废处理，由此造成直接经济损失低于规定限额的称为质量问题。

③ 质量事故。凡是工程质量不合格，必须进行返修、加固或报废处理，由此造成直接经济损失在规定限额以上的称为质量事故。

（2）施工质量问题（缺陷）的分类

由于施工质量问题（缺陷）具有复杂性、严重性、可变性和多发性的特点，所以建设工程施工质量问题（缺陷）的分类有多种方法，但一般可按以下条件进行分类：

1）按问题（缺陷）责任分类

① 指导责任。由于工程实施指导或领导失误而造成的质量问题（缺陷）。例如，由于工程负责人片面追求施工进度，放松或不按质量标准进行控制和检验，降低施工质量标准等。

② 操作责任。在施工过程中，由于实施操作者不按规程和标准实施操作而造成的质量问题（缺陷）。例如，浇筑混凝土时随意加水或者振捣疏漏造成混凝土质量问题（缺陷）等。

③ 自然灾害。由于突发的严重自然灾害等不可抗力造成的质量问题（缺陷）。例如地震、台风、暴雨、雷电、洪水等对工程造成破坏。

2）按质量问题（缺陷）产生的原因分类

① 技术原因引发的质量问题（缺陷）。在工程项目实施中由于设计、施工在技术上的失误而造成的质量问题（缺陷）。

② 管理原因引发的质量问题（缺陷）。管理上的不完善或失误引发的质量问题（缺陷）。

③ 社会、经济原因引发的质量问题（缺陷）。由于经济因素及社会上存在的弊端和不正之风引起建设中的错误行为，而导致出现质量问题（缺陷）。

2. 施工质量问题的产生原因分析

施工质量问题产生的原因大致可以分为以下四类：

（1）技术原因

指引发质量问题是由于工程项目设计、施工在技术上的失误。例如，结构设计计算错误，对水文地质情况判断错误，以及采用了不适合的施工方法或施工工艺等。

（2）管理原因

指引发的质量问题是由于管理上的不完善或失误。例如，施工单位或监理单位的质量

129

管理体系不完善、检验制度不严密、质量控制不严格、质量管理措施落实不力、检测仪器设备管理不善而失准，以及材料检验不严等原因引起质量问题。

（3）社会、经济原因

指引发的质量问题是由于经济因素及社会上存在的弊端和不正之风，造成建设中的错误行为，而导致出现质量问题。例如，某些施工企业盲目追求利润而不顾工程质量；在投标报价中随意压低标价，中标后则依靠违法的手段或修改方案追加工程款，甚至偷工减料等，这些因素往往会导致出现重大工程质量问题，必须予以重视。

（4）人为原因和自然灾害原因

指造成质量问题是由于人为的设备事故、安全事故，导致连带发生质量问题，以及严重的自然灾害等不可抗力造成质量问题。

3. 施工质量问题（缺陷）的处理方法

（1）施工质量问题（缺陷）处理的依据

1）质量问题（缺陷）的实况资料。包括质量问题（缺陷）发生的时间、地点；质量问题（缺陷）状况的描述；质量问题（缺陷）发展变化的情况；有关质量问题（缺陷）的观测记录、问题（缺陷）现场状态的照片或录像；问题（缺陷）调查组调查研究所获得的第一手资料。

2）有关合同及合同文件。包括工程承包合同、设计委托合同、设备与器材购销合同、监理合同及分包合同等。

3）有关的技术文件和档案。主要是有关的设计文件（如施工图纸和技术说明）、与施工有关的技术文件、档案和资料（如施工方案、施工计划、施工记录、施工日志、有关建筑材料的质量证明资料、现场制备材料的质量证明资料、质量事故发生后对事故状况的观测记录、试验记录或试验报告等）。

4）相关的建设法规。主要包括《中华人民共和国建筑法》及与工程质量及质量事故处理有关的法规，以及勘察、设计、施工、监理等单位资质管理方面的法规、从业者资格管理方面的法规、建筑市场方面的法规、建筑施工方面的法规、关于标准化管理方面的法规等。

（2）施工质量问题（缺陷）的处理程序

施工质量问题（缺陷）处理的一般程序为：

发生质量问题（缺陷）→问题（缺陷）调查→原因分析→处理方案→设计施工→检查验收→结论→提交处理报告。

施工质量问题（缺陷）处理中应注意的几个问题：

1）施工质量问题（缺陷）发生后，施工项目负责人应按规定的时间和程序，及时向企业报告情况，积极组织调查。调查应力求及时、客观、全面，以便为分析与处理提供正确的依据。要将调查结果整理撰写成调查报告，其主要内容包括：工程概况；问题（缺陷）情况；问题（缺陷）发生后所采取的临时防护措施；调查中的有关数据、资料；问题（缺陷）原因分析与初步判断；问题（缺陷）处理的建议方案与措施；问题（缺陷）涉及人员与主要责任者的情况等。

2）施工质量问题（缺陷）的原因分析要建立在调查的基础上，避免情况不明就主观推断原因。特别是对涉及勘察、设计、施工、材料和管理等方面的质量问题，往往原因错综复杂，因此，必须对调查所得到的数据、资料进行仔细的分析，去伪存真，找出主要原因。

3）处理方案要建立在原因分析的基础上，并广泛听取专家及有关方面的意见，经科学论证，决定是否进行处理和怎样处理。在制定处理方案时，应做到安全可靠，技术可行，不留隐患，经济合理，具有可操作性，满足建筑功能和使用要求。

4）施工质量问题处理的鉴定验收。质量问题的处理是否达到预期的目的，是否依然存在隐患，应当通过检查鉴定和验收作出确认。质量问题处理的质量检查鉴定，应严格按施工验收规范和相关的质量标准的规定进行，必要时还应通过实际量测、试验和仪器检测等方法获取必要的数据，以便准确地对事故处理的结果作出鉴定。

六、工程成本管理基本知识

工程项目成本是指工程项目在实施过程中所发生的全部生产费用的总和，其中包括支付给生产工人的工资、奖金，所消耗的主、辅材料、构配件、周转材料的摊销费或租赁费、机械费，以及现场进行组织与管理所发生的全部费用支出。工程项目成本是企业的主要产品成本，一般以建设项目的单位工程作为成本核算的对象，通过各单位工程成本核算的综合来反映工程项目的成本。

工程项目的成本管理，通常是指在项目成本的形成过程中，对生产经营所消耗的人力资源、物质资源和费用开支，进行指导、监督、调节和限制，及时纠正将要发生和已经发生的偏差，把各项生产费用控制在计划成本的范围之内，以保证成本目标的实现。

（一）土建工程工程量清单编制

工程量清单是按照招标和施工设计图纸的要求，载明建设工程项目名称、项目特征、工程数量的明细清单。工程量清单以分部分项工程项目清单或实物量清单为主要表现形式。分部分项工程项目清单项目以外的可在措施项目清单和其他项目清单中列项，增值税应按政府有关主管部门的规定列项。

1. 工程量清单编制的一般规定

（1）工程量清单应结合工程项目实际情况按现行国家或行业工程量计算标准确定。

（2）实行工程量清单计价的工程可采用总价合同、单价合同或成本加酬金合同。

（3）工程量清单计价可采用单价计价和总价计价两种方式进行计价。

2. 工程量清单计价的作用

（1）提供一个平等的竞争条件

工程量清单报价就为投标者提供了一个平等竞争的条件，相同的工程量，由企业根据自身的实力来填报不同的单价，使得企业的优势体现到投标报价中，可在一定程度上规范建筑市场秩序，确保工程质量。

（2）满足市场经济条件下竞争的需要

招标人提供工程量清单，投标人根据自身情况确定综合单价，利用单价与工程量逐项计算每个项目的合价，计算出投标总价。单价就成了决定性的因素，确定单价的高低直接取决于企业管理水平和技术水平的高低。

（3）有利于提高工程计价效率，能真正实现快速报价

各投标人以招标人提供的工程量清单为统一平台，结合自身的管理水平和施工方案进行报价，促进了各投标人企业定额的完善和工程造价信息的积累和整理，体现了现代工程建设中快速报价的要求。

（4）有利于工程款的拨付和工程造价的最终结算

中标价就是确定合同价的基础，投标清单上的单价就成了拨付工程款的依据。业主根据施工企业完成的工程量，可以很容易地确定进度款的拨付额。工程竣工后，根据设计变更、工程量增减等，业主也很容易确定工程的最终造价，可在某种程度上减少业主与施工单位之间的纠纷。

（5）有利于业主对投资的控制

采用工程量清单报价的方式对投资变化一目了然，在进行设计变更时，能马上知道它对工程造价的影响，业主就能根据投资情况来决定是否变更或进行方案比较，以决定最恰当的处理方法。

3. 分部分项工程项目清单的编制

分部工程是单位工程的组成部分，是按结构部位、路段长度及施工特点或施工任务将单位工程划分的若干个项目单元；分项工程是分部工程的组成部分，是按不同施工方法、材料、工序及路段长度等将分部工程划分的若干个项目单元。分部分项工程项目清单应按单价计价方式计算费用，发包人提供的材料应列入分部分项工程项目清单。

分部分项工程项目清单应按相关工程现行国家工程量计算标准规定的项目编码、项目名称、项目特征、计量单位和工程量计算规则进行编制和复核。

清单工程量应按现行国家或行业计算标准以设计图示尺寸计算。工程量发生偏差的，应按发承包双方约定调整。发承包双方明确的可调价的主要材料工程量应按设计图示尺寸确定，施工损耗与预留用量不予考虑。

4. 措施项目清单的编制

措施项目是为完成工程项目施工，发生于该工程施工准备和施工过程中的技术、生活、安全、文明施工等方面的项目。

措施项目清单应依据经济合理的施工方案以单价或总价计价方式确定费用，其中安全文明施工措施项目应按国家或省级、行业建设主管部门的规定确定费用。

措施项目清单应结合拟建工程的实际情况和完工交付要求，依据合理的施工方案及技术、生活、安全、文明施工等非实体方面的要求进行编制和复核。

措施项目发生错漏项时，单价合同履行期间，措施项目的错漏项及其他非承包人原因引起措施费用调整的，可以按规定调整合同价格；总价合同履行期间，合同对应的工程范围、建设工期、工程质量、技术标准等实质性内容未发生变化的，措施项目不因招标时发生错漏项而调整。但其他非承包人原因引起措施费用调整的，可以按规定执行调整。

5. 其他项目清单的编制

其他项目清单应按照工程要求以单价或总价计价方式确定费用。其他项目清单应按照下列内容列项：

（1）暂列金额应根据工程特点按招标文件的要求列项并估算；

（2）专业工程暂估价应分不同专业估算，列出明细表及其包含内容等；

（3）计日工应列出项目名称、计量单位和暂估数量；

（4）总承包服务费应列出服务项目及其内容、要求、计算方式等。

（5）出现除以上未列的其他项目，应根据招标文件要求结合工程实际情况补充列项。

（二）土建工程投标报价的编制

投标报价的编制过程应首先根据招标人提供的工程量清单编制分部分项工程和措施项目、其他项目、增值税项目计价表，然后汇总得到单位工程投标报价汇总表，再逐级汇总，分别得出单项工程投标报价汇总表和建设项目投标报价汇总表。

1. 分部分项工程和措施项目费

（1）分部分项工程和单价措施项目费

承包人投标报价中的分部分项工程项目、单价计价的措施项目的综合单价应根据招标文件和招标工程量清单项目中的特征描述自主确定。确定综合单价是分部分项工程和单价措施项目清单计价中最主要的内容。

投标工程量清单综合单价以其相应组成项目价格为准。综合单价包括完成一个规定清单项目所需的人工费、材料和工程设备费、施工机具使用费、企业管理费、利润，并考虑风险费用的分摊及价格竞争因素。

1）确定综合单价注意事项

① 确定依据。项目特征是确定综合单价的重要依据之一，分部分项工程和单价措施项目，应根据招标文件和招标工程量清单项目中的特征描述自主确定综合单价。

② 材料、工程设备暂估价的处理。招标工程量清单中提供了暂估单价的材料、工程设备，按暂估的单价进入综合单价。

③ 考虑合理的风险。投标报价中包括招标文件中约定由投标人承担的一定范围与幅度内的风险费用，招标文件中没有明确的，可提请招标人明确。因此，投标人可按招标文件提供的综合单价分析表及其计算办法确定综合单价，综合单价中应包括投标人应承担的风险费用。

2）综合单价确定的步骤和方法

当分部分项工程内容比较简单，由单一计价子项计价，且《房屋建筑与装饰工程工程量计算规范》GB 50854 与所使用计价定额中的工程量计算规则相同时，综合单价的确定只需用相应计价定额子目中的人、材、机费做基数计算管理费、利润，再考虑相应的风险费用即可。

当工程量清单给出的分部分项工程与所用计价定额的单位不同或工程量计算规则不同，则需要按计价定额的计算规则重新计算工程量，并按照下列步骤来确定综合单价：

① 确定计算基础。主要包括消耗量指标和生产要素单价。应根据本企业的实际消耗量水平，并结合拟定的施工方案确定完成清单项目需要消耗的各种人工、材料、施工机具台班的数量。计算时应采用企业定额，没有企业定额或企业定额缺项时，可参照与本企业实际水平相近的国家、地区、行业定额，并通过调整来确定清单项目的人、材、机单位用量。各种人工、材料、施工机具台班的单价，则应根据询价的结果和市场行情综合确定。

② 分析每一清单项目的工程内容。在招标工程量清单中，招标人已对项目特征进行

了准确、详细的描述，投标人根据这一描述，再结合施工现场情况和拟定的施工方案确定完成各清单项目实际应发生的工程内容。必要时可参照《房屋建筑与装饰工程工程量计算规范》GB 50854 中提供的工程内容，有些特殊的工程也可能出现规范列表之外的工程内容。

③ 计算工程内容的工程数量与清单单位的含量。每一项工程内容都应根据所选定额的工程量计算规则计算其工程数量，当定额的工程量计算规则与清单的工程量计算规则相一致时，可直接以工程量清单中的工程量作为工程内容的工程数量。

当采用清单单位含量计算人工费、材料费、施工机具使用费时，还需要计算每一计量单位的清单项目所分摊的工程内容的工程数量，即清单单位含量。

④ 分部分项工程人工、材料、施工机具使用费用的计算。以完成每一计量单位的清单项目所需的人工、材料、施工机具用量为基础计算，再根据预先确定的各种生产要素的单位价格可计算出每一计量单位清单项目的分部分项工程的人工费、材料费与施工机具使用费。

当招标人提供的其他项目清单中列示了材料暂估价时，应根据招标人提供的价格计算材料费，并在分部分项工程项目清单与计价表中表现出来。

⑤ 计算综合单价。企业管理费和利润的计算可按照规定的取费基数以及一定的费率计算，取费以人工费与施工机具使用费之和为基数。

将人工费、材料费、施工机具使用费、企业管理费和利润汇总，并考虑合理的风险费用后，即可得到清单综合单价。根据计算出的综合单价，可编制分部分项工程和单价措施项目清单与计价表。

3）工程量清单综合单价分析表的编制

为表明综合单价的合理性，投标人应对其进行单价分析，以作为评标时的判断依据。综合单价分析表的编制应反映上述综合单价的编制过程，并按照规定的格式进行。

（2）总价措施项目费

投标人对措施项目中的总价项目投标报价应遵循以下原则：

1）总价计价的措施项目可根据招标文件和投标时拟定的满足项目要求的施工方案自主确定费用金额，并列出其计算公式。

2）措施项目费由投标人自主确定，但其中安全文明施工费必须按照国家或省级、行业建设主管部门的规定计价。

3）措施项目中的总价项目可采用单价或总价计价方式报价，包括除增值税外的全部费用。

2. 其他项目费

其他项目费主要包括暂列金额、暂估价、计日工以及总承包服务费组成。投标人对其他项目费投标报价时应遵循以下原则：

（1）暂列金额

暂列金额应按照招标工程量清单中列出的金额填写，不得变动。

（2）暂估价

暂估价不得变动和更改。专业工程暂估价按招标工程量清单中列出的金额填写；甲供材料按招标文件载明的要求计入分部分项工程费用，并在税前扣除；材料暂估价应按招标工程量清单载明的单价计入综合单价，并按材料暂估单价及调整表单独列出。

（3）计日工

计日工按照招标工程量清单列出的项目和估算的数量，自主确定各项综合单价并计算费用。

（4）总承包服务费

总承包服务费根据招标文件中提出的需要投标人提供服务的范围、内容、要求及其招标工程量清单的特征描述自主逐项确定，并列出其相应的计算公式。

3. 增值税

增值税应按政府有关主管部门的规定计算费用。这是由于增值税的计取标准是依据有关法律、法规和政策规定制定的，具有强制性。因此，投标人在投标报价时必须按照国家或省级、行业建设主管部门的有关规定计算增值税。

4. 投标报价的汇总

投标总价应当与扣除甲供材料后的分部分项工程费、措施项目费、其他项目费和增值税的合计金额一致，即投标人在进行工程量清单招标的投标报价时，不能进行投标总价优惠（或降价、让利），投标人对投标报价的任何优惠（或降价、让利）均应反映在相应清单项目的综合单价中。

招标工程量清单与计价表中列明的所有需要填写单价和合价的项目，投标人均应填写且只允许有一个报价。未填写单价和合价的项目，视为此项费用已包含在已标价工程量清单中其他项目的单价和合价之中。结算时，此项目不得重新组价或调整。

（三）工程成本的构成和影响因素

1. 工程成本的管理特点

（1）成本管理的全员性

成本管理涉及企业生产经营活动所有环节的每一个部门和个人，解决成本的问题，必须依靠全体员工的共同努力，强化成本意识，更新成本观念，通过大力提高成本会计人员的理论和业务素质，掌握现代成本管理的理论和方法，建立一个有效的业绩评价系统以及相应的奖励制度，形成一定的激励机制，提高成本管理水平。

（2）成本管理的全面性

成本管理贯穿于工程设计、施工生产、材料供应、产品销售等各个领域，降低成本是一个涉及企业各个因素的综合问题。比如：通过对房屋设计方案的分析，选取使用功能与成本的最佳匹配值，优化设计方案；通过对原材料配合比分析，选取功能相当、成本低廉的代用材料，降低物质消耗价值；通过对施工方案的分析，选取合理的施工工艺与组织方法，降低工程成本等。

（3）成本管理的目标性

具体表现在：第一，制定成本标准，形成成本控制目标体系。第二，进行成本预测，预见成本升降的因素及其作用，采取措施消除不利因素。第三，充分发挥成本绩效评价管理的作用。

（4）成本管理的战略性

不仅要关心成本升降对企业近期利益的影响，更要关注企业长期影响和企业良好的形象。为此，成本管理活动中利用成本杠杆的作用，追求经营规模最佳；经济与技术的紧密结合；进行重点管理；对不正常的、不合规的关键性差异进行例外管理；寻求成本与质量的最佳结合点等。

（5）成本管理的系统性

成本管理的系统性主要表现在成本管理结构的系统化和成本控制的总体优化。

2. 施工成本的影响因素

施工成本的影响因素涉及现场管理、合同管理、人员、材料、机械设备、施工技术、竣工决算、风险因素等多个方面，具体影响因素包括：

（1）人的因素

人是工程项目建设的主体，为了有效控制工程成本，施工过程中必须注意人的因素的控制，包括所有参加工程项目施工的工程技术干部、操作人员、服务人员，他们共同构成影响工程的最终成本的人的因素。

（2）工程材料的控制

工程材料是工程施工的物质条件，它主要包括原材料、成品、半成品、构配件，材料质量是工程质量的基础，材料质量不符合要求，工程质量也就不可能符合标准。造成工程项目施工过程中材料费出现变化的因素通常有材料的量差和材料的价差。材料成本占工程成本的比重最大，一般可达 60%～70%，材料节余将影响着整个工程的节约。

（3）机械费用的控制

机械费用也是影响工程成本的重要因素，影响施工过程中机械费用高低的因素主要有施工机械的完好率和施工机械的工作效率。确保施工机械完好率就要防止施工机械的非正常损坏，使用不当、不规范操作、忽视日常保养都能造成施工机械的非正常损坏；施工机械工作效率低，不但要消耗燃油，而且为弥补效率低下造成的误工需要投入更多的施工机械，同样也要增加成本。

（4）科学合理的施工组织设计与施工技术水平

施工组织设计是工程项目进展的核心和灵魂。它既是全面安排施工的技术经济文件，也是指导施工的重要依据，它对于加强项目施工的计划性和管理的科学性，克服施工中的盲目混乱现象，将起到极其重要的作用，其编制是否科学、合理直接影响着工程成本的高低。施工技术水平对工程建设的成本影响不容忽视，它可以通过调节工程建设工程中人、材、机的消耗来间接影响工程成本，先进的施工工艺对降低工程成本的贡献十分明显。施工方案正确与否，直接影响工程成本控制的有效实现，不当的施工方案往往造成进度拖延，影响质量，增加投资。

（5）项目管理者的成本控制能力

由于工程项目建设受到复杂的内外部环境影响，突发事件时有发生，优秀的项目管理者能够根据工程现状及时对突发事件作出有效反应，以减少成本消耗。因此，项目管理者的成本管理能力对工程建设的成本影响至关重要。

（6）其他因素

除此之外，设计变更率、气候影响、风险因素等也是影响工程项目成本的重要因素。另外，建筑市场竞争日渐激烈，许多工程是压价中标，而且为了完成公司承揽任务目标，甚至是低于成本价投标；建筑材料价格频繁上下波动，部分指定材料供应厂家在项目开工后提升材料价格，对项目的成本影响很大，给项目成本管理工作带来不稳定性。

（四）施工成本控制的基本内容和要求

1. 施工成本控制的系统过程与任务

（1）施工成本控制的系统过程

施工项目成本控制包括成本预测、计划、实施、核算、分析、考核、整理成本资料与编制成本报告。具体而言，项目成本控制应按以下程序进行：企业进行项目成本预测；项目经理部编制成本计划；项目经理部实施成本计划；项目经理部进行成本核算；项目经理部进行成本分析；工程项目成本考核。

1）工程项目成本预测

工程项目成本预测是通过成本信息和工程项目的具体情况，并运用一定的专门方法，对未来的成本水平及其可能发展趋势作出科学的估计，它是企业在工程项目实施以前对成本所进行的核算。

2）工程项目成本计划

工程项目成本计划是项目经理部对项目成本进行计划管理的工具。它是以货币形式编制工程项目在计划期内的生产费用、成本水平、成本降低率以及为降低成本所采取的主要措施和规划的书面方案，它是建立工程项目成本管理责任制、开展成本控制和核算的基础。

3）实际工程项目成本的形成控制

工程项目成本的形成控制主要指项目经理部对工程项目成本的实施控制，包括制度控制、定额或指标控制、合同控制等。

4）工程项目成本核算

工程项目成本核算是指项目实施过程中所发生的各种费用和形成工程项目成本与计划目标成本，在保持统计口径一致的前提下，进行两项对比，找出差异。

5）工程项目成本分析

工程项目成本分析是在工程成本跟踪核算的基础上，动态分析各项目的成本升降原因。它贯穿于工程项目成本管理的全过程。

6）工程项目成本考核

成本考核是指工程项目完成后，对工程项目成本形成中的各责任者，按工程项目成本目标责任制的有关规定，将成本的实际指标与计划、定额、预算进行对比和考核，评定施工项目成本计划的完成情况和各责任者的业绩，并据此给予相应的奖励和处罚。

（2）施工成本控制的任务

工程项目的成本控制，应伴随项目建设的进程渐次展开，要注意各个时期的特点和要求。各个阶段的工作内容不同，成本控制的主要任务也不同。

1）工程前期的成本控制（事先控制）

成本的事先控制是通过成本预测和决策，落实降低成本措施，编制目标成本计划而层层展开的。

① 工程投标阶段。在投标阶段成本控制的主要任务是编制适合本企业施工管理水平、施工能力的报价。

② 施工准备阶段。制定科学先进、经济合理的施工方案；根据企业下达的成本目标，编制明细具体的成本计划，并按照部门、施工队和班组的分工进行分解，为成本控制做好准备；编制间接费用预算，并对上述预算进行明细分解，为成本控制和绩效考评提供依据。

2）实施期间的成本控制（事中控制）

① 加强施工任务单和限额领料单的管理，特别是要做好每一个分部分项工程完成后的验收，以保证施工任务单和限额领料单的结算资料绝对正确，为成本控制提供真实可靠的数据。

② 将施工任务单和限额领料单的结算资料与施工预算进行核对，计算分部分项工程的成本差异，分析差异产生的原因，并采取有效的纠偏措施。

③ 做好月度成本原始资料的收集和整理，正确计算月度成本，分析月度预算成本与实际成本的差异。

④ 在月度成本核算的基础上，实行责任成本核算。

⑤ 经常检查对外经济合同的履约情况，为顺利施工提供物质保证。

⑥ 定期检查各责任部门和责任者的成本控制情况，检查成本控制责、权、利的落实情况（一般为每月一次）。

3）竣工验收阶段的成本控制（事后控制）

① 精心安排，完成工程竣工扫尾工作，把时间缩短到最低限度。

② 重视竣工验收工作，顺利交付使用。

③ 及时办理工程结算。

④ 在工程保修期间，应由项目经理指定保修工作的责任者，并责成保修责任者根据实际情况提出保修计划（包括费用计划），以此作为控制保修费用的依据。

⑤ 掌握成本的实际情况，将实际成本与计划成本进行比较，计算成本差异，明确是节约还是浪费。

⑥ 分析成本节约或超支的原因和责任归属。

2. 施工成本控制的基本内容

工程项目成本控制主要有以下四个方面内容。

（1）材料费的控制

材料费的控制按照"量价分离"的原则，一是材料用量的控制；二是材料价格的控制。

1）材料用量的控制

在保证符合设计规格和质量标准的前提下，合理使用材料和节约使用材料，通过定额管理、计量管理等手段以及施工质量控制，避免返工等，有效控制材料物资的消耗。

2）材料价格的控制

由于材料价格是由买价、运杂费、运输中的合理损耗等所组成，因此控制材料价格，主要是通过市场信息、询价、应用竞争机制和经济合同手段等控制材料、设备、工程用品的采购价格，包括买价、运费和损耗等。

（2）人工费的控制

人工费的控制同样实行"量价分离"的原则。人工用工数通过项目经理与施工劳务承包人的承包合同，按照内部施工预算、钢筋翻样单或模板量计算出定额人工工日，并将安全生产、文明施工及零星用工按定额工日的一定比例（一般为15%～25%）一起发包。

（3）机械费的控制

机械费用主要由台班数量和台班单价两方面决定，主要从以下几个方面控制台班费的有效支出：

1）合理安排施工生产，加强设备租赁计划管理，减少因安排不当引起的设备闲置。

2）加强机械设备的调度工作，尽量避免窝工，提高现场设备利用率。

3）加强现场设备的维修保养，避免因不正当使用造成机械设备的停滞。

4）做好上机人员与辅助生产人员的协调与配合，提高机械台班产量。

（4）管理费的控制

现场施工管理费在项目成本中占有一定比例，项目在使用和开支时弹性较大，控制与核算都较难把握，主要采取以下控制措施：

1）根据现场施工管理费占工程项目计划总成本的比重，确定项目经理部施工管理费总额。

2）在项目经理的领导下，编制项目经理部施工管理费总额预算和各管理部门的施工管理费预算，作为现场施工管理费的控制根据。

3）制定项目管理开支标准和范围，落实各部门和岗位的控制责任。

4）制定并严格执行项目经理部的施工管理费使用的审批、报销程序。

3. 施工成本控制的基本要求

合同文件和成本计划是成本控制的目标，进度报告和工程变更与索赔资料是成本控制过程中的动态资料。

成本控制应满足下列要求：

（1）按照计划成本目标值控制生产要素的采购价格，认真做好材料、设备进场数量和质量的检查、验收与保管。

（2）控制生产要素的利用效率和消耗定额，如任务单管理、限额领料、验工报告审核等。同时要做好不可预见成本风险的分析和预控，包括编制相应的应急措施等。

（3）控制影响效率和消耗量的其他因素所引起的成本增加，如工程变更等。

（4）把施工成本管理责任制度与对项目管理者的激励机制结合起来，以增强管理人员的成本意识和控制能力。

（5）承包人必须健全项目财务管理制度，按规定的权限和程序对项目资金的使用和费用的结算支付进行审核、审批，使其成为施工成本控制的重要手段。

（五）施工过程中的成本控制的步骤和措施

1. 施工过程成本控制的步骤

（1）施工成本控制的依据

① 工程承包合同；

② 施工成本计划；

③ 进度报告；

④ 工程变更。

（2）施工成本控制的步骤

在确定了施工成本计划之后，必须定期进行施工成本计划值与实际值的比较，当实际值偏离计划值时，分析产生偏差的原因，采取适当的纠偏措施，以确保施工成本控制目标的实现。其步骤如下：

1）比较

按照某种确定的方式将施工成本计划值与实际值逐项进行比较，由此得到以下信息：每个分项工程的进度与成本的同步关系；每个分项工程的计划成本与实际成本之比（节约或超支），以及对完成某一时期责任成本的影响；每个分项工程施工进度的提前或拖期对成本的影响程度等，由此发现施工成本是否已超支。

2）分析

在比较的基础上，对比较的结果进行分析，以确定偏差的严重性及偏差产生的原因。

这一步是施工成本控制工作的核心，其主要目的在于找出产生偏差的原因，从而采取有针对性的措施，减少或避免相同原因的再次发生或减少由此造成的损失。

3）预测

通过对成本变化的各个因素进行分析，预测这些因素对工程成本中有关项目（成本项目）的影响程度，按照完成情况估计完成项目所需的总费用。

4）纠偏

当工程项目的实际施工成本出现了偏差，应当根据工程的具体情况、偏差分析和预测的结果，采取适当的措施，以期达到使施工成本偏差尽可能小的目的。纠偏是施工成本控制中最具实质性的一步。只有通过纠偏，才能最终达到有效控制施工成本的目的。

5）检查

指对工程的进展进行跟踪和检查，及时了解工程进展状况以及纠偏措施的执行情况和效果，为今后的工作积累经验。

2. 施工过程成本控制的措施

为了取得施工成本管理的理想效果，必须从多方面采取有效措施实施管理，通常把这些措施归纳为组织措施、技术措施、经济措施、合同措施。

（1）组织措施

组织措施是从施工成本管理的组织方面采取的措施。项目经理部应将成本责任分解落实到各个岗位、落实到专人，对成本进行全过程控制、全员控制、动态控制，形成一个分工明确、责任到人的成本控制责任体系。

组织措施的另一方面是编制施工成本控制工作计划、确定合理详细的工作流程。要做好施工采购规划，通过生产要素的优化配置、合理使用、动态管理，有效控制实际成本；加强施工定额管理和施工任务单管理，控制活劳动和物化劳动的消耗；加强施工调度，避免因施工计划不周和盲目调度造成窝工损失、机械利用率降低、物料积压等而使施工成本增加。成本控制工作只有建立在科学管理的基础之上，具备合理的管理体制、完善的规章制度、稳定的作业秩序、完整准确的信息传递，才能取得成效。组织措施是其他各类措施的前提和保障，而且一般不需要增加额外的费用，运用得当可以收到良好的效果。

（2）技术措施

施工过程中降低成本的技术措施，包括：进行技术经济分析，确定最佳的施工方案；结合施工方法，进行材料使用的比选，在满足功能要求的前提下，通过代用、改变配合比、使用外加剂等方法降低材料消耗的费用；确定最合适的施工机械、设备使用方案；结合项目的施工组织设计及自然地理条件，降低材料的库存成本和运输成本；应用先进的施工技术，运用新材料，使用新开发机械设备等。在实践中，也要避免仅从技术角度选定方案而忽视对其经济效果的分析论证。

（3）经济措施

经济措施是最易为人们所接受和采用的措施。管理人员应编制资金使用计划，确定、分解施工成本管理目标。对施工成本管理目标进行风险分析，并制定防范性对策。对各种支出，应认真做好资金的使用计划，并在施工中严格控制各项开支。及时准确地记录、收集、整理、核算实际发生的成本。对各种变更，及时做好增减账，及时落实业主签证，及时结算工程款。通过偏差分析和未完工工程预测，可发现一些潜在的可能引起未完工程施工成本增加的问题，对这些问题应以主动控制为出发点，及时采取预防措施。由此可见，经济措施的运用绝不仅仅是财务人员的事情。

（4）合同措施

采用合同措施控制施工成本，应贯穿于整个合同周期，包括从合同谈判开始到合同终结的全过程。首先是选用合适的合同结构，对各种合同结构模式进行分析、比较，在合同谈判时，要争取选用适合于工程规模、性质和特点的合同结构模式。其次，在合同的条款中应仔细考虑一切影响成本和效益的因素，特别是潜在的风险因素。通过对引起成本变动的风险因素的识别和分析，采取必要的风险对策，如通过合理的方式，增加承担风险的个体数量，降低损失发生的比例，并最终使这些策略反映在合同的具体条款中。在合同执行过程中，既要密切注视对方合同执行的情况，以寻求合同索赔的机会；同时也应密切关注自己履行合同的情况，以防被对方索赔，造成经济损失。

七、常用施工机械机具的性能

（一）土方工程施工机械的主要技术性能

1. 推土机的性能

推土机是土方工程施工的主要机械之一。推土机操纵灵活，运转方便，所需工作面较小、行驶速度快、易于转移，能爬30°左右的缓坡，因此应用较广。多用于场地清理和平整、开挖深度1.5m以内的基坑，填平沟坑，以及配合铲运机、挖土机工作等。此外，在推土机后面可安装松土装置，破、松硬土和冻土，也可拖挂羊足碾进行土方压料工作。推土机可以推挖一～三类土，运距在100m以内的平土或移挖作填，宜采用推土机，尤其是当运距在30～60m之间最有效，即效率最高。

推土机可以完成铲土、运土和卸土三个工作行程和空载回驶行程。铲土时应根据土质情况，尽量采用最大切土深度在最短距离（6～10m）内完成，以便缩短低速运行时间，然后直接推运到预定地点。回填土和填沟渠时，铲刀不得超出土坡边沿。上下坡坡度不得超过35°，横坡不得超过10°。几台推土机同时作业，前后距离应大于8m。

2. 铲运机的性能

铲运机由牵引机械和土斗组成，按行走方式分自行式和拖式两种，其操纵机构分油压式和索式。拖式铲运机由拖拉机牵引；自行式铲运机的行驶和工作，都靠自身的动力设备，不需要其他机械的牵引和操纵。

铲运机的特点是能综合完成铲土、运土、平土或填土等全部土方施工工序，对行驶道路要求较低；操作灵活、运转方便，生产率高，在土方工程中常应用于大面积场地平整、开挖大基坑、沟槽以及填筑路基、堤坝等工程。适宜于铲运含水量不大于27%的松土和普通土，不适用于在砾石层和冻土地带及沼泽区工作，当铲运三、四类较坚硬的土时，宜用推土机助铲或用松土机配合将土翻松0.2～0.4m，以减少机械磨损，提高生产率。

在工业与民用建筑施工中，常用铲运机的斗容量为1.5～7m³。自行式铲运机的经济运距以800～1500m为宜，拖式铲运机的运距以600m为宜，当运距为200～300m时效率最高。在规划铲运机的开行路线时，应力求符合经济运距的要求。在选定铲运机斗容量之后，其生产率的高低主要取决于机械的开行路线和施工方法。

铲运机的基本作业是铲土、运土、卸土三个工作行程和一个空载回驶行程。在施工中，由于挖填区的分布情况不同，为了提高生产效率，应根据不同施工条件（工程大小、运距长短、土的性质和地形条件等），选择合理的开行路线和施工方法。

3. 挖土机的性能

挖土机种类很多，按其行走装置的不同，分为履带式和轮胎式两类。按其工作装置的不同，分为正铲、反铲、拉铲和抓铲等。按其操纵机械的不同，可分为机械式和液压式两类，如图 7-1 所示。

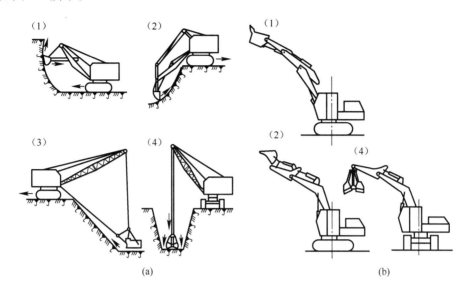

图 7-1　单斗挖土机
（a）机械式；（b）液压式
（1）正铲；（2）反铲；（3）拉铲；（4）抓铲

（1）正铲挖土机

正铲挖土机装车轻便灵活，回转速度快，移位方便；能挖掘坚硬土层，易控制开挖尺寸，工作效率高。

1）作业特点

正铲挖土机作业特点：开挖停机面以上土方；工作面应在 1.5m 以上；开挖高度超过挖土机挖掘高度时，可采取分层开挖；装车外运。

2）适用范围

可开挖停机面以上的一～三类土，它与运土汽车配合能完成整个挖运任务。可用于开挖大型干燥基坑以及土丘等。适用于开挖含水量不大于 27% 的一～四类土和经爆破后的岩石与冻土碎块；大型场地整平土方；工作面狭小且较深的大型管沟和基槽路堑；独立基坑；边坡开挖。

3）开挖方式

正铲挖土机的挖土特点：前进向上，强制切土。根据开挖路线与运输汽车相对位置的不同，一般有以下两种：

① 正向开挖，侧向卸土。正铲向前进方向挖土，汽车位于正铲的侧向装土。用于开挖工作面较大、深度不大的边坡、基坑（槽）、沟渠和路堑等。

② 正向开挖，后方卸土。正铲向前进方向挖土，汽车停在正铲的后面。用于开挖工

作面较小，且较深的基坑（槽）、管沟和路堑等。

（2）反铲挖土机

反铲挖土机操作灵活，挖土、卸土均在地面作业，不用于运输道路。

1）作业特点

反铲挖土机作业特点：开挖地面以下深度不大的土方；最大挖土深度4~6m，经济合理深度为1.5~3m；可装车和两边甩土、堆放；较大较深基坑可用多层接力挖土。

2）适用范围

适用范围：开挖含水量大的一~三类的砂土或黏土；管沟和基槽；独立基坑；边坡开挖。

3）作业方式

反铲挖掘机的挖土特点：后退向下，强制切土。根据挖掘机的开挖路线与运输汽车的相对位置不同，一般有以下几种：

① 沟端开挖法。反铲停于沟端，后退挖土，同时往沟一侧弃土或装汽车运走。适用于一次成沟后退挖土，挖出土方随即运走时采用，或就地取土填筑路基或修筑堤坝等。

② 沟侧开挖法。沟侧开挖法反铲停于沟侧沿沟边开挖，汽车停在机旁装土或往沟一侧卸土。用于横挖土体和需将土方甩到离沟边较远的距离时使用。

③ 多层接力开挖法。多层接力开挖法用两台或多台挖土机设在不同作业高度上同时挖土，边挖土，边将土传递到上层，由地表挖土机连续挖土带装土；上部可用大型反铲，中、下层用大型或小型反铲，进行挖土和装土，均衡连续作业。一般两层挖土可挖深10m，三层可挖深15m左右。适用于开挖土质较好，深10m以上的大型基坑、沟槽和渠道。

（3）拉铲挖土机

拉铲挖土机可挖深坑，挖掘半径及卸载半径大，操纵灵活性较差。

1）作业特点

拉铲挖土机作业特点：开挖停机面以下土方；可装车和甩土；开挖截面误差较大；可将土甩在基坑（槽）两边较远处堆放。

2）适用范围

适用范围：挖掘一~三类土，开挖较深较大的基坑（槽）、管沟；大量外借土方；填筑路基、堤坝；挖掘河床；不排水挖取水中泥土。

3）开挖方式

拉铲挖土机的挖土特点：后退向下，自重切土。拉铲挖土时，吊杆倾斜角度应在45°以上，先挖两侧然后中间，分层进行，保持边坡整齐；距边坡的安全距离应不小于2m。开挖方式有以下两种：

① 沟端开挖法。拉铲停在沟端，倒退着沿沟纵向开挖。适用于就地取土填筑路基及修筑堤坝。

② 沟侧开挖法。拉铲停在沟侧，沿沟横向开挖，沿沟边与沟平行移动，如沟槽较宽，可在沟槽的两侧开挖。适用于开挖土方就地堆放的基坑、基槽以及填筑路堤等工程。

（4）抓铲挖土机

抓铲挖土机钢绳牵拉灵活性较差，工效不高，不能挖掘坚硬土；可以装在简易机械上工作，使用方便。

1）作业特点

抓铲挖土机作业特点：开挖直井或沉井土方；可装车或甩土；排水不良也能开挖；吊杆倾斜角度应在45°以上，距边坡应不小于2m。

2）适用范围

适用范围：土质比较松软，施工面较狭窄的深基坑、基槽；水中挖取土，清理河床；桥基、桩孔挖土；装卸散装材料。

3）作业方式

抓铲挖掘机的挖土特点：直上直下，自重切土。抓铲能抓在回转半径范围内开挖基坑上任何位置的土方，并可在任何高度上卸土（装车或弃土）。

对小型基坑，抓铲立于一侧抓土；对较宽的基坑，则在两侧或四侧抓土。抓铲应离基坑边一定距离，土方可直接装入自卸汽车运走，或堆弃在基坑旁或用推土机推到远处堆放。挖淤泥时，抓斗易被淤泥吸住，应避免用力过猛，以防翻车。抓铲施工，一般均需加配重。

（二）垂直运输机械的主要技术性能

1. 塔式起重机的性能

塔式起重机是起重臂安装在塔身顶部且可做360°回转的起重机。它具有较高的起重高度、工作幅度和起重能力，速度快、生产效率高，且机械运转安全可靠，使用和装拆方便等优点，因此，广泛地用于多层和高层的工业与民用建筑的结构安装。塔式起重机按起重能力可分为轻型塔式起重机，起重量为0.5～3t，一般用于六层以下的民用建筑施工；中型塔式起重机，起重量为3～15t，适用于一般工业建筑与民用建筑施工；重型塔式起重机，起重量为20～40t，一般用于重工业厂房的施工和高炉等设备的吊装。

由于塔式起重机具有提升、回转和水平运输的功能，且生产效率高，在吊运长、大、重的物料时有明显的优势，因此，在有可能的条件下宜优先采用。

塔式起重机的布置应保证其起重高度与起重量满足工程的需求，同时起重臂的工作范围应尽可能地覆盖整个建筑，以使材料运输切实到位。此外，主材料的堆放、搅拌站的出料口等均应尽可能地布置在起重机工作半径之内。

塔式起重机一般分为轨道（行走）式、爬升式、附着式、固定式等几种类型，如图7-2所示。

（1）塔式起重机的工作参数

塔式起重机的主要工作参数包括：回转半径、起重量、起重力矩和起升高度（或称吊钩高度）。

1）回转半径

回转半径即通常所说的工作半径或幅度，是从塔式起重机回转中心线至吊钩中心线的水平距离。在选定塔式起重机时要通过建筑外形尺寸，作图确定回转半径，再考虑塔式起重机起重臂长度、工程对象计划工期、施工速度以及塔式起重机配置台数，然后确定所用塔式起重机。一般说来，体型简单的高层建筑仅需配用一台自升塔式起重机，而体型庞大

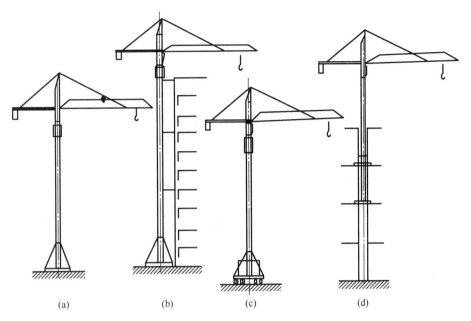

图 7-2　各种类型的塔式起重机

（a）固定式塔式起重机；（b）附着式塔式起重机；（c）行走式塔式起重机；（d）内爬式塔式起重机

复杂、工期紧迫的则需配置两台或多台自升塔式起重机。

2）起重量

起重量是指所起吊的重物重量、铁扁担、吊索和容器重量的总和。起重量参数又分为最大幅度时的额定起重量和最大起重量，前者是指吊钩滑轮位于臂头时的起重量，而后者是吊钩滑轮以多倍率（3绳、4绳、6绳或8绳）工作时的最大额定起重量。对于钢筋混凝土高层及超高层建筑来说，最大幅度时的额定起重量极为关键。若是全装配式大板建筑，最大幅度起重量应以最大外墙板重量为依据。若是现浇钢筋混凝土建筑，则应按最大混凝土料斗容量确定所要求的最大幅度起重量。对于钢结构高层及超高层建筑，塔式起重机的最大起重量乃是关键参数，应以最重构件的重量为准。

3）起重力矩

起重力矩是起重量与相应工作幅度的乘积。对于钢筋混凝土高层和超高层建筑，最大幅度时的起重力矩必须满足施工需要。对于钢结构高层及超高层建筑，最大起重量时的起重力矩必须符合需要。

4）起升高度

起升高度是自钢轨顶面或基础顶面至吊钩中心的垂直距离。塔式起重机进行吊装施工所需要的起升高度，同幅度参数一样，可通过作图和计算加以确定。

（2）塔式起重机选择的影响因素

影响塔式起重机选择的因素：建筑物的体型和平面布置、建筑层数、层高和建筑物总高度、建筑工程实物量、建筑构件、制品、材料设备搬运量、建筑工期、施工节奏、施工流水段的划分以及施工进度的安排、建筑基地及周围施工环境条件、当时当地塔式起重机供应条件及对经济效益的要求。

2. 动臂式塔式起重机

动臂式塔式起重机主要用于钢结构和钢筋混凝土结构吊装。由于塔机覆盖面积大，转动时掠过其他建筑物或道路，伤及无辜的概率大大增加，使得有固定臂长的小车变幅塔机受到了很大的限制。与小车变幅塔机不同，动臂塔式起重机主要通过调整臂架的倾角来变化幅度，从而控制吊装重量，在施工作业时吊臂可以不超出建筑工地围栏，也可以避免多台塔机作业的干扰。

（1）动臂式塔式起重机的安装形式及安全装置

1）混凝土承台式，即浇灌底板混凝土前，将基础预埋件进行定位并固定，与底板混凝土一起浇筑。

2）钢结构支撑式，即在塔楼核心筒一定楼层内侧或外侧安装 3 套钢结构支撑系统作为塔式起重机的钢支撑基础。

3）动臂塔式起重机的安全装置。除了安装力矩限制器、起重量限制器、幅度限位器、起升高度限位器、回转限位器、电子式角度显示器、风速仪、障碍灯等常规起重机的装置外，还应安装防臂架反弹后倾装置、机械式角度显示器等特殊装置。

（2）动臂塔式起重机的爬升体系组成

共有 3 道爬升系统：第一道是整个塔式起重机主要承力基座；第二道是对塔身固定作用及爬升时的受力点；第三道是供爬升时交替使用。它的爬升原理主要是通过自带的液压爬升装置与安装在上下爬升框架之间的爬升梯两者之间的相对运动来实现。在爬升过程中，塔式起重机的重量通过爬升节上的液压油缸伸缩，使爬爪的力由爬升梯、C 形梁、支撑梁逐步传递至构筑物。

（3）施工特点及适用范围

动臂式塔式起重机具有大起重量、大起升高度、大起升速度、起重臂起伏角度大、占地空间小、安装幅度范围大等优点；租赁费用高、安拆难度大、爬升难度高等缺点。主要适用于城市市区或者高层建筑工地。

3. 建筑施工电梯的性能

建筑施工电梯是人货两用梯，也是高层建筑施工设备中唯一可以运送人员上下的垂直运输设备，它对提高高层建筑施工效率起着关键作用。

建筑施工电梯的吊笼装在塔架的外侧。按其驱动方式建筑施工电梯可分为齿轮齿条驱动式和绳轮驱动式两种。齿轮齿条驱动式电梯是利用安装在吊箱（笼）上的齿轮与安装在塔架立杆上的齿条相咬合，当电动机经过变速机构带动齿轮转动吊箱（笼）即沿塔架升降。齿轮齿条驱动式电梯按吊箱（笼）数量可分为单吊箱式和双吊箱式，该电梯装有高性能的限速装置，具有安全可靠、能自升接高的特点，作为货梯可载重 10kN，亦可乘 12～15 人，其高度随着主体结构施工而接高可达 100～150m 以上，适用于建造 25 层特别是 30 层以上的高层建筑，如图 7-3 所示。绳轮驱动式电梯是利用卷扬机、滑轮组，通过钢丝绳悬吊吊箱升降，该电梯为单吊箱，具有安全可靠、构造简单、结构轻巧、造价低的特点，适用于建造 20 层以下的高层建筑使用。

安全保障是在垂直运输设施的使用过程中的首要问题，必须引起高度重视。所有垂直运输设备都要严格按照有关规定操作使用。

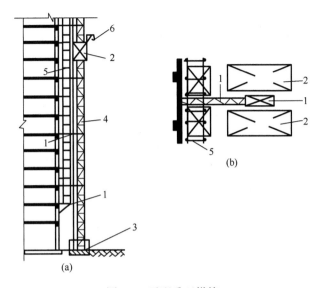

图 7-3　无配重双梯笼

（a）立面图；（b）平面图

1—附着装置；2—梯笼；3—缓冲机构；4—塔架；5—脚手架；6—小吊杆

4. 常用自行式起重机的性能

常用自行式起重机有履带起重机、汽车起重机与轮胎起重机等。

（1）履带起重机

1）履带起重机的构造和特点

履带起重机主要由行走装置、回转机构、机身及起重臂等部分组成，如图 7-4 所示。

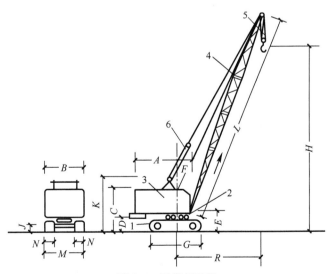

图 7-4　履带起重机

1—机身；2—履带；3—回转机构；4—起重臂；5—起重滑轮组；6—变幅滑轮组

A、B—外形尺寸；L—起重臂长度；H—起升高度；R—工作幅度

　　履带起重机的特点是操纵灵活，本身能回转360°，在平坦坚实的地面上能负荷行驶。由于履带的作用，可在松软、泥泞的地面上作业，且可以在崎岖不平的场地行驶。履带起重机的缺点是稳定性差，行驶速度慢且履带易损坏路面，在城市中和长距离转移时，需要拖车进行运输。

　　2）履带起重机的技术性能

　　履带起重机主要技术性能参数包括：起重量、起重半径、起重高度。其中，起重量指起重机安全工作所允许的最大起重重物的质量；起重半径指起重机回转轴线至吊钩中垂线的水平距离；起重高度指起重吊钩中心至停机面的垂直距离。

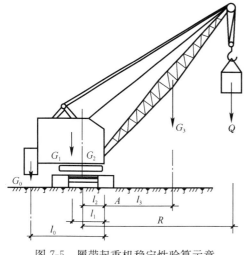

图 7-5　履带起重机稳定性验算示意

　　3）履带式起重机稳定性验算

　　起重机稳定性是指整个机身在起重作业时的稳定程度。起重机在正常条件下工作，一般可以保持机身的稳定，但在超负荷吊装或需要接长起重臂时，须进行稳定性验算，以保证在吊装作业中不发生倾覆事故。

　　履带起重机的稳定性应以起重机处于最不利工作状态即机身与行驶方向垂直的位置进行验算，如图 7-5 所示。此时，应以履带中心 A 为倾覆中心验算起重机稳定性。当不考虑附加荷载（风荷、刹车惯性力和回转离心力等）时，起重机的稳定条件应满足下式要求：

$$稳定性安全系数 K = \frac{稳定力矩}{倾覆力矩} \geqslant 1.40 \tag{7-1}$$

考虑附加荷载时 $K \geqslant 1.15$。为简化计算，验算起重机稳定性时，一般不考虑附加荷载，图 7-2 中，对 A 点取力矩可得：

$$K = \frac{G_1 l_1 + G_2 l_2 + G_0 l_0 - G_3 l_3}{Q(R - l_2)} \geqslant 1.40 \tag{7-2}$$

式中　　　G_0——起重机平衡重；

　　　　　G_1——起重机可转动部分的重量；

　　　　　G_2——起重机机身不转动部分的重量；

　　　　　G_3——起重臂重量，约为起重机重量的 $4\% \sim 7\%$；

l_0、l_1、l_2、l_3——以上各部分的重心至倾覆中心的距离；

　　　　　Q——吊装荷载；

　　　　　R——起重半径。

　　验算时，如不满足应采取增加配重等措施。需增加的重量 G_0'，可按下式计算：

$$G_0' = \frac{1.40 \times 倾覆力矩 - 稳定力矩}{l_0} \tag{7-3}$$

（2）汽车起重机

汽车起重机是把起重机构安装在普通载重汽车或专用汽车底盘上的一种自行杆式起重机。汽车起重机的优点是行驶速度快，转移迅速，对地面破坏小。因此，汽车起重机特别适用于流动性大，经常变换地点的作业。其缺点是不能负荷行驶，行驶时的转弯半径大，安装作业时稳定性差，为增加其稳定性，设有可伸缩的支腿，起重时支腿落地。

目前常用的汽车起重机多为液压伸缩臂汽车起重机，液压伸缩臂一般有 2～4 节，最下（最外）一节为基本臂，吊臂内装有液压伸缩机构控制其伸缩。

（3）轮胎起重机

轮胎起重机（图 7-6）是把起重机构安装在加重型轮胎和轮轴组成的特制底盘上的一种全回转式起重

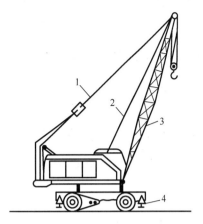

图 7-6　轮胎起重机
1—变幅索；2—起重索；3—起重臂；
4—支腿

机，其上部构造与履带起重机基本相同。为了保证安装作业时机身的稳定性，起重机设有四个可伸缩的支腿。在平坦的地面上不用支腿就可进行小起重量作业及吊物低速行驶作业。

与汽车起重机相比，轮胎起重机的优点有：轮距较宽、稳定性好、车身短、转弯半径小、可在 360°范围内工作。但其行驶时对路面要求较高，行驶速度较汽车起重机慢；不适于在松软泥泞的地面上工作。

（三）混凝土工程施工机具的主要技术性能

1. 钢筋加工机械

（1）钢筋调直机和钢管调直除锈喷漆一体机

1）钢筋调直机。钢筋调直机分为全自动钢筋调直机和半自动钢筋调直机。全自动钢筋调直机是电能通过电机转化为动能控制切刀切口，来达到剪切钢筋效果。半自动钢筋调直机是人工控制切口，进行剪切钢筋操作。应用比较多的是液压钢筋调直机，分为充电式和便携式两大类。

钢筋调直机的特点是：采用微电脑控制，自动调直，自动切断；简便操作，简单使用；占地小，拆装方便；电脑储存记忆，高效便捷；运行平稳，故障率低，维修方便；机身全面铁壳保护，使用安全；切断无误，无噪声。

钢筋调直机的适用范围：调直径 4～14mm 的盘圆钢筋与直径 4～12mm 的螺纹钢筋，适用于各种建筑工地与钢筋加工。

2）钢管调直除锈喷漆一体机，是拥有调直、除锈、去灰、涂漆等多功能于一身的建筑机械设备。该机械采用立体三角定位，双减速机，双电机，双动力，六轮滚双曲线压技术，导入平稳可靠。超大双曲线滚轮直径 130mm 六轮旋转交错滚压自拉调直系统，高效节能，有效延长钢管的使用寿命。

钢管调直除锈喷漆一体机的适用范围：调直径 48mm 的钢管，也可根据需要定做特殊型号，调直径 30～51mm 均可。该机械性能优越，设计参数先进，机械结构合理，维修方便，适用于建筑施工、路桥工程等。

（2）钢筋焊接网生产线

钢筋焊接网加工是将具有相同或不同直径的纵向和横向钢筋分别以一定间距垂直排列，全部交叉点均用电阻点焊焊在一起的钢筋网。钢筋焊接网分为定型、定制和开口三种。

钢筋焊接网生产主要采用钢筋焊接网生产线，并采用计算机自动控制的多头焊网机焊接成型，焊接前后钢筋的力学性能几乎没有变化，其优点是钢筋网成型速度快、网片质量稳定、横纵向钢筋间距均匀、交叉点处连接牢固。

钢筋焊接网生产线是将盘条或直条钢筋，通过电阻焊方式自动焊接成型为钢筋焊接网的设备，按上料方式主要分为盘条上料、直条上料、混合上料（纵筋盘条上料、横筋直条上料）三种生产线；按横筋落料方式分为人工落料和自动化落料生产线；按焊接网片制品分类，主要分为标准网焊接生产线和柔性网焊接生产线，柔性网焊接生产线不仅可以生产标准网，还可以生产带门窗孔洞的定制网片。

钢筋焊接网生产线主要采用 CRB550、CRB600H 级冷轧带肋钢筋和 HRB400、HRB500 级热轧钢筋制作焊接网。

钢筋焊接网生产线主要适用于建筑、公路、防护、隔离等网片生产，还可以用于预制混凝土构件厂内墙、外墙、叠合板等网片的生产。

2. 钢筋加工机械的性能

（1）钢筋冷拉机

常用的钢筋冷拉机有卷扬机式冷拉机、阻力轮冷拉机和液压冷拉机等。其中卷扬机式冷拉机具有适应性强、设备简单、成本低、制造维修容易等特点。下面以卷扬机式钢筋冷拉机为例，介绍其构造组成、性能参数。

如图 7-7 所示，卷扬机式钢筋冷拉机主要由电动卷扬机、钢筋滑轮组（定滑轮组、动滑轮组）、地锚、导向滑轮、夹具（前夹具、后夹具）和测力器等组成。主机采用慢速卷扬机，冷拉粗钢筋时选用 JJM-5 型；冷拉细钢筋时选用 JJM-3 型。为提高卷扬机的牵引力，降低冷拉速度，以适应冷拉作业需要，常配装多轮滑轮组，如 JJM-5 型卷扬机配装六轮滑轮组后，其牵引力由 50kN 提高到 600kN，绳速由 9.2m/min 降低到 0.76m/min。卷扬机式钢筋冷拉机技术性能见表 7-1。

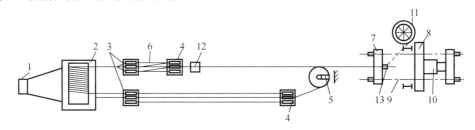

图 7-7　卷扬机式钢筋冷拉机

1—地锚；2—电动卷扬机；3—定滑轮组；4—动滑轮组；5—导向滑轮；6—钢丝绳；7—活动横梁；
8—固定横梁；9—传力杆；10—测力器；11—放盘架；12—前夹具；13—后夹具

卷扬机式钢筋冷拉机技术性能

表 7-1

项　目	粗钢筋冷拉	细钢筋冷拉
卷扬机型号规格	JJM-5（5t 慢速）	JJM-3（3t 慢速）
滑轮直径及门数	由计算确定	由计算确定
钢丝绳直径（mm）	24	15.5
卷扬机速度（m·min⁻¹）	小于 10	小于 10
测力器形式	千斤顶式测力器	千斤顶式测力器
冷拉钢筋直径（mm）	12～36	6～12

（2）钢筋弯曲机

钢筋弯曲机是将调直、切断后的钢筋弯曲成所要求的尺寸和形状的专用设备。在建筑工地广泛使用的台式钢筋弯曲机按传动方式可分为机械式和液压式两类。其中，机械式钢筋弯曲机又分为蜗轮蜗杆式、齿轮式等形式。以下主要介绍在建筑工地使用较为广泛的蜗轮蜗杆式钢筋弯曲机，其技术性能见表 7-2。

蜗轮蜗杆式钢筋弯曲机技术性能

表 7-2

类　别		弯曲机		
型　号		GW32A	GW40A	GW50A
弯曲钢筋直径（mm）		6～32	6～40	6～50
工作盘直径（mm）		360	360	360
工作盘转速（r·min⁻¹）		10/20	3.7/14	6
电动机	型号	YEJ100L-40	Y100L₂-4	Y112LM-4
	功率（kW）	2.2	3	4
	转速（r·min⁻¹）	1420	1430	1440
外形尺寸	长（mm）	875	774	1075
	宽（mm）	615	898	930
	高（mm）	945	728	890
总质量（kg）		340	442	740

3. 混凝土搅拌和运输机具的性能

（1）混凝土搅拌机

混凝土搅拌机按其搅拌原理分为自落式搅拌机和强制式搅拌机两类。

自落式搅拌机（图 7-8、图 7-7）搅拌筒内壁装有叶片，搅拌筒旋转，叶片将物料提升一定高度后自由下落，各物料颗粒分散拌合均匀，是重力拌合原理，宜用于搅拌塑性混凝土。双锥反转出料式搅拌机和双锥倾翻出料式搅拌机还可用于搅拌低流动性混凝土。

强制式搅拌机（图 7-9）分立轴式和卧轴式两类。强制式搅拌机是在轴上装有叶片，通过叶片强制搅拌装在搅拌筒中的物料，使物料沿环向、径向和竖向运动，拌合成均匀的混合物，是剪切拌合原理。强制式搅拌机拌合强烈，多用于搅拌干硬性混凝土、低流动性混凝土和轻骨料混凝土。立轴式强制搅拌机是通过底部的卸料口卸料，卸料迅速，但因其卸料口密封不好，水泥浆易漏掉，所以不宜用于搅拌流动性大的混凝土。

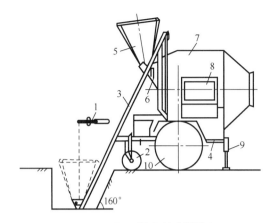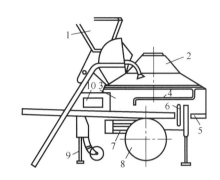

图 7-8　双锥反转出料式搅拌机　　　　图 7-9　强制式搅拌机

1—牵引架；2—前支轮；3—上料架；4—底盘；　　1—进料斗；2—拌筒罩；3—搅拌筒；4—水表；
5—料斗；6—中间料斗；7—锥形搅拌筒；8—电　　5—出料口；6—操纵手柄；7—传动机构；8—行
器箱；9—支腿；10—行走轮　　　　　　　走轮；9—支腿；10—电器工具箱

混凝土搅拌机以其出料容量（m^3）×1000 标定规格。常用的为 150L、250L、350L 等数种。选择搅拌机型号，要根据工程量大小、混凝土的坍落度和骨料尺寸等确定。既要满足技术上的要求，亦要考虑经济效果和节约能源。

（2）混凝土运输工具

运输混凝土的工具要不吸水、不漏浆、方便快捷。混凝土运输分为地面运输、垂直运输和楼面运输三种情况。

混凝土地面运输工具有双轮手推车、机动翻斗车、混凝土搅拌运输车和自卸汽车。预拌（商品）混凝土采用混凝土搅拌运输车和自卸汽车。

混凝土搅拌运输车（图 7-10）是运输混凝土的有效工具，它有一搅拌筒斜放在汽车底盘上，在预拌混凝土搅拌站装入混凝土后，在运输过程中搅拌筒可进行慢速转动进行拌合，以防止混凝土离析，运至浇筑地点，搅拌筒反转即可迅速卸出混凝土。搅拌筒的容量可分 $2\sim10m^3$ 不等，搅拌筒的结构形状和其轴线与水平的夹角、螺旋叶片的形状和它与铅垂线的夹角，都直接影响混凝土搅拌运输质量和卸料速度。搅拌筒可用单独发动机驱动，亦可用汽车的发动机驱动，以液压传动为佳。

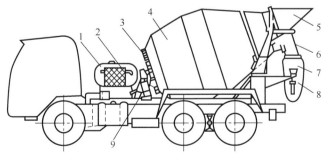

图 7-10　混凝土搅拌运输车

1—水箱；2—外加剂箱；3—大链条齿轮；4—搅拌筒；5—进料口；6—固定卸料溜槽；
7—活动卸料溜槽；8—活动卸料调节机构；9—传动系统

混凝土泵是一种有效的混凝土运输和浇筑工具，可以一次完成水平及垂直运输，将混凝土直接输送到浇筑地点。

液压活塞式混凝土泵（图 7-11）多用液压驱动，它主要由料斗、液压缸和活塞、混凝土缸、分配阀、Y 形输送管、冲洗设备、液压系统和动力系统等组成。不同型号的混凝土泵，其排量不同，水平运距和垂直运距亦不同，一般混凝土排量为 30～90m³/h，水平运距为 200～900m，垂直运距为 50～400m。

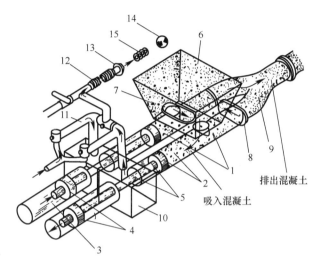

图 7-11　液压活塞式混凝土泵

1—混凝土缸；2—推压混凝土活塞；3—液压缸；4—液压活塞；5—活塞杆；6—料斗；7—控制吸入的水平分配阀；8—控制排出的竖向分配阀；9—Y 形输送管；10—水箱；11—水洗装置换向阀；12—水洗用高压软管；13—水洗用法兰；14—海绵球；15—清洗活塞

常用的混凝土输送管为钢管，也有橡胶管和塑料软管。输送管直径为 75～200mm，每段长约 3m，还配有 45°、90° 等弯管和锥形管，弯管、锥形管和软管的流动阻力大，计算输送距离时要换算成水平长度。垂直输送时，在立管的底部要增设逆流阀，以防止停泵时立管中的混凝土反压回流。

混凝土泵宜与混凝土搅拌运输车配套使用，且应使混凝土搅拌站的供应能力和混凝土搅拌运输车的运输能力大于混凝土泵的泵送能力，以保证混凝土泵能连续工作，保证不堵塞。

（3）混凝土振动机

混凝土振动机按其工作方式分为：内部振动器、外部振动器、表面振动器和振动台（图 7-12）。

1）内部振动器，又称插入式振动器，其工作部分是一棒状空心圆柱体，内部装有偏心振子，在电动机带动下高速转动而产生高频微幅的振动。内部振动器多用于振实梁、柱、墙、厚板和大体积混凝土等厚大结构。

用插入式振动器振动混凝土时，应垂直插入，并插入下层混凝土 50mm，以促使上下层混凝土结合成整体。每一振点的振捣延续时间，应使混凝土捣实（即表面不再呈现浮浆和不再沉落为止）。采用插入式振动器捣实普通混凝土的移动间距不宜大于作用半径的

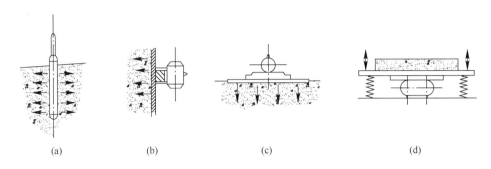

图 7-12　振动机械示意

(a) 内部振动器；(b) 外部振动器；(c) 表面振动器；(d) 振动台

1.5 倍。捣实轻骨料混凝土的间距不宜大于作用半径的 1 倍；振动器与模板的距离不应大于振动器作用半径的 1/2，并应尽量避免碰撞钢筋、模板、预埋件等。

2）表面振动器，又称平板振动器，它由带偏心块的电动机和平板（木板或钢板）等组成。在混凝土表面进行振捣，适用于楼板、地面等薄型构件。

表面振动器在无筋或单层钢筋结构中，每次振实的厚度不大于 250mm；在双层钢筋的结构中，每次振实厚度不大于 120mm。表面振动器的移动跳高，应保证振动器的平板覆盖已振实部分的边缘，以振实部分的混凝土振实出浆为准。也可进行两遍振实，第一遍和第二遍的方向要互相垂直，第一遍主要使混凝土密实，第二遍则使表面平整。

3）外部振动器，又称附着式振动器，它通过螺栓或夹钳等固定在模板外部，是通过模板将振动传给混凝土拌合物，因而模板应有足够的刚度。它适用于振捣断面小且钢筋密的构件。对于小截面直立构件，插入式振动器的振动棒很难插入，可使用附着式振动器，附着式振动器的设置间距，应通过试验确定，在一般情况下，可每隔 1～1.5m 设置一个。

（四）智慧工地管理系统

传统施工管理方式主要依赖人工现场的巡查。管理方式粗放，人力成本投入高，效率低；质量安全管理不到位，安全问题无法预警，污染问题无法定量监测。

智慧工地就是建筑行业管理结合互联网的一种新的管理系统，通过在施工作业现场安装各类传感、监控装置，结合 IOT 物联网、人工智能、云计算及大数据等技术，对施工现场的人、机、料、法、环等资源进行集中管理，构建智能监控和项目管理体系。

1. 智慧工地管理系统

智慧工地管理系统前端通过现场智能感知设备采集安全、进度、环境等相关信息，平台根据提前录入的项目管理组织架构、流程，自动派单流转，减少人工干预，提供工地数字化、可视化、远程智能化的管理工具，为管理方提供辅助决策的依据。

2. 智慧工地子系统

（1）智慧工地人员管理

1）劳务实名子系统。以信息化为手段，解决传统管理模式下的劳务人员合同备案混乱、工资发放数额不清等难题。从员工进场到退场，考勤到发薪，打造劳务管理闭环，并应用指纹、人脸等识别设备，智能化管理劳工进出场，降低劳务管理成本。

2）热成像体温检测子系统

传统测温：有病毒感染风险，需接触人体或者离人体很近，手动操作，而且需要大量人力、物力，效率低。

热成像测温：非接触式，响应快；实时测温，自动筛查预警；测量精度高，环境适应性高；易安装、易维护。

3）人员定位子系统。劳务人员通过佩戴带有芯片的安全帽，实现现场施工人员的定位，管理者可以更加高效的查看人员所处的位置和分布，目前能设备现场声光报警，联动短信预警，对人员进入危险区域提前预警提示。

（2）智慧工地设备管理

1）塔式起重机监控子系统。通过监控平台进行管控，实现塔式起重机作业数据的在线监控，应用于塔式起重机防超载、特种作业人员管理、塔式起重机群塔作业时的防碰撞等方面，降低安全生产事故发生，最大限度杜绝人员伤亡。

2）施工升降机监控子系统。基于传感器技术、嵌入式技术、数据采集技术、生物识别技术等，重点针对施工升降机非法人员操控、维保不及时和安全装置易失效等安全隐患进行防控，有效防范和减少升降机安全事故的发生。

3）卸料平台监控子系统。基于物联网、大数据云服务等技术，实现了对施工现场卸料的超载超限问题的实时监控，当出现过载时发出报警，提醒操作人员规范操作，防止危险事故发生，为用户提供更为安全的施工环境。

4）配电箱监控子系统。通过安装智能锁杜绝非特种作业人员随意开启电箱，引起危险事故发生，并实时监测电线温度、电气线路表面温度、电气线路剩余电流强度等数值，实现施工现场与监管方有效联动，达到工程周期中的监测数据可追溯，可前期预防，及时预警。

（3）智慧工地车辆管理

1）车辆道闸监控子系统。通过在工地车辆出入口架设车辆采集设备，抓拍进出车辆的车牌，并记录出入时间，使得车辆车牌可识别、可追溯。整个过程无需人工干预，具备数据防篡改功能，便于现场的安全管理。

2）地磅检测子系统。利用自动计量、传感等技术，使整个称重过程达到数据自动采集、自动判别、自动指挥、自动处理、自动控制，最大限度地降低人工操作所带来的弊端和工作强度，提高了系统的信息化、自动化程度。

（4）智慧工地视频管理

1）视频监控子系统。全过程、多方位地对施工进展实施监控，对于作业人员起到一定的约束作用，对人的不安全行为能有效取证，对工地的防盗、防危提供智能化保障；同时，建设单位管理人员可以随时远程对工地进度监控，提升了管理效能，节约成本。

2）视频会议子系统。运用远程视频会议系统，减少内部培训、交流、会议等时间成本，能加快信息传递速度，缩短决策周期和执行周期，优化施工现场的沟通模式。

（5）智慧工地危大工程

1）高支模监测子系统。通过安装在模板支架顶部的传感器，实时监测模板支架的钢管承受的压力、架体的竖向位移和倾斜度等数据，系统将对监测数据进行计算、分析，并及时将支模架的危险状态通过声光报警提示作业人员。

2）基坑监测子系统。通过土压力盒、锚杆应力计、孔隙水压计等智能传感设备，实时监测在基坑开挖阶段、支护施工阶段、地下建筑施工阶段及竣工后周边相邻建筑物、附属设施的稳定情况。

3）边坡监测子系统。通过 TDR、渗压计、固定式测斜仪、雨量计等传感设备，有效掌握边坡岩石移动状况，对边坡稳定状态及时预报，确保作业的人、机、物安全，确保基坑周边建（构）筑物安全。

4）VR 安全教育子系统。利用前沿成熟的 VR 和 AR 技术，充分考量工程施工中各个阶段的安全隐患，以纯三维动态的形式逼真模拟出"安全事故场景"，使得施工人员感受到安全教育的沉浸体验，提升安全意识，预防安全事故。

（6）智慧工地绿色施工

1）环境监测（TSP）子系统。对 PM2.5、PM10、噪声、风速、风向、空气温湿度等数据进行实时采集、监控，一旦出现数值超标，可实现远程控制自动喷淋、雾炮除尘，有效控制环境污染，起到预防环境恶化的作用。

2）喷淋灭尘子系统。有效与扬尘监测子系统形成联动，一旦阈值超标可实现自动喷淋；同时，在绿化区域内布置湿度传感器，感应绿化地的干湿度，达到启动阀值后自动启动喷淋系统为绿化地洒水，传感器的干湿度达到关闭阀值后自动关闭系统，节约工地用水。

（7）智慧工地其他管理系统

1）智能广播子系统。运用于办公区、生活区、施工现场等，管理者通过远程安全教育、通知广播、紧急疏散等操作，有效提升现场管理效能，并且该系统可以与部分子系统进行联动，一旦遇到紧急情况将自动触发广播，实现真正的智能。

2）水电监测子系统。通过对工地现场水表、电表计量数据实时上传，方便施工企业对工程能源消耗的监控，优化现场用水、用电管理，减少水电资源的浪费，节约成本。

下篇 专业技能

八、编制施工组织设计和专项施工方案

(一) 专业技能概述

单位工程施工组织设计是以单位工程为主要对象编制的施工组织设计，对单位工程施工过程起指导和制约作用。

专项施工方案是以分部（分项）工程或专项工程为主要对象编制的施工技术与组织方案，用以具体指导施工过程。

1. 编制内容

根据工程的结构特点、施工条件、技术复杂程度等，施工组织设计和专项施工方案的内容可粗可细，其比较完整的内容应包括：

（1）封面：一般应包含工程名称、施工组织设计或专项施工方案字样、编制单位、编制时间、编制人、审批人等，还可以在封面上打上企业标识。

（2）目录：可以让使用者了解施工组织设计或专项施工方案的各组成部分，快速而方便地找到所需要的内容。

（3）编制依据：主要有工程合同，施工图纸，技术图集，所需要的标准、规范、规程等。一般应表格化。

（4）工程概况：简述工程概况和施工特点，内容一般应包括：工程名称，工程地址，建设单位，设计单位，监理单位，质量监督单位，施工总包方、主要分包方等的基本情况；合同的性质、合同的范围、合同的工期；工程的难点与特点、建筑专业设计概况、结构专业设计概况、其他专业设计概况等；建设地点的地质、水质、气温、风力等；施工技术和管理水平，水、电、道路、场地及四周环境，材料、构件、机械和运输工具的情况等。

（5）施工方案：从时间、空间、工艺、资源等方面确定施工顺序、施工方法、施工机械和技术组织措施等内容。

（6）施工进度计划：计算各分项工程的工程量、劳动量和机械台班量，从而计算工作的持续时间、班组人数，编制施工进度计划。

（7）施工准备工作及各项资源需要量计划：编制施工准备工作计划和劳动力、主要材料、施工机具、构件及半成品的需要量计划等。

（8）施工现场平面图：确定起重运输机械的布置，搅拌站、仓库、材料和构件堆场、加工场的位置，现场运输道路的布置，行政与生活临时设施及临时水电管网的布置等内容。

（9）主要技术经济指标：主要包括工期指标，质量和文明安全指标，实物量消耗指标，成本指标和投资额指标等。

对于一般常见的建筑结构类型或规模不大的工程，其施工组织设计可以编制得简单一些，其内容一般以施工方案、施工进度计划、施工平面图为主，辅以简要的文字说明即可。

2. 编制步骤

施工组织设计和专项施工方案的编制步骤：

（1）熟悉施工图纸，到施工现场实地勘察，了解现场周围环境，搜集施工有关资料，对工程施工内容做到心中有数。

（2）根据设计图纸计算工程量，分段并且分层进行计算，对流水施工的主要工程项目计算到分项工程或工序。

（3）拟定工程项目的施工方案，确定所采取的技术措施，并进行技术经济比较，从而选择出最优的施工方案。

（4）分析并确定施工方案中拟采用的新技术、新材料和新工艺的措施及方法。

（5）编制施工进度计划，进行多方案比较，选择最优的进度计划。

（6）根据施工进度计划和实际施工条件编制：

1）劳动力需求量计划。

2）施工机械、机具及设备需求量计划。

3）主要材料、构件、成品、半成品等的需求量计划及采购计划。

（7）计算行政办公、生活和生产等临时设施的面积。例如材料仓库、堆场、现场办公室、各种加工场等的面积。

（8）对施工临时用水、供电分别进行规划，以便满足施工现场用水及用电的需要。

（9）绘制施工现场平面图，进行多方案比较，选择最优的施工现场平面设计方案。根据工程的具体特点分别绘制出基础工程、主体工程和装饰工程的施工现场平面图。

（10）制定工程施工应采取的技术组织措施，包括保证工期、工程质量、降低工程成本、施工安全和防火、文明施工、环境保护、季节性施工等技术组织措施。

3. 编制技巧

（1）熟悉施工图纸，对施工现场进行考察，做到心中有数，有的放矢，为确定施工方案提供依据。

（2）确定流水施工的主要施工过程，把握工程施工的关键工序，根据设计图纸分段分层计算工程量，为施工进度计划的编制打下基础。

（3）根据工程量确定主要施工过程的劳动力、机械台班需求计划，从而确定各施工过程的持续时间，编制施工进度计划，并调整优化。

（4）根据施工定额编制资源配置计划。

（5）根据资源配置计划及施工现场情况，设计并绘制施工现场平面图。

（6）制定相应的技术组织措施。

（7）施工组织设计和专项施工方案的编制均应做到技术先进、经济合理、留有余地。

4. 专业技能要求

通过学习和训练，能够编制小型建筑工程单位工程施工组织设计；能够编制分部（分项）工程施工方案；能够编制基坑支护与降水工程、土方开挖工程专项施工方案；能够编制模板工程、脚手架工程专项施工方案；能够编制起重吊装工程专项施工方案。

（二）工程案例分析

1. 编制小型建筑工程单位工程施工组织设计

【案例 8-1】

背景：

某大学综合楼项目，采用框架结构体系，地上 12 层，地下两层，总建筑面积 $11000m^2$。

问题：

（1）编制该工程施工组织设计的完整内容包括哪些？主要技术经济指标有哪些？

（2）施工管理目标是什么？其社会行为目标包括哪些内容？

（3）"五牌""二图"指的是什么？

分析与解答：

（1）施工组织设计的内容可粗可细，其比较完整的内容包括封面、目录、编制依据、工程概况、施工方案、施工进度计划、施工准备工作、施工现场平面图、主要技术经济指标。主要技术经济指标包括：工期指标、质量和文明安全指标、实物量消耗指标、成本指标和投资额指标等。

（2）施工管理目标是单位工程施工部署的重要内容，包括质量目标；工期目标；安全生产文明施工目标；社会行为目标。社会行为目标包括：无治安案例发生；无盗窃案件发生；无火灾；火警事故发生；无扰民事件发生等。

（3）施工现场入口处的醒目位置，应公示"五牌""二图"。"五牌"是建设项目概况牌，安全纪律牌，防火须知牌，安全无重大事故牌，安全生产、文明施工牌。"二图"是施工总平面图、项目经理部组织架构及主要管理人员名单图。

【案例 8-2】

背景：

某市某高层建筑，位于某街道交叉路口转弯处。工程设计为剪力墙结构，抗震设防烈度 7 度，采用加气混凝土砌块。现场严格按照企业制定的施工现场 CI 体系方案布置。根据场地条件、周围环境和施工进度计划，本工程采用商品混凝土，加工厂、堆放材料的临时仓库以及水、电、动力管线和交通运输道路等各类临时设施均已布置完毕。

问题：

（1）施工现场管理的总体要求是什么？

（2）单位工程施工平面图设计的步骤是什么？

（3）本工程施工现场临时仓库和堆场如何布置？

分析与解答：

（1）施工现场管理总体要求

1）文明施工、安全有序、整洁卫生、不扰民、不损害公众利益。

2）现场入口处的醒目位置，公示"五牌""二图"（建设项目概况牌、安全纪律牌、防火须知牌、安全无重大事故牌、安全生产、文明施工牌；施工总平面图、项目经理部组织架构及主要管理人员名单图）。

3）项目经理部应经常巡视检查施工现场，认真听取各方意见和反映，及时抓好整改。

（2）单位工程施工平面图设计的步骤

1）确定起重机的位置。

2）确定搅拌站、仓库、材料和构件堆场、加工厂的位置。

3）确定运输道路的布置。

4）布置行政、文化、生活、福利用地等临时设施。

5）布置水电管线。

（3）本工程施工现场临时仓库和堆场的布置

1）临时仓库的布置：临时仓库的布置要在满足施工需要的前提下，使材料储备量最小、储备期最短、运距最短、装卸和转运费最省。

2）材料堆场要考虑靠近加工地点，又要靠近施工区域和使用地点。材料等各种堆场必须平整、坚实，有良好的排水措施。

2. 编制分部（分项）工程施工方案

【案例 8-3】

背景：

某公租房项目，采用装配整体式剪力墙结构体系的高层住宅小区，该住宅小区共 6 栋住宅楼，均为地下两层，地上 20 层，地下连体车库。总建筑面积约为 94000m²。

住宅楼 2 层以下结构采用现浇剪力墙结构，3 层及以上采用装配整体式混凝土剪力墙结构，构件之间的节点采用现场二次浇筑的方法。楼面采用 PK 预应力混凝土叠合板，外墙采用预制夹心保温墙板（三明治墙板），室内承重内墙为预制剪力墙板、内隔墙为整体轻质墙板、楼梯为预制楼梯。预制构件在工厂生产，用大型平板拖车运输至某项目工地，装配式施工计划周期为 160 天。

问题：

（1）该工程施工特点如何分析？

（2）以一层楼的施工为例说明吊装方案。

（3）简述吊装施工质量、安全和工期保证措施。

分析与解答：

（1）工程施工特点分析

装配式住宅结构的主要水平受力构件（楼板、阳台、空调板、楼梯等）、部分垂直受力构件（外墙、内墙）采用工厂工业化生产的方法，运至现场后经过装配式施工形成整体，其中垂直受力构件通过现浇节点进行连接，预制结构深化设计与现场施工方法相辅相成，满足预制构件安装及专业施工的可操作性。

本工程以预制构件安装为主，吊装作业工期短；干作业施工为主，湿作业量少；仅楼面叠合层与后浇混凝土部位采用商品混凝土浇筑，水电预埋工作少，安装以机械作业为主。

（2）主体结构吊装方案

以三层主体施工为例。

吊装前先将预制内外墙板编号，因在建住宅楼（1、2、7、8号楼）从变形缝处左右对称，划分两个施工段组织流水施工，西单元从1轴与B轴的交点开始起吊，即WY1-1-F3这块外墙板开始起吊依次向东至19轴，再吊装南北方向B轴交1轴至F轴，北侧自西向东安装外墙板，逐块吊装（先吊装外墙板，后吊装内墙板），东单元从20轴与B轴的交点即NY30-1-F3开始起吊。3号、6号楼自西向东开始吊装，先吊装外圈外墙板，后自西向东按照轴线依次吊装内墙板。

施工步骤为：

墙下坐浆→预制剪力墙吊装→墙体注浆

墙下坐浆→预制填充墙吊装→竖向构件钢筋绑扎→支设竖向构件模板→吊装叠合梁→吊装叠合楼板→绑扎叠合板楼面钢筋→浇筑竖向构件及叠合楼板混凝土→吊装楼梯

1）步骤一：承重墙体吊装。

承重墙板吊装准备：首先在吊装就位之前将所有柱、墙的位置在地面弹好控制线，根据后置埋件布置图，安装预制构件定位卡具，并进行复核检查；同时对起重设备进行安全检查，并在空载状态下对吊臂角度、负载能力、吊绳等进行检查，将斜撑杆、膨胀螺栓、扳手、2m靠尺、开孔电钻等工具准备齐全，操作人员对操作工具进行清点。检查预埋灌浆套筒的缺陷情况，在吊装前进行修复，保证灌浆套筒完好；提前支设好经纬仪、水准仪并调平。填写施工准备情况登记表，施工现场负责人检查核对签字后，方可进行吊装。

坐浆，安放垫块：先将墙板下面的现浇板面清理干净，不得有混凝土残渣、油污、灰尘等，以防止构件注浆后产生隔离层影响结构性能，将安装部位洒水湿润，墙板下安放好塑料垫块，垫块保证墙板底标高的正确。然后坐浆（注：坐浆料通常在1小时内初凝，所以吊装必须连续作业，相邻墙板的调整工作必须在坐浆料初凝前完成）。坐浆时坐浆区域需运用等面积法计算出三角形区域面积，如图8-1所示。

起吊预制墙板：吊装时采用扁担式吊装设备吊装，起吊墙板，风速不超过5级，如影响施工时需用施工缆风绳，如图8-2所示。

按照吊装前所弹控制线缓缓下落墙板，吊装经过的区域下方设置警戒区，施工人员应远离，由信号工指挥，待构件下降至作业面1m左右高度时施工人员方可靠近操作，以保证操作人员的安全。

墙板底部若局部套筒未对准时可手动微调，对孔。底部没有灌浆套筒的，外填充墙板直接按照控制线缓缓下落墙板，如图8-3所示。

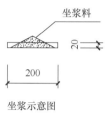

坐浆示意图

图 8-1　坐浆示意

图 8-2　起吊墙板

图 8-3　下落墙板

图 8-4　支撑调节

垂直坐落在准确的位置后使用水准仪复核标高是否偏差，无误差后，利用预制墙板上的预埋螺栓和地面预留膨胀螺栓（地面混凝土强度不小于 C20）安装斜支撑杆，用 2m 检测尺检测预制墙体垂直度及复测墙顶标高后，方可松开吊钩，利用斜支撑杆调节好墙体的垂直度（注：在调节斜支撑杆时必须两名工人同时间、同方向进行操作，分别调节两根斜支撑杆），如图 8-4 所示。

调节斜支撑杆完毕后，再次校核墙体的水平位置和标高、垂直度，相邻墙体的平整度。检查工具：经纬仪、水准仪、靠尺、水平尺、铅锤、拉线。填写预制构件安装验收表，施工现场负责人及甲方代表、项目管理人员、监理单位签字后进入下道工序（留完成前后的影像资料）。

2）步骤二：预制填充墙体吊装。施工工艺基本同承重墙体吊装，不同之处为填充墙体无注浆工艺。

3）步骤三：承重墙体注浆。详见注浆专项方案。

4）步骤四：绑扎边缘约束构件及后浇段部位的钢筋。绑扎现浇暗柱节点钢筋时需注意以下事项：

① 将预制墙板两旁的暗柱插筋弯向两边。构件吊装就位。

② 绑扎暗柱插筋范围里的箍筋，绑扎顺序是由下而上，然后将每个箍筋平面内的甩出筋、箍筋与主筋绑扎固定就位。由于两墙板间的距离较为狭窄，制作箍筋时将箍筋做成开口箍状，以便于箍筋绑扎。安装完毕后再人工弯曲箍筋，使箍筋能达到完全封闭。

③ 将暗柱插筋以上范围内的箍筋套入相应的位置，并固定于预制墙板的甩出筋上。

④ 安放暗柱竖向钢筋并将其与插筋绑扎固定。

⑤ 将已经套接的暗柱箍筋安放调整到位，然后将每个箍筋平面内的甩出筋、箍筋与主筋绑扎固定就位。

5）步骤五：支设约束边缘构件及后浇段模板。利用墙板上预留的对拉螺栓孔加固模板，以保证墙板边缘混凝土模板与后支模板连接紧固好，防止胀模。

6）步骤六：吊装叠合梁等水平预制构件。起吊预制叠合梁，调整好预制梁底水平支撑的标高，并使梁墙上表面在一个平面上。保证梁的位置准确，误差控制在5mm以内。填写预制构件安装验收表，施工现场负责人及甲方代表、项目管理、监理单位签字后进入下道工序（留完成前后的影像资料）。

7）步骤七：吊装预制叠合楼板、空调板。在叠合板两端部位设置临时可调节支撑杆，预制楼板的支撑设置应符合以下要求：

① 支撑架体应具有足够的承载能力、刚度和稳定性，应能可靠地承受混凝土构件的自重和施工过程中所产生的荷载及风荷载。

② 确保支撑系统的间距及距离墙、柱、梁边的净距符合系统验算要求，上下层支撑应在同一直线上。板下支撑间距不大于3.3m。支撑间距大于3.3m且板面施工荷载较大时，跨中需在PK板中间加设支撑。

③ 在可调节顶撑上架设木方，调节木方顶面至板底设计标高，开始吊装预制叠合楼板，如图8-5所示。

④ 吊装应按顺序连续进行，将预制叠合楼板坐落在木方顶面，及时检查板底与预制叠合梁的接缝是否到位，叠合板钢筋入墙长度是否符合要求，直至吊装完成。

8）步骤八：楼板叠合面及边缘约束构件、后浇段节点施工。绑扎叠合楼板负弯矩钢筋和板缝加强钢筋网片，预留预埋水电管线、埋件、套管、漏洞等。如图8-6所示。

注意：当叠合楼板混凝土强度符合下列规定时，方可拆除板下梁墙临时顶撑、专用斜撑等工具，以防止叠合梁发生侧倾或混凝土过早承受拉应力而现浇节点出现裂缝。

当预制带肋底板跨度不大于2m时，同条件养护的混凝土立方体抗压强度不应小于设计混凝土强度等级值的50%；当预制带肋底板跨度大于2m且不大于8m时，同条件养护的混凝土立方体抗压强度不应小于设计混凝土强度等级值的75%。

9）步骤九：吊装楼梯预制构件。现场先进行楼梯平台及平台梁的施工，分别在楼梯平台梁相应部位甩出预留钢筋，待本层混凝土浇筑施工完成后进行预制楼梯的吊装，如图8-7所示。

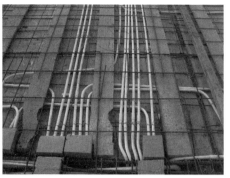

图 8-5　吊装预制叠合楼板　　　　图 8-6　楼板叠合面预埋件施工

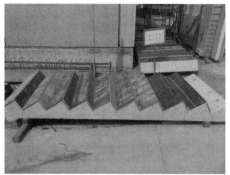

图 8-7　预制楼梯的安装

经过以上九个步骤，将预制构件组装成"装配整体式钢筋混凝土结构"，三层主体施工完成。

（3）吊装施工质量、安全和工期保证措施

1）施工质量保证措施

施工前进行技术交底、安全交底，每天开工前由现场负责人组织班前会议，进行人员分工，交代注意事项，检查落实施工准备情况，防止出现质量、安全事故。指定专人负责每道工序质量检查。实行工序交接质量验收制度，上道工序未完全合格，下道工序不得进行。

根据本工程特点，安装精度和节点钢筋混凝土的工程质量的重点，特制定如下具体质量保证措施：

① 预制构件进场应严把质量关，严格执行现行行业标准《装配式混凝土结构技术规程》JGJ 1 中的规定，做好进场验收记录；如有质量缺陷、尺寸偏差构件及时退场，并且做好退场手续，及时留档。

② 构件进场后，按照规范要求标准堆放，并且做好成品保护措施，避免外界原因引起的产品破坏而影响到工程质量。

③ 构件安装前仔细复核定位弹线的准确性，在吊钩卸力后，必须调整构件垂直度合格方可脱钩，防止误差累积。

④ 钢筋验收不合格不得浇筑混凝土。

⑤ 在混凝土浇筑过程中，及时敲击模板检查混凝土的密实情况，振捣时做到"快插慢拔"，既要防止漏振产生蜂窝、麻面，又要防止过振而出现胀模和漏浆现象。

⑥ 指派专人负责节点混凝土的养护工作，对未达到强度的混凝土表面及时采取保湿、洒水养护，对垂直面采用涂刷养护灵养护，防止干缩变形和裂缝的产生。

⑦ 对于装饰工程实行样板先行的制度，由具有经验的操作经验的人员做示范样板，并向全体人员进行讲解，提高施工水平。

2）安全保证措施

① 项目安全管理应严格按照有关法律、法规和标准的安全生产条件，组织预制结构施工。项目管理部建立安全管理体系，配备专职和兼职安全人员。

② 建立健全项目安全生产责任制，组织制定项目现场安全生产规章制度操作规程。组织制定 PC 结构生产安全事故的应急预案。项目部应对作业人员进行安全生产教育和交底，保证作业人员具备必要的安全生产知识，熟悉有关的安全生产规章制度和安全操作规程，掌握本岗位的安全操作技能。

③ 做好预制构件安全针对性交底，完善安全教育机制，有交底、有落实、有监控。

④ 预制构件结构吊装、施工过程中，项目部相关人员应加强动态的过程安全管理，及时发现和纠正安全违章和安全隐患。督促、检查施工现场安全生产，保证安全生产投入的有效实施及时消除生产安全事故隐患。

⑤ 用于预制构件结构的机械设备，施工机具及配件，必须具有生产（制造）许可证、产品合格证。在现场使用前，进行查验和检测，合格后方可投入使用。机械设备、施工机具及配件必须由专人管理，定期进行检查、维修和保养，建立相应的资料档案。

⑥ 在构件吊装经过的区域下方设置警戒区，施工人员应远离，由信号工指挥，待构件下降至作业面 1m 左右高度时施工人员方可靠近操作，以保证操作人员的安全。

3）工期保证措施

① 计划先行，严格控制施工节点，原材料和构件、工器具准备齐备再开工。

② 掌握天气变化情况，适当调整每天开工和收工的时间，以减少窝工，保证工期。

③ 加强人员培训，安装前进行预习演练，使安装人员熟练掌握。

【案例 8-4】

背景：

某大学综合楼工程，建筑面积 47019m²，地下 1 层、地上 16 层，建筑物檐高 66.94m，基础采用筏形基础，地下室防水采用微膨胀混凝土自防水和外贴双层 SBS 卷材防水相结合，主体为框架-剪力墙体系。屋面采用两道 SBS 卷材防水，上铺麻刀灰隔离层，面贴缸砖保护。该屋面防水工程经质量检验，坡度合理，排水通畅，女儿墙、泛水收头顺直、规矩，管道根部制作精致（图 8-8），经过一个夏季的考验，未发现有渗漏现象，防水效果较好。屋面构造层次为：

（1）缸砖面层，1:1 水泥砂浆嵌缝。

（2）麻刀灰隔离层。

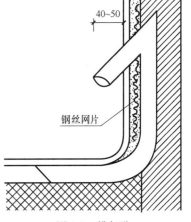

图 8-8 排气孔

（3）Ⅲ＋ⅢSBS卷材防水层。

（4）20mm厚1∶3水泥砂浆找平层。

（5）1∶6水泥焦砟找坡层，最薄处30mm厚，坡度为3%。

（6）60mm厚聚苯板保温层。

（7）现浇混凝土楼板。

问题：

试确定该防水层施工的施工方案。

分析与解答：

该工程施工方案包括工程概况、施工安排、进度计划及资源计划、施工方法等，这里重点介绍施工方案中施工工艺流程和质量要求。

（1）施工工艺流程

屋面防水层的施工工艺流程：基层清理→涂刷基层处理剂→细部节点处理→铺贴防水卷材→收头密封→蓄水试验→隔离层施工→保护层施工。

① 基层清理。铲除基层表面的凸起物、砂浆疙瘩等杂物，并将基层清理干净。在分格缝处埋设排气管，排气管要安装牢固、封闭严密；排气道必须纵横贯通，不得堵塞，排气孔设在女儿墙的立面上，如图8-8所示。

② 涂布基层处理剂。基层处理剂采用溶剂型橡胶改性沥青防水涂料，涂刷时要厚薄均匀，在基层处理剂干燥后，才能进行下一道工序。

③ 细部节点处理。大面积铺贴卷材防水层之前，应对所有的节点部位先进行防水增强处理。

④ 铺贴防水卷材。本工程采用冷粘法施工，卷材下面的空气应排尽，并辊压粘结牢固，不得空鼓；铺贴的卷材应平整顺直，搭接尺寸准确，不得扭曲、皱折。

⑤ 收头密封。防水层的收头应与基层粘结并固定牢固，缝口封严，不得翘边。

⑥ 蓄水试验。按有关标准试验方法进行。

⑦ 隔离层、保护层施工。将防水层表面清理干净，铺设缸砖保护层。保护层与女儿墙、山墙之间应预留宽度为30mm的缝隙，并用密封材料嵌填密实。

（2）质量要求

1）材料要求

工程所用防水材料的各项性能指标均必须符合设计要求，包括检查出厂合格证、质量检验报告和试验报告等。

2）找平层质量要求

屋面找平层必须坚固、平整、粗糙，表面无凹坑、起砂、起鼓或酥松现象，表面平整度以2m的直尺检查，面层与直尺间最大间隙不应大于5mm，并呈平缓变化；要按照设计要求准确留置屋面坡度，以保证排水系统的通畅；在平面与突出物的连接处和阴阳角等部位的找平层应抹成圆弧，以保证防水层铺贴平整、粘结牢固；防水层作业前，基层应干净、干燥。

3）卷材防水层铺贴工艺要求

卷材防水层铺贴工艺应符合标准、规范的规定和设计要求，卷材搭接宽度准确。防水层表面应平整，不应有孔洞、皱折、扭曲、损烫伤现象。卷材与基层之间、边缘、转角、收头部位及卷材与卷材搭接缝处应粘贴牢固，封边严密，不允许有翘边、脱层、滑动、空鼓等缺陷。

4）细部构造要求

水落口、排气孔、管道根部周围、防水层与突出结构的连接部位及卷材端头部位的收头均应粘贴牢固、密封严密。

5）质量控制

工程施工过程中应坚持三检制度（自检、互检、专检），即每一道防水层完成后，应由专人进行检查，合格后方可进行下一道防水层的施工。竣工的屋面防水工程应进行闭水或淋水试验，不得有渗漏和积水现象。

3. 编制基坑支护与降水工程、土方开挖工程专项施工方案

【案例 8-5】

背景：

某公司的机房楼和库房楼的总建筑面积为 19191.60m²，其中库房楼地上 2 层，地下 2 层。B1 层高 3.6m，B2 层高 4.2m，基础底面标高为 -7.9m。采用钢筋混凝土平板式筏形基础。库房土方开挖时，南、北、西侧均采用土钉墙，东侧与机房楼土方工程挖通。项目部技术负责人编制土钉支护专项施工方案，项目经理批准后开始施工。

问题：

（1）建设工程的哪些分部、分项工程应单独编制专项施工方案？本案例中土钉支护专项施工方案在实施过程中有何不妥之处？

（2）土钉支护的施工工艺过程是什么？

（3）土钉支护的施工特点及适用范围是什么？

分析与解答：

（1）施工单位应对以下达到一定规模的危险性较大的分项分部工程编制专项施工方案：基坑支护与降水工程；土方开挖工程；模板工程；起重吊装工程；脚手架工程；拆除、爆破工程；国务院建设行政主管部门或其他有关部门规定的其他危险性较大的工程。

本案例施工方案由项目经理批准后实施，作法不妥。基坑开挖深度超过 5m，应编制基坑支护专项施工方案并由施工单位组织专家组对该方案进行讨论审查，基坑支护专项方案应经施工单位技术负责人、总监理工程师签字后实施，由专职安全审查管理人员进行现场监督。

（2）土钉支护的施工过程

1）先锚后喷：挖土道土钉位置，打入土钉后，挖第二步土，再打第二步土钉，如此循环到最后一层土钉施工完毕。喷射第一次豆石混凝土，厚 50mm，随即进行锚固，然后进行第二次喷射混凝土，厚 50mm。

2）先喷后锚：挖土道土钉位置下一定距离，铺钢筋网，并预留搭接长度。喷射混凝土至一定强度后，打入土钉。挖第二层土方到第二层土钉位置下一定距离，铺钢筋网，与上层钢筋网上下搭接好，同样预留钢筋网搭接长度，喷射混凝土，打第二层土钉。如此循环至基坑全部深度。

（3）土钉支护的施工特点及适用范围

土钉支护的施工特点是施工设备较简单；比用挡土桩锚杆施工简便；施工速度较快，节省工期；造价较低。

土钉支护适用范围：地下水位较低的黏土、砂土、粉土地基，基坑深度一般在 15m 以内。

【案例 8-6】

背景：

如图 8-9 所示，为某深基坑开挖施工示意图。

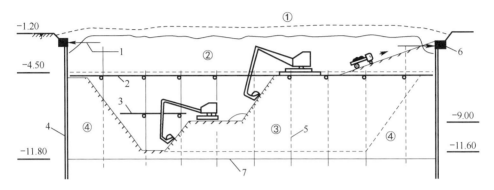

图 8-9　深基坑开挖示意

1—第一道支撑；2—第二道支撑；3—第三道支撑；4—支护桩；5—主柱；6—锁口圈梁；7—坑底

问题：

试确定该深基坑土方开挖方式。

分析与解答：

如图 8-9 所示，可将分层开挖和盆式开挖结合起来。在基坑正式开挖之前，先将第①层地表土挖运出去，浇筑锁口圈梁，进行场地平整和基坑降水等准备工作，安设第一道支撑（角撑），并施加预顶轴力，然后开挖第②层土到−4.50m。再安设第二道支撑，待双向支撑全面形成并施加轴力后，挖土机和运土车下坑，在第二道支撑上部（铺路基箱）开始挖第③层土，并采用台阶式接力方式挖土，一直挖到坑底。第三道支撑应随挖随撑，逐步形成。最后用抓斗式挖土机在坑外挖两侧土坡的第④层土。

【案例 8-7】

背景：

某项目为装配整体式剪力墙结构体系的高层住宅小区，该住宅小区共 6 栋住宅楼，均为地下两层，地上 18 层，地下连体车库。其中 1、7、8 号楼每层预制墙板 162 块、预制梁 4 架、空调板 30 个、PK 板 180 块，共计 16×3 层；3、6 号楼每层预制墙板 93 块、预制梁 12 架、空调板 9 个、PK 板 81 块，共计 16×2 层；2 号楼每层预制墙板 186 块、预制梁 24 架、空调板 18 个、PK 板 162 块，共计 16 层。

问题：

试确定场外运输方案。

分析与解答：

（1）准备工作

1）制定运输方案

水平构件（PK 板、空调板、叠合梁等）容易运输，为了更好的进行成品保护，墙板需要立运。其中 1、7、8 号楼最大的板形尺寸为 5.56m×2.88m，最小的板形尺寸为 0.96m×2.88m，一般墙板宽度在 3m 左右；最大板重：5.4t。2、3、6 号楼最大板形尺寸为 7.16m×2.88m，最小的板形尺寸 0.9m×2.88m，最大板重：5.5t，一般墙板宽度在 3m，4m 左右。根据构件尺寸型号、重量、外形、拟定运输方法、选择起重机械（装卸构件用）和运输车辆。装卸车现场和运输道路情况，施工单位或当地的起重机械和运输车辆的供应条件以及经济效益等因素综合考虑进行。

构件运输投入的车辆：

① ××厂，5 月 5 日至 6 月 15 日投入 3 辆车，6 月 16 日至 10 月 5 日投入 3 辆车，10 月 6 日至 11 月 5 日投入 3 辆车。

② ××厂，5 月 5 日至 6 月 15 日投入 2 辆车，6 月 16 日至 10 月 5 日投入 3 辆车，10 月 6 日至 11 月 5 日投入 3 辆车。

2）设计并制作运输架

根据构件的重量和外形尺寸设计制作各种类型构件的运输架，设计时应尽量考虑多种构件能够通用。

3）验算构件强度

对钢筋混凝土构件，根据运输方案所确定的条件，验算构件在最不利截面处的抗裂度，避免在运输中出现裂缝。如有出现裂缝的可能，应进行加固处理。

4）清查构件

清查构件的型号、质量和数量，有无加盖合格印和出厂合格证书等。

5）查看运输路线

此项工作主要察看道路情况，沿途上空有无障碍物，公路桥的允许负荷量，通过的涵洞净空尺寸（净高大于 5m）。经查看均能满足车辆顺利通行。

6）构件运输路线（略）

（2）构件运输基本要求

1）运输道路：均为城市道路，道路平整坚实，并有足够的路面宽度和转弯半径。

2）构件运输时的混凝土强度：构件不应低于设计强度等级的 70%，薄壁构件应达到 100%。

3）钢筋混凝土构件的垫点和装卸车时的吊点：不论上车运输或卸车堆放，均按设计要求进行。叠放在车上或堆放在现场上的构件，构件之间的垫木要在同一条垂直线上，且厚度相等。

4）构件的固定：在运输时要固定牢靠，以防在运输中途倾倒，或在道路转弯时车速过高被甩出。对于重心较高、支承面较窄的构件，应用支架固定。

5）行车速度：根据路面情况掌握行车速度。道路拐弯必须降低车速。

6）根据吊装顺序，先吊先运，保证配套供应。

7）对于不容易调头和又重又长的构件，应根据其安装方向确定装车方向，以利于卸车就位。必要时，在加工场地生产时，就应进行合理安排。

8）构件进场应按结构构件吊装平面布置图所示位置堆放，以免二次倒运。

9）本工程采用公路运输，通过隧道时，装载高度不应超过 5m。

171

（3）构件运输方法及注意事项

1）上岗前应进行技术交底，检查各种工具、吊具、钢丝绳是否完好、齐全。

2）按施工现场吊装顺序，挑选所需型号构件的运输。发现构件有型号选错的要及时更换，不得发错型号。发现构件有外观质量问题的及时通知修补工进行修补。

3）选好的构件需开好出库交接单合格证，出库单合格证应按公司要求认真填写，不应有错填漏填现象。并按要求进行装车。

4）构件装车后保证构件平稳，检查墙板与架子之间是否缝隙，如有缝隙吊起重新装车。

5）装第一块墙板时用钢丝绳把墙板与架子固定，装第二块时吊车应轻起轻落，避免墙板从挂车掉落。装车时应两面对装，保证挂车的平衡性，确保安全。

6）墙板吊起时检查墙板套筒内及埋件内是否有混凝土残留物，如有及时进行清理。钢筋有弯曲的及时用专用工具进行处理。

7）装车后挂车司机应用钢丝绳把墙板和车体连接牢固。钢丝绳与墙板接触面应垫上护角工具（如抹布、胶皮、木方等），避免墙板磨损。

8）装小构件时，例如叠合板，楼梯，空调板等，应选择高度一致的木方并将其在每层构件的相同位置垫放，保证小构件的平稳，避免小构件运输中断裂摇晃。

9）装车后对构件型号进行查看，检查是否有型号错喷漏喷现象，在装车过程中如有磕碰现象，仍需进行修补，确保无误后方可发出。

10）发货人员需检查喷号是否清晰，准确，包括标志、生产日期、墙板型号、墙板楼号、板重量等。

11）发货过程中吊车转运人员等应积极配合调度进行工作，确保工作高质、高效的完成。

12）如遇特殊问题应及时说明情况，等待处理。

（4）构件的堆放

装配式混凝土构件或在专业构件加工厂生产运至施工现场吊装前，一般都需脱模吊运至堆放场存放。

构件堆放根据构件的刚度、受力情况及外形尺寸采取平放或立放。装配式墙板类构件一般采取立放，存放在专用的固定架上；梁及小板构件可以采用平放。

构件堆放应注意以下事项：

1）堆放场地地面必须平整坚实，排水良好，以防构件因地面不均匀下沉而造成倾斜或倾倒摔坏。

2）构件应按工程名称、构件型号、吊装顺序分别堆放。堆放的位置在起重机范围以内。

3）对侧向刚度差，重心较高，支承面较窄的构件，在堆放时，除两端垫方木外，并须在两侧加设撑木，或使用专业存放架。

4）成垛堆放或叠层堆放的构件，应以 100mm×50mm 的长方木垫隔开。各层垫木的位置应紧靠吊环外侧并同在一条垂直线上。

5）构件叠层堆放时必须将各层的支点垫实，并应根据地面耐压力确定下层构件的支垫面积。如一个垫点用一根道木不够可用两根道木。

4. 编制模板工程、脚手架工程专项施工方案

【案例 8-8】

背景：

某办公楼工程，建筑面积 26733m²，框架剪力墙结构，地下 1 层，地上 12 层，首层高 4.8m，标准层高 3.6m。顶层房间为有保温层的轻钢龙骨纸面石膏板吊顶，工程结构施工采用外双排落地脚手架。工程于 2019 年 6 月 15 日开工，计划竣工日期为 2021 年 5 月 1 日。工程实施过程中发生了以下事件：

2020 年 5 月 20 日 7 时 18 分左右，因通道和楼层自然采光不足，瓦工陈某不慎从 9 层未设门槛的管道井坠落至地下一层混凝土底板上，当场死亡。

问题：

（1）本工程结构施工脚手架是否需要编制专项施工方案，说明理由。

（2）从安全管理方面分析，导致这起事故发生的主要原因是什么？

（3）对落地的竖向洞口应采取哪些方式加以防护？

分析与解答：

（1）需要编制专项施工方案。理由：

脚手架高度 24m 及以上落地式钢管脚手架工程属于危险性较大的分部分项工程，依据危大工程的相关管理规定需编制专项方案，本工程中，用脚手架 3.6m×11+4.8m=44.4m>24m，必须编制专项方案。

（2）导致这起事故发生的主要原因：

1）楼层管道井竖向洞口无防护。

2）楼层内在自然采光不足的情况下没有设置照明灯具。

3）现场安全检查不到位，对事故隐患未能及时发现并整改。

4）工人的安全教育不到位，安全意识淡薄。

（3）对落地的竖向洞口应采取的措施有：墙面等处的竖向洞口，凡落地的洞口应加装开关式、固定式或工具式防护门，门栅网格的间距不应大于 15cm，也可采用防护栏杆，下设挡脚板。

【案例 8-9】

背景：

某长度为 6m 钢筋混凝土简支梁，使用 42.5 级普通硅酸盐水泥，混凝土强度等级为 C20，室外平均气温为 20℃。

问题：

试确定其侧模、底模的最短拆除时间及拆除方案。

分析与解答：

（1）侧模拆除方案

侧模为不承重模板，它的拆除条件是在混凝土强度能保证其表面及棱角不因拆除模板而受损坏时，才能拆除侧模板。但拆模时不要用力过猛，不要敲打振动整个梁模板。一般当混凝土的强度达到设计强度的 25％时即可拆除侧模板。查看温度、龄期对混凝土强度影响曲线，可知当室外气温为 20℃，42.5 级普通硅酸盐水泥，达到设计强度等级 25％的

强度时间为终凝后 24 小时，即为拆除侧模的最短时间。

（2）底模拆除方案

底模为承重模板，跨度小于 8m 的梁底模拆除时间是当混凝土强度达到设计强度的 70% 时才能拆除底模。为了核准强度值，在浇捣梁混凝土时就应留出试块，与梁同条件养护。然后查温度、龄期、强度曲线达到 70% 设计强度需 7 昼夜。此时将试块送试验室试压，结果达到或超过设计强度的 70% 时，即可拆除底模。对于重要结构和施工时受到其他影响，严格地说底模拆除时间应由试块试压结果确定。一般在养护期外界温度变化不大，查温度、龄期、强度曲线即可确定底模拆除时间。本例的梁底模拆除最短时间为终凝后 7 昼夜。

【案例 8-10】

背景：

案例 8-2 中若将桩基工程外包给专业承包公司，其他由自己完成。

问题：

（1）简述该工程脚手架工程的专项施工方案。

（2）简述工程模板工程的专项施工方案。

分析与解答：

（1）脚手架工程专项施工方案

1）根据《建筑施工扣件式钢管脚手架安全技术规范》JGJ 130 规定，本工程外脚手架采用落地式双排钢脚手架，脚手架内满挂密目网（2000 目/100cm²），进行全封闭防护，每 3 层且不大于 10m 设置一道水平防护网，施工操作层设水平硬防护。钢管均采用外径 48mm、壁厚 3.5mm 的焊接钢管，立杆纵向间距 1.5m、横距 1.0m，大横杆间距 1.7m，小横杆间距不大于 1.5m。详见图 8-10 所示。脚手架要进行稳定性计算。

2）室内装饰采用钢制满堂红脚手架。梁底模板支架采用双排脚手架，立杆横距为梁宽加 400 mm，纵距为 800~1000mm，水平杆步距 1.3m，水平杆按三道设置；板底模板支架采用满堂红脚手架，靠梁的立杆距梁距离不小于 200 mm，纵、横方向立杆间距 800~1200mm，水平杆按三道设置。水平杆与立杆连接要用直角扣件，立杆采用搭接连接，每道立杆连接要保证不少于 2 个扣件，扣件可采用直角扣件连接或旋转扣件。架子四周与中间每隔四排支架立杆应设置一道纵向剪刀撑，由底至顶连续设置。

3）技术措施

① 外脚手架搭设前，在搭设范围内应先将地面夯实找平，并做好排水处理，立杆垂直面应放在金属底座上，底座下垫 60mm 厚木板，立杆根部设通长扫地杆。大横杆在同一步距内的纵向水平高低差不得超过 60mm。同一步距里外两根大横杆的接头相互错开，不宜在同一跨间内，同一跨内上下两根大横杆的接头应错开 500mm 以上。

② 小横杆与大横杆垂直，小横杆用扣件固定于大横杆上。

③ 在转角、端头及纵向每隔 15m 处设剪刀撑，每档剪刀撑占 2~3 个跨间，从底到顶连续布置，剪刀撑钢管与水平方向呈 45°~60°夹角，最下层一对剪刀撑应落地，与立杆的连接点距地不大于 500mm。

④ 竖向每隔 3~4m，横向每隔 4~6m 设置与框架锚拉的锚拉杆，锚拉杆一端用扣件固定于立杆与大横杆汇聚处，一端与楼层中预埋钢管用扣件连接。

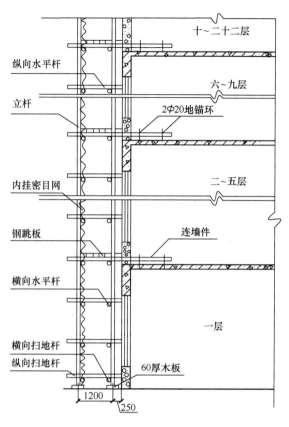

图 8-10　外脚手架示意

⑤ 杆件相交伸出的端头必须大于 100mm，防止杆件滑脱。杆件用扣件连接，禁止使用铁线绑扎。

⑥ 钢跳板满铺、铺稳，不得铺探头板、弹簧板，靠墙的间隙不大于 0.2m。

⑦ 外围护架子高出建筑物 2.5m。

4）脚手架拆除

① 严格遵守拆除顺序，由上而下进行，即先绑者后拆，后绑者先拆，一般是先拆栏杆、脚手架、剪刀撑，然后依次一步一步地拆小横杆、大横杆、抛撑、立杆等。

② 悬空口的拆除预先进行加固或设落地支撑措施后方可拆除。

③ 如果需要保留部分架子继续工作时，应将保留的部分架子加固稳定后，方可拆除其他架子。

④ 通道上方的脚手板要保留，以防高空坠物伤人。

（2）模板工程专项施工方案

本工程的梁、柱、墙模板采用组合钢模板；楼板用竹胶合板模板；支撑系统采用钢管扣立杆。它的特点是施工方便，速度快，成型后混凝土的外观质量好，能达到高标准的要求。

1）柱模板

① 组拼工艺流程：搭设安装架子→第一层模板安装就位→检查对角线、垂直和位置

→安装柱箍→第二、三层等各层柱模板及柱箍安装→安有梁口的柱模板→全面检查校正→群体固定。

② 施工方法：

A. 先将柱子第一层四面模板就位组拼好，每面带一阴角模或连接角模，用钢管和100mm×100mm 木方连接。

B. 使模板四面按给定柱截面线就位，并使之垂直，用定形柱套箍固定，楔板到位，销铁插牢。

C. 以第一层模板为基准，以同样方法组拼第二、三层，直至到梁口柱模板。用大螺距螺栓对竖向、水平接缝反正交替连接。在适当高度进行支撑和拉结，以防倾倒。

D. 对模板的轴线位移、垂直偏差、对角线、扭向等全面校正，并安装定型斜撑，或将一般拉杆和斜撑固定在预先埋在楼板中的钢筋环上，每面设两个拉（支）杆，与地面呈45°角。

E. 将柱根模板内清理干净，封闭清理口。

2）墙模板

① 组拼工艺流程：组装前检查→安装门窗口模板→安装第一步模板（两侧）→安装内钢楞→调整模板平直度→安装第二步至顶部两侧模板→安装内钢楞调平直→安装窗墙螺栓→安装外钢楞→加斜撑并调模板平直→与柱、墙、楼板模板连接。

② 施工方法：

A. 在安装模板前，按位置线安装门窗洞口模板，与墙体钢筋固定，并安装好预埋件等。

B. 安装模板宜采用墙两侧模板同时安装。第一步模板边安装锁定边插入穿墙或对拉螺栓、拉片，并将两侧模对准墙线使之稳定，然后用钢卡或碟形扣件与钩头螺栓固定于模板边肋上，调整两侧模的平直。

C. 用同样方法安装其他若干步模板到墙顶部，内钢楞外侧安装外钢楞，并将其用方钢卡或蝶形扣件与钩头螺栓和内钢楞固定，穿墙螺栓由内外钢楞中间插入，用螺母将蝶形扣件拧紧，使两侧模板成为一体。安装斜撑，调整模板垂直，合格后，与墙、柱、楼板模板连接。钩头螺栓、穿墙螺栓、对接螺栓等连接件都要连接牢靠，松紧力度一致。

3）梁模板

① 安装工艺流程：弹出梁轴线及水平线并复核→搭设梁模支架→安装梁底楞或梁卡具→安装梁底模板→梁底起拱→绑扎钢筋→安装侧梁模→安装另一侧梁模→安装上下锁口楞→斜撑楞及腰楞和对拉螺栓→复核梁模尺寸、位置及与相邻模板的连接。

② 施工方法：

A. 安装梁模支架之前，首层为土壤地面时应平整夯实，无论首层是土壤地面或楼板地面，在专用支柱下脚要铺设通长脚手板，并且楼层间的上下支座应在一条直线上。

B. 支柱采用双排，间距为 800～1000mm。支柱上连固 10cm×10cm 木楞或梁卡具。支柱中间和下方加横杆或斜杆，加立杆可调底座。

4）楼板模板

① 安装工艺流程：搭设支架→安装横、纵木楞→调整楼板下皮标高及起拱→铺设模

板块→检查模板上皮标高、平整度。

② 施工方法：

A. 支架搭设前楼地面及支柱托脚手处理同梁的有关内容。支架的支柱（可用早拆翼托支柱从边跨一侧开始），依次逐排安装，同时安装木楞及横拉杆，其间距按模板设计的规定。一般情况下支柱间距为 80～120cm，木楞间距为 60～120cm，需要装双层木楞时，上层木楞间距一般为 40～60cm。

B. 支架搭设完毕后，要认真检查板下木楞与支柱连接及支架安装的牢固与稳定，根据给定的水平线，认真调节支模翼托的高度，将木楞找平。

C. 铺设定型组合钢框竹（木）模板块：先用阴角模与墙模或梁模连接，然后向跨中铺设平模。相邻两块模板用 U 形卡连接。U 形卡紧方向应反正相间，并用一定数量的钩头螺栓与钢楞连接。最后对于不够整模数的模板和窄条缝，采用拼缝模或木方嵌补，但拼缝应严密。

D. 平模铺设完毕后，用靠尺、塞尺和水平仪检查平整度与楼板底标高，并进行校正。

5）模板拆除

① 模板拆除应按照设计要求进行，若设计无规定时，应遵循先支后拆，后支先拆；先拆不承重的模板，后拆承重部分的模板；自上而下，支架先拆侧向支撑，后拆竖向支撑等原则。

② 侧模拆除时，应在混凝土强度能保证表面及棱角不因拆除而受损时，方可拆除。

③ 梁、板底模，应在与结构同条件下养护的试块达到规定强度时方可拆除。

④ 非承重构件（柱、梁侧模）拆除时，其结构强度不得低于 1.2MPa，且不得损坏棱角。

⑤ 模板拆除后应及时清理，模板堆放按规格尺寸分类放置，堆放高度小于 2m，挂标识，便于使用。

6）模板安装的质量要求

① 模板及其支撑必须有足够的强度、刚度和稳定性，必须经过验算，不允许出现沉降和变形。

② 模板支撑部分应有足够的支撑面积，当支撑在基土上时，必须夯实，并设有排水设施。

③ 模板内侧平整，模板接缝不大于 1mm，模板与混凝土接触面应清理干净，隔离剂涂刷均匀。

④ 在浇筑混凝土过程中，派专人看模，检查扣件紧固情况，发现变形、松动等现象及时修正加固。

5. 编制起重吊装工程专项施工方案

【案例 8-11】

背景：

单层工业厂房结构的某金工车间，其跨度 18m，长度为 66m，柱距 6m，共 11 个节间，厂房平面图、剖面图如图 8-11 所示。

该金工车间主要的构件数量、质量、长度、安装标高等一览表见表 8-1。

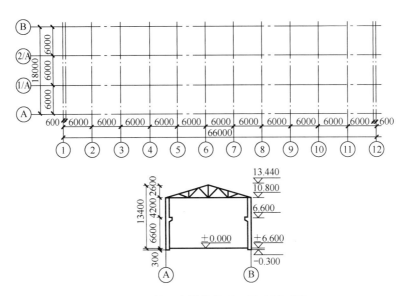

图 8-11 某厂房结构的平面图及剖面图

车间主要构件一览表 表 8-1

厂房轴线	构件名称及编号	构件数量	构件质量（t）	构件长度（m）	安装标高（m）
Ⓐ Ⓑ ① ⑫	基础梁 JL	28	1.51	5.95	
Ⓐ、Ⓑ	连系梁 LL	22	1.75	5.95	+6.60
Ⓐ、Ⓑ	柱 Z_1	4	6.95	12.05	-1.25
Ⓐ、Ⓑ	柱 Z_2	20	6.95	12.05	-1.25
	柱 Z_3	4	5.6	13.74	-1.25
①、⑫	屋架 YWJ 18-1	12	4.8	17.70	+10.80
Ⓐ、Ⓑ	吊车梁$^{DL-8Z}_{DL-8B}$	18	3.85	5.95	+6.60
Ⓐ、Ⓑ		4	3.85	5.95	+6.60
Ⓐ、Ⓑ	屋面板 YWB	132	1.16	5.97	+13.80
Ⓐ、Ⓑ	天沟板 TGB	22	0.86	5.97	+11.40

问题：

试确定该金工车间施工方案。

分析与解答：

根据题意，结合该金工车间厂房基本概况及施工单位现有的起重设备条件，拟选用 W_1-100 型履带式起重机进行结构吊装施工吊索重量为 0.2t，其实施如下：

（1）起重机的选择及工作参数计算

主要构件吊装的参数计算：

1）柱

柱子采用一点绑扎斜吊法吊装。

柱 $Z_1 Z_2$ 要求起重量：$Q = Q_1 + Q_2 = 6.95 + 0.2 = 7.15t$

柱 $Z_1 Z_2$ 要求起升高度为：

根据图8-12所示，可知：

$H=h_1+h_2+h_3+h_4=0+0.3+6.9+2.0=9.2m$

柱 Z_3 要求起重量：$Q=Q_1+Q_2=5.6+0.2=5.8t$

柱 Z_3 要求起升高度为：

根据图8-13所示，可知：

$H=h_1+h_2+h_3+h_4=0+0.30+11.35+2.0=13.65m$

2）屋面板

吊装跨中屋面板时，起重量：$Q=Q_1+Q_2=1.16+0.2=1.36t$

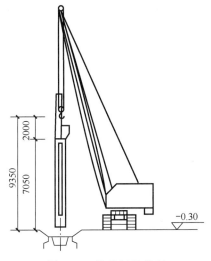

图8-12　柱的起重高度

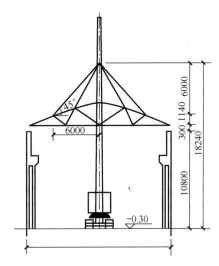

图8-13　屋面板的起升高度计算简图

起升高度为：$H=h_1+h_2+h_3+h_4=(10.8+2.64)+0.3+0.24+2.5=16.48m$

根据相关规定，安装屋面板时起重机吊钩需跨过已经安装的屋架3m，同时要求起重臂轴线与已安装的屋架上弦中线最少需保持1m的水平距离。因此，起重机起吊时其最小起重臂长度所需起重仰角 α 为：

$$\alpha = \arctan\sqrt[3]{\frac{h}{f+g}} = \arctan\sqrt[3]{\frac{10.8+2.64-1.7}{3+1}} = 55.07°$$

起重机的最小起重臂长度 L 为：

$$L = \frac{h}{\sin\alpha} + \frac{f+g}{\cos\alpha} = \frac{11.74}{\sin 55.07°} + \frac{4}{\cos 55.07°} = 21.34m$$

3）核算起重高度

根据上述计算，当选用 W_1-100型履带式起重机吊装屋面板，取起重臂长 $L=23m$，起重仰角 $\alpha=55°$。同时假定起重机顶端至吊钩的距离 $d=3.5m$，则实际的起重高度为：

$$H = L\sin 55° + E - d = 23\sin 55° + 1.7 - 3.5 = 17.04m > 16.48m;$$

此时 $d=23\sin 55°+1.7-16.48=4.06m>3.5m$

满足要求。

在此条件下，起重机在吊板时的起重半径为：

$$R = F + L\cos\alpha = 1.3 + 23\cos 55° = 14.49m$$

根据以上各种工作参数计算，确定选用 23m 长度起重臂的 W-100 型起重机。

（2）现场预制构件的平面布置与起重机的开行路线

本工程构件吊装采用分件吊装的方法。

柱子、屋架现场预制，其他构件（如吊车梁、连系梁、屋面板）均在附近预制构件厂预制，吊装前运到现场排放吊装。

1）Ⓐ 列柱预制

在场地平整及杯形基础浇筑后即可进行柱子预制。根据现场情况及起重半径 R，先确定起重机开行路线，吊装Ⓐ列柱时，跨内、跨边开行，且起重机开行路线距Ⓐ轴线的距离为 4.8m；然后以各杯口中心为圆心，以 $R=6.5m$ 为半径画弧与开行线路相交，其交点即为吊装各柱的停机点，再以各停机点为圆心，以 $R=6.5m$ 为半径画弧，该弧均通过各杯口中心，并在杯口附近的圆弧上定出一点作为柱脚中心，然后以柱脚中心为圆心，以柱脚至绑扎点的距离 7.05m 为半径作弧与以停机点为圆心，以 $R=6.5m$ 为半径的圆弧相交，此交点即柱的绑扎点。根据圆弧上的两点（柱脚中心及绑扎点）做出柱子的中心线，并根据柱子尺寸确定出柱的预制位置，如图 8-14 所示。

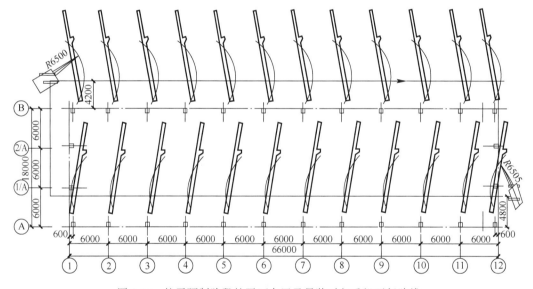

图 8-14　柱子预制阶段的平面布置及吊装时起重机开行路线

2）Ⓑ 列柱预制

根据施工现场情况确定Ⓑ列柱跨外预制，由Ⓑ轴线与起重机的开行路线的距离为 4.2m，定出起重机吊装Ⓑ列柱的开行路线，然后按上述Ⓐ列柱预制同样的方法确定停机点及柱子的布置位置。如图 8-15 所示。

3）抗风柱的预制

抗风柱在①轴及⑭轴跨外布置，其预制位置不能影响起重机的开行。

4）屋架的预制

屋架的预制安排在柱子吊装完成后进行；屋架以 3～4 榀为一叠安排在跨内叠浇。在确定屋架的预制位置之前，先定出各屋架排放的位置，据此安排屋架的预制位置。

按图 8-14 及图 8-15 的布置方案，起重机的开行路线及构件的安装顺序如下：

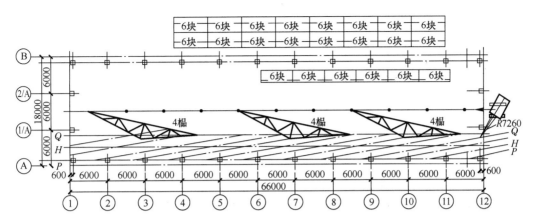

图 8-15 屋架预制阶段的平面布置及起重机吊装屋架时扶直、排放开行路线

① 自Ⓐ轴跨内进场，按⑫→①顺序吊装Ⓐ列柱；

② 转至Ⓑ轴线跨外，按①→⑭的顺序吊装Ⓑ列柱；

③ 转至Ⓐ轴线跨内，按⑫→①的顺序吊装Ⓐ列柱的吊车梁、连系梁、柱间支撑；

④ 转至⑤轴线跨内，按⑩→①的顺序吊装Ⓑ列柱的吊车梁、连系梁、柱间支撑；

⑤ 转至跨中，按⑫→①的顺序扶直屋架，使屋架、屋面板排放就位后，吊装①轴线的两根抗风柱；

⑥ 按①→⑫的顺序吊装屋架、屋面支撑、大型屋面板、天沟板等；

⑦ 吊装Ⓑ轴线的两根抗风柱后退场。

至此，某单层工业厂房结构的金工车间的结构安装工程施工完成。

九、识读施工图和其他工程设计、施工文件

（一）专业技能概述

1. 建筑工程施工图的分类

建筑工程施工图按专业分工不同可分为建筑施工图、结构施工图、设备施工图。这些图纸又分为基本图和详图两部分。基本图表示全局性的内容，详图则表示某些构配件和局部节点构造等的详细情况。

（1）建筑施工图及其内容

建筑施工图是描绘房屋建造的规模、外部造型、内部布置、细部构造的图纸，是施工放线、砌筑、安装门窗、室内外装修和编制施工预算及施工组织计划的主要依据。主要内容有设计说明、总平面图、建筑平面图、建筑立面图、建筑剖面图以及建筑详图等。

1）设计说明

设计说明一般放在一套施工图的首页。主要是对建筑施工图上不易详细表达的内容，如设计依据、工程概况、构造做法、用料选择等，用文字加以说明。此外，还包括防火专篇、节能专篇等一些有关部门要求明确说明的内容。

2）总平面图

将拟建工程四周一定范围内的新建、拟建、原有和拆除的建筑物、构筑物连同其周围的地形地物状况，用水平投影方法和相应的图例所画出的图样，即称为总平面图。

3）建筑平面图

建筑平面图是把房屋用一个假想的水平剖切平面，沿门、窗洞口部位（指窗台以上，过梁以下的空间）水平切开，移去剖切平面以上的部分，把剖切平面以下的物体投影到水平面上，所得的水平剖面图，即为建筑平面图，简称平面图。

4）建筑立面图

建筑立面图是用平行建筑物的某一墙面的平面作为投影面，向其作正投影，所得到的投影图。主要用于表示建筑物的体形和外貌、立面各部分配件的形状及相互关系、立面装饰要求及构造做法等。

建筑立面图命名有多种方式：按朝向命名，如东立面图、西立面图、南立面图、北立面图等；按轴线编号进行命名，如①—⑨立面图等、Ⓐ—Ⓓ立面图等。

5）建筑剖面图

假想用一个平行于投影面的剖切平面，将房屋剖开，移去观察者与剖切平面之间的房屋部分，作出剩余部分的房屋的正投影，所得图样称为建筑剖面图，简称剖面图。将沿着

建筑物短边方向剖切后形成的剖面图称为横剖面图,将沿着建筑物长边方向剖切形成的剖面图称为纵剖面图。一般多采用横向剖面图。

建筑剖面图是表示房屋的内部垂直方向的结构形式、分层情况、各层高度、楼面和地面的构造以及各配件在垂直方向上的相互关系等内容的图样。

6)建筑详图

建筑详图就是把房屋的细部或构配件的形状、大小、材料和做法等,按正投影的原理,用较大的比例绘制出来的图样(也称为大样图或节点图)。它是建筑平面图、立面图和剖面图的补充,详图比例常用(1∶1)~(1∶50)。

建筑详图包括墙身剖面图和楼梯、阳台、雨篷、台阶、门窗、卫生间、厨房、内外装修等详图。

(2)结构施工图及其内容

建筑施工图是在满足建筑物的使用功能、美观、防火等要求的基础上,表明房屋的外形、内部平面布置、细部构造和内部装修等内容。为了建筑物的安全,还应按建筑各方面的要求进行力学与结构计算,决定建筑承重构件(如基础、梁、板、柱等)的布置、形状、尺寸和详细设计的构造要求,并将其结果绘制成图样,用以指导施工,这样的图样称为结构施工图。

结构施工图一般包括:结构设计图纸目录、结构设计总说明、结构平面图和构件详图。

1)结构设计图纸目录和设计总说明

结构图纸目录可以使我们了解图纸的总张数和每张图纸的内容,核对图纸的完整性,查找所需要的图纸。结构设计总说明的主要内容包括以下方面:

① 设计的主要依据(如设计规范、勘察报告等)。

② 结构安全等级和设计使用年限、混凝土结构所处的环境类别。

③ 建筑抗震设防类别、建设场地抗震设防烈度、场地类别、设计基本地震加速度值、所属的设计地震分组以及混凝土结构的抗震等级。

④ 基本风压值和地面粗糙度类别。

⑤ 人防工程抗力等级。

⑥ 活荷载取值,尤其是荷载规范中没有明确规定或与规范取值不同的活荷载标准值及其作用范围。

⑦ 设计±0.000标高所对应的绝对标高值。

⑧ 所选用结构材料的品种、规格、型号、性能、强度等级,对水箱、地下室、屋面等有抗渗要求的混凝土的抗渗等级。

⑨ 结构构造做法(如混凝土保护层厚度、受力钢筋锚固搭接长度等)。

⑩ 地基基础的设计类型与设计等级,对地基基础施工、验收要求以及对不良地基的处理措施与技术要求。

2)结构平面布置图

结构平面布置图是房屋承重结构的整体布置图,主要表示结构构件的位置、数量、型号及相互关系,与建筑平面图一样,属于全局性的图纸,通常包含基础布置平面图、楼层结构平面图、屋顶结构平面图、柱网平面图。

3）结构构件详图

构件详图是表示单个构件形状、尺寸、材料、构造及工艺的图样，属于局部性的图纸。其主要内容有：基础详图，梁、板、柱等构件详图，楼梯结构详图，其他构件详图。

2. 建筑工程施工图的编排顺序

施工图一般的编排顺序：首页图（包括图纸目录、施工总说明、汇总表等）、总平面图、建筑施工图、结构施工图、给水排水施工图、供暖通风施工图、电气施工图等。

各专业施工图应按图纸内容的主次关系来排列。基础图在前，详图在后；总体图在前，局部图在后；主要部分在前，次要部分在后；先施工的图在前，后施工的图在后。

3. 建筑工程施工图的识图方法

识读整套图纸时，应按照总体了解、顺序识读、前后对照、重点细读的读图方法。

（1）总体了解

一般是先看目录、总平面图和施工总说明，以大致了解工程的概况，如工程设计单位、建设单位、新建房屋的位置、周围环境、施工技术要求等。对照目录检查图纸是否齐全，采用了哪些标准图并备齐这些标准图。然后看建筑平、立、剖面图，大体上想象一下建筑物的立体形象及内部布置。

（2）顺序识读

在总体了解建筑物的情况以后，根据施工的先后顺序，从基础、墙体（或柱）结构平面布置、建筑构造及装修的顺序、仔细阅读有关图纸。

（3）前后对照

读图时，要注意平面图、剖面图对照读、土建施工图与设备施工图对照读、做到对整个工程施工情况及技术要求心中有数。

（4）重点细读

根据工种的不同，将有关专业施工图的重点部分再仔细读一遍，将遇到的问题记录下来，及时向设计部门反映。

4. 识读其他工程设计、施工文件

其他工程设计、施工文件主要是指勘察报告、设计变更文件、图纸会审纪要等施工中必须识读的文件。

5. 专业技能要求

通过学习和训练，能够识读砌体结构房屋建筑施工图、结构施工图；能够识读混凝土结构房屋建筑施工图、结构施工图；能够识读单层钢结构房屋建筑施工图、结构施工图；能够识读勘察报告、设计变更文件、图纸会审纪要等。

（二）工程案例分析

1. 识读砌体结构房屋建筑施工图、结构施工图

【案例 9-1】

背景：

图 9-1 为某新建宿舍楼的底层平面图。

问题：

（1）如何识读建筑平面图？

（2）请识读图 9-1 所示的建筑平面图。

分析与解答：

（1）建筑平面图的阅读方法

阅读平面图首先必须熟记建筑图例（建筑图例可查阅《房屋建筑制图统一标准》GB/T 50001，《建筑制图标准》GB/T 50104。

1）看图名、比例：先从图名了解该平面图是表达哪一层平面，比例是多少；从底层平面图中的指北针明确房屋的朝向。

2）从大门入口开始，看房间名称，了解各房间的用途、数量及相互之间的组合情况。从该图可知，别墅大门朝南，车库、厨房、餐厅朝北，另有工人房、卫生间在西侧，东侧有一弧形楼梯通向二楼。

3）根据轴线，定位置，识开间、进深。开间是指房间两横轴之间的距离，进深是指房间两纵轴之间的距离。

4）看图例，识细部，认门窗的代号。了解房屋其他细部的平面形状、大小和位置，如阳台、栏杆和厨厕的布置，搁板、壁柜、碗柜等空间利用情况。厨房中画有矩形及其对角线虚线的图例表示搁板。一般情况下，在首页图上或在本平面图内，附有门窗表，列出门窗的编号、名称、尺寸、数量及其所选标准图集的编号等内容。

5）看楼地面标高，了解各房间地面是否有高差。平面图中标注的楼地面标高为相对标高，且是完成面的标高。

（2）图 9-1 所示的建筑平面图表示的内容

图 9-1 为某宿舍楼底层平面图，其建筑平面图的表示内容包括：

① 建筑物的平面形状。此宿舍楼为长方形；底层共有宿舍四间，门厅、盥洗室、厕所、活动室各一间，楼梯一部。

② 底层平面图尺寸标注分为外部尺寸和内部尺寸。外部尺寸标注表明：外墙上门、窗洞口的大小，如 C283（C 为窗的代号，283 为窗的型号）洞口的宽度为 1800mm；横向轴线间尺寸为 3300mm（即房屋的开间为 3300mm）；竖向轴线间尺寸分别为 6000mm、4500mm、2100mm（即房屋的进深分别为 6000mm、4500mm、2100mm）；房屋的总长度、总宽度分别为 20040mm、12840mm。内部尺寸标注则表明：墙体厚度为 240mm，墙体与轴线之间的关系等。

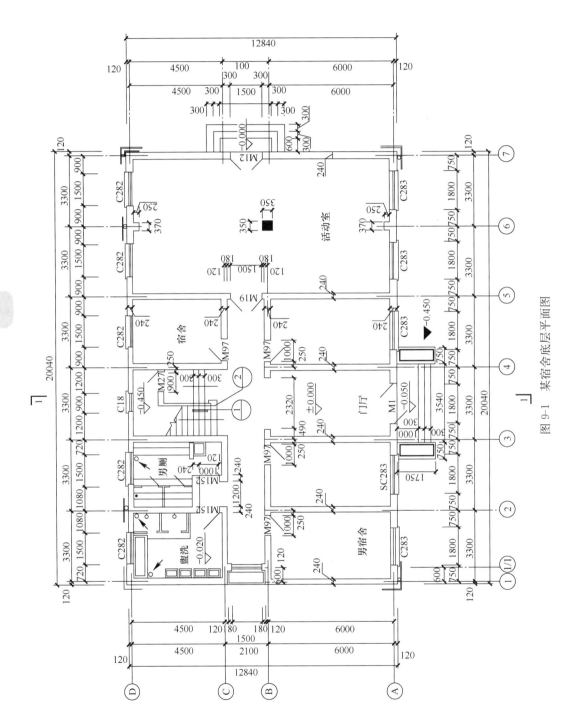

图 9-1　某宿舍底层平面图

③ 底层平面图标高。反映了各房间地坪的标高，如门厅、宿舍、走廊、活动室的地坪为±0.000，男厕所、盥洗室的地坪为—0.020m，楼梯平台下面的地坪为—0.450m，M1（M表示门，1为编号）处外平台面标高为—0.050m，室外设计地坪标高为—0.450m。

④ 其他内容。底层平面图表明，在M1和M2处各有一个台阶，建筑物的四周设有三根落水管及明沟等。底层平面图还表明建筑剖面图的剖切位置，从图中可知1-1剖面图的剖切位置为通过门厅、楼梯间剖切，投射方向为由东向西。

【案例9-2】

背景：

图9-2、图9-3分别为某楼梯结构平面图、楼梯结构剖面图和配筋图。

问题：

（1）楼梯结构平面图表示了哪些内容？

（2）如何识读楼梯结构剖面图和配筋图。

分析与解答：

（1）楼梯结构平面图的内容

楼梯结构详图通常采用楼梯结构平面图、楼梯剖面图和配筋图来表达，本例为现浇板式楼梯，现说明如下：

楼梯结构平面图表示楼梯段、楼梯梁和平台板的平面布置、代号、尺寸及结构标高。多层房屋由底层、中间层和顶层楼梯结构平面图表示。

楼梯结构平面图中的轴线编号应和建筑平面图一致，楼梯剖面图的剖切符号通常在底层楼梯结构平面图中表示。

图9-2所示底层楼梯结构平面图，投影得到的是上行第一梯段、楼梯平台以及上行第二梯段的一部分，上行的第一梯段（TB-1）一端支承在楼梯基础上，另一端支承在楼梯梁（TL-1）上。图9-2的中间层和顶层楼梯结构平面图的表示方法与底层相同，不再赘述。在楼梯结构平面图中，除了标注出平面尺寸，还注出了各梁底的结构标高和板的厚度。

（2）楼梯结构剖面图和配筋图的内容

楼梯结构剖面图表示楼梯的承重构件的竖向布置、构造和连接情况。楼梯结构剖面图可兼作配筋图。

由图9-3中的1-1剖面图可知，被剖切到的梯段是TB-2、楼梯梁和楼梯平台，楼梯平台采用的是预应力多孔板，向TB-1方向投影。由于中间层的梯段布置相同，因此在1-1剖面图中，只画出了中间层的第一梯段和最后一个梯段的一部分，中间用折线断开。

1-1剖面图的下方是TB-1和TB-2的配筋图，从图中可知，梯段板的板厚为100mm，梯段板的板下层受力钢筋采用φ10@150，分布钢筋采用φ8@200；梯段板端部的上层受力钢筋采用φ10@150，分布钢筋也采用φ8@2000。

1-1剖面图的右侧是楼梯梁TL-1、TL-2和TL-3的配筋图，从图中可知，楼梯梁的架立钢筋和箍筋都相同，分别采用2φ10和φ8@200；由于所受荷载的不同，楼梯梁的受力钢筋采用了不同直径的HRB400级钢筋。TL-1的受力钢筋采用的是2φ18，TL-2的受力钢筋采用的是2φ16，TL-3的受力钢筋采用的是2φ14。

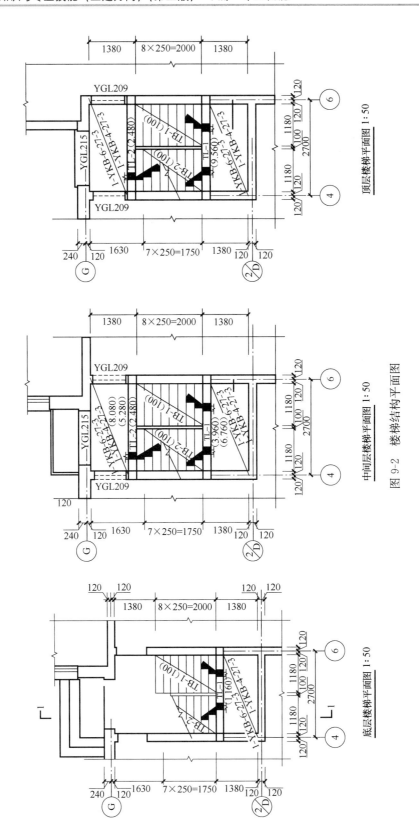

图 9-2　楼梯结构平面图

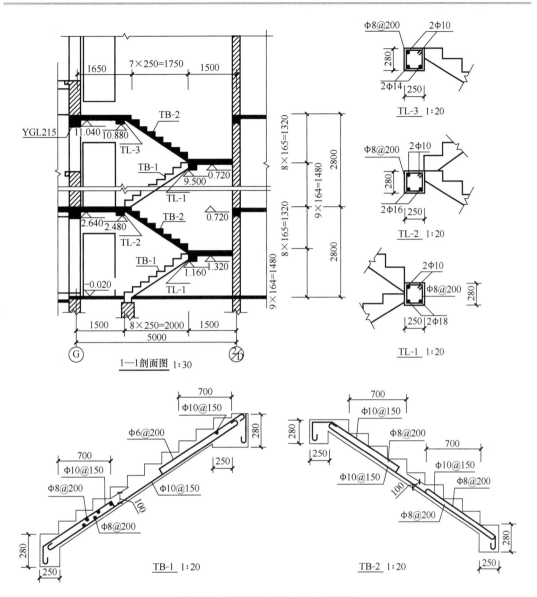

图 9-3　楼梯结构剖面图和配筋图

2. 识读混凝土结构房屋建筑施工图、结构施工图

【案例 9-3】

背景

如图 9-4 所示为某混凝土工程 KL2 梁平法注写图。

问题：

识读图 9-4 所示 KL2 梁结构施工图，说明梁的集中标注内容。

分析与解答

梁的集中标注内容中有五项必注值和一项选注值：

① 梁的编号。由梁的类型代号、序号、跨数和是否悬挑四部分组成，如图 9-4 中的

KL2（2A）即表示框架梁、第 2 号、2 跨、一端悬挑（A 表示一端有悬挑，B 表示两端有悬挑）。

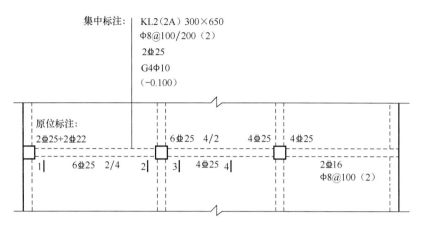

图 9-4 KL2 梁平法注写方式

② 梁的截面尺寸。用 $b \times h$ 表示，如上图中 300×650 表示梁宽 300mm、梁高 650mm。

③ 梁的箍筋。包括钢筋级别、直径、加密区和非加密区间距及肢数，如图中 $\Phi 8@100/200$（2），表示箍筋为直径 8mm 的 HPB300 级钢筋，加密间距为 100，非加密区间距为 200，均为 2 肢箍。

④ 梁上部通长筋或架立筋配置。当同排纵筋中既有通长筋又有架立筋时，就用"＋"将它们相连，注写时须将角部纵筋写在加号的前面，架立筋写在加号后面的括号内。当全部采用架立筋时，将其写在括号内。图中 $2 \Phi 25$ 表示梁上部只有两根直径为 25mm 的 HRB400 级通长钢筋。又如 $2 \Phi 25 + 2 \Phi 22$，表示该梁上角部有两根直径为 25mm 的 HRB400 级通长钢筋，上部中间有两根直径为 22mm 的 HRB400 级架立筋。

⑤ 梁侧面纵向构造钢筋或受扭钢筋配置。当梁的腹板高度 $h_w \geq 450$ mm 时，须配置纵向构造钢筋（用字母 G 打头），有时需配置受扭纵向筋（用字母 N 打头），G 或 N 打头的钢筋均为对称配置。如图中 $G4 \Phi 10$，表示梁的两个侧面共配置了 4 根直径 10 mm 的 HPB300 级构造钢筋，每侧各有 2 根。

⑥ 梁顶面标高高差。该项为选注值，系指相对于结构层楼面标高的高差值，注写在括号内，无高差时不注写。如图中（－0.100）表示该梁顶面较结构层楼面标高低 0.1 m。

3. 识读单层钢结构房屋建筑施工图、结构施工图

【案例 9-4】

背景：

如图 9-5、图 9-6 分别为柱头和柱脚，以及梁柱的接头。

问题：

识读图 9-5、图 9-6 所表示的内容。

分析与解答：

（1）钢柱头的施工图内容

　　如图 9-5 所示,柱头顶板与柱焊接并与梁用普通螺栓相连,梁的支承加劲肋对准柱的翼缘。在相邻梁之间留有间隙并用夹板和构造螺栓相连,如图 9-5(a)所示。

　　在图 9-5(b)所示,在梁端增加了带突缘的支承加劲肋连接于柱顶,加劲肋的底部刨平,顶紧于柱顶板。同时在柱顶板之下腹板两侧应设置加劲肋。

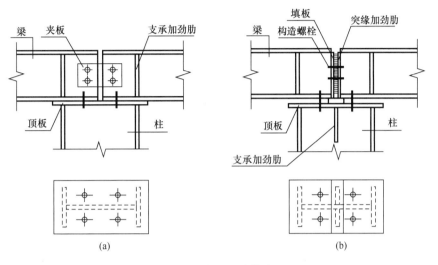

图 9-5　钢柱柱头构造

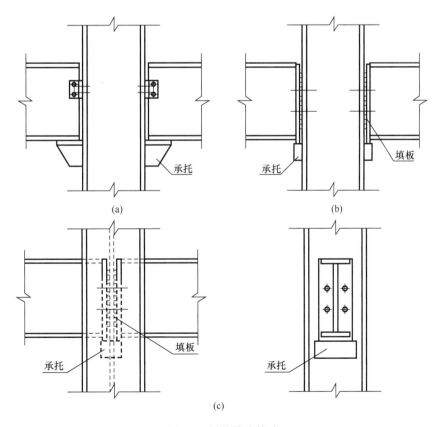

图 9-6　梁柱接头构造

（2）梁柱接头的施工图内容

梁柱接头一般是梁连接在柱的侧面。图 9-6（a）所示将梁直接搁置于柱侧的承托上，用普通螺栓连接。梁与柱侧面之间留有间隙，用角钢和构造螺栓相连。图 9-6（b）所示用厚钢板作承托，直接焊于柱侧。图 9-6（c）所示的连接方式，在柱腹板上直接设置承托，梁端板支承在承托上。

4. 识读勘察报告、设计变更文件、图纸会审纪要等

【案例 9-5】

背景：

某高层建筑住宅，工程设计为剪力墙结构，抗震设防烈度 7 度，结构和内隔墙采用加气混凝土砌块。根据场地条件、周围环境和施工进度计划，本工程采用商品混凝土。施工过程中发生多次设计变更。

问题：

（1）本工程地质勘察报告包括哪些内容？

（2）设计变更的程序及一般格式怎样？

（3）图纸会审纪要包括哪些内容？图纸会审程序如何？

分析与解答：

（1）工程地质勘察报告内容

工程地质勘察报告内容一般包括两大部分：文字和图表。文字部分包括工程概况，勘察目的、任务，勘察方法及完成工作量，依据的规范标准，工程地质、水文条件，岩土特征及参数，场地地震效应等，最后对地基作出一个综合的评价。图表部分包括平面图、剖面图、钻孔柱状图、土工试验成果表、物理力学指标统计表、分层土工试验报告表等。

（2）设计变更的程序及一般格式

1）施工单位提出变更申请

① 施工单位提出变更申请报总监理工程师。

② 总监理工程师审核技术是否可行、审计工程师核算造价影响，报建设单位工程师。

③ 建设单位工程师报项目经理、总经理同意后，通知设计院工程师，设计院工程师认可变更方案，进行设计变更，出变更图纸或变更说明。

④ 变更图纸或变更说明建设单位发监理公司，监理公司发施工单位、造价公司。

2）建设单位提出变更申请

① 建设单位工程师组织总监理工程师、审计工程师论证变更是否技术可行以及对造价影响。

② 建设单位工程师将论证结果报项目经理、总经理同意后，通知设计院工程师，设计院工程师认可变更方案，进行设计变更，出变更图纸或变更说明。

③变更图纸或变更说明由建设单位发监理公司，监理公司发施工单位、造价公司。

3）设计院发出变更

① 设计院发出设计变更。

② 建设单位工程师组织总监理工程师、审计工程师论证变更影响。

③ 建设单位工程师将论证结果报项目经理、总经理同意后，变更图纸或变更说明由

建设单位发监理公司，监理公司发施工单位、造价公司。

4）工程设计变更联系单的一般格式

工程设计变更联系单的一般格式见表 9-1。

工程设计变更联系单 表 9-1

工程名称		某市中心城区高层住宅工程		
图纸名称	××路（×××路—××路）		设计人	×××
建设单位	某市中心城区高层住宅工程建设指挥部		施工单位	×××建设工程有限公司
变更原因：				
变更内容：				

变更意见	施工单位签字： （盖章） 年 月 日	监理单位签字： （盖章） 年 月 日	建设单位签字： （盖章） 年 月 日	设计单位签字： （盖章） 年 月 日

变更联系人：××× 联系电话：××××

（3）图纸会审纪要的内容及程序

1）图纸会审纪要的内容

审查设计图纸及其他技术资料时，应包括以下内容：

① 设计是否符合国家有关方针、政策和规定。

② 设计规模、内容是否符合国家有关的技术规范要求，尤其是强制性标准的要求，是否符合环境保护和消防安全的要求。

③ 建筑设计是否符合国家有关的技术规范要求，尤其是强制性标准的要求，是否符合环境保护和消防安全的要求。

④ 建筑平面布置是否符合核准的按建筑红线划定的详图和现场实际情况；是否提供符合要求的永久水准点或临时水准点位置。

⑤ 图纸及说明是否齐全、清楚、明确。

⑥ 结构、建筑、设备等图纸本身及相互之间有否错误和矛盾；图纸与说明之间有无矛盾。

⑦ 有无特殊材料（包括新材料）要求，其品种、规格、数量能否满足需要。

⑧ 设计是否符合施工技术装备条件。如需采取特殊技术措施时，技术上有无困难，能否保证安全施工。

⑨ 地基处理及基础设计有无问题；建筑物与地下构筑物、管线之间有无矛盾。

⑩ 建（构）筑物及设备的各部位尺寸、轴线位置、标高、预留孔洞及预埋件，大样图及作法说明有无错误和矛盾。

2）图纸会审的程序

一般工程由建设单位组织，并主持会议，设计单位交底，施工单位、监理单位参加。重点工程或规模较大及结构、装修较复杂的工程，如有必要可邀请各主管部门、消防、防疫与协作单位参加，会审的程序：设计单位作设计交底；施工单位对图纸提出问题，有关单位发表意见，与会者讨论、研究、协商逐条解决问题达成共识，组织会审的单位汇总成文，各单位会签，形成图纸会审纪要，会审要作为与施工图纸具有同等法律效力的技术文件使用。

十、编写技术交底文件，实施技术交底

（一）专业技能概述

施工技术交底是某一单位工程开工前，或一个分项工程施工前进行的技术性交代，其目的是使施工人员对工程特点、技术质量要求、施工方法与措施和安全等方面有一个较详细的了解，以便于科学地组织施工，避免事故的发生。各项技术交底记录也是工程技术档案资料中不可缺少的部分。

1. 技术交底的分类

技术交底一般包括下列几种：

（1）设计交底，即设计图纸交底。这是在建设单位主持下，由设计单位向各施工单位（土建施工单位与各设备专业施工单位）进行的交底，主要交代建筑物的功能与特点、设计意图与要求等。

（2）施工组织设计交底。由项目施工技术负责人向施工工地进行交底。将施工组织设计要求全部内容进行交底，使现场施工人员对工程概况、施工部署、施工方法与措施、施工进度与质量要求等方面，有一个较全面地了解，以便于在施工中充分发挥各方面的积极性。

（3）分部、分项工程施工技术交底。这是一项工程施工前，由工地技术负责人（施工员）对施工队（组）长进行的交底。通过交底，使直接生产操作者能抓住关键，顺利施工，以便按图施工。分项（分部）工程施工技术交底，是基层施工单位一项重要的技术活动。

2. 专业技能要求

通过学习、训练及工程实践，能够编写土方、砖石基础、混凝土及桩基等基础施工技术交底文件并实施交底；能够编写混凝土结构、砌体结构、钢结构等结构施工技术交底文件并实施交底；能够编写屋面、地下室等防水施工技术交底文件并实施交底。

（二）工程案例分析

1. 编写土方、砖石基础、混凝土及桩基等基础施工技术交底文件并实施交底

土方、砖石基础、混凝土及桩基等基础施工技术交底案例比较多，这里仅介绍混凝土基础施工技术交底案例。

【案例 10-1】

背景：

某建筑工程基坑平面为长方形，基坑底宽 10m、长 19m、深 4.1m，边坡为坡度为 1∶0.5。地下水位为-0.6m。根据地质勘察资料，该处地面下 0.7m 为杂填土，此层下面有 6.6m 的细砂层，土的渗透系数 $K=5m/d$，再往下为不透水的黏土层。现采用轻型井点设备进行人工降低地下水位，机械开挖土方。

问题：

编写该轻型井点降水的技术交底文件。

分析与解答：

轻型井点降水的技术交底文件见表 10-1。

轻型井点降水的技术交底文件　　　　　　　　　表 10-1

技术交底记录		编　号	
工程名称	××××工程	交底日期	××年××月××日
施工单位	××××建筑工程公司	分项工程名称	轻型井点降水
交底提要	轻型井点降水的相关材料、机具准备、质量要求及施工工艺		

交底内容：

一、施工准备

1. 施工机具

（1）滤管：A38～55mm，壁厚 3.0mm 无缝钢管或镀锌管，长 2.0m 左右，一端用厚为 4.0m 钢板焊死，在此端 1.4m 长范围内，在管壁上钻 A15mm 的小圆孔，孔距为 25mm，外包两层滤网，滤网采用编织布，外再包一层网眼较大的尼龙丝网，每隔 50～60mm 用 8 号钢丝绑扎一道，滤管另一端与井点管进行联结。

（2）井点管：A38～55mm，壁厚为 3.0mm 无缝钢管或镀锌管。

（3）连接管：透明管或胶皮管与井点管和总管连接，采用 8 号钢丝绑扎，应扎紧以防漏气。

（4）总管：A75～102mm 钢管，壁厚为 4.0mm，用法兰盘加橡胶垫圈连接，防止漏气漏水。

（5）抽水设备：根据设计配备离心泵、真空泵及射流泵，以及机组配件和水箱。

（6）移动机具：自制移动式井架（采用振冲机架旧设备）、牵引力为 6t 的绞车。

（7）凿孔冲击管：A219×8mm 的钢管，其长度为 10m。

（8）水枪：A50×5mm 无缝钢管，下端焊接一个 A16mm 的枪头喷嘴，上端弯成大约直角，且伸出冲击管外，与高压胶管连接。

（9）蛇形高压胶管：压力应达到 1.50MPa 以上。

（10）高压水泵：100TSW-7 高压离心泵，配备一个压力表，作下井管之用。

2. 材料

粗砂与豆石，不得采用中砂，严禁使用细砂，以防堵塞滤管网眼。

3. 技术准备

（1）详细查阅工程地质勘察报告，了解工程地质情况，分析降水过程中可能出现的技术问题和采取的对策。

（2）凿孔设备与抽水设备检查。

二、井点安装

1. 安装程序

井点放线定位→安装高位水泵→凿孔安装埋设井点管→布置安装总管→井点管与总管连接→安装抽水设备→试抽与检查→正式投入降水程序。

2. 井点管埋设

（1）根据建设单位提供测量控制点，测量放线确定井点位置，然后在井位先挖一个小土坑，深约 500mm，以便于冲击孔时集水，埋管时灌砂，并用水沟将小坑与集水坑连接，以便于排泄多余水。

（2）用绞车将简易井架移到井点位置，将套管水枪对准井点位置，启动高压水泵，水压控制在 0.4～0.8MPa，在水枪高压水射流冲击下套管开始下沉，并不断地升降套管与水枪。一般含砂的黏土，按经验，套管落距在 1000mm 之内，在射水与套管冲切作用下，在 10～15min 时间之内，井点管可下沉 10m 左右，若遇到较厚的纯黏土时，沉管时间要延长，此时可采用增加高压水泵的压力，以达到加速沉管的速度。冲击孔的成孔直径应达到 300～350mm，保证管壁与井点管之间有一定间隙，以便于填充砂石，冲孔深度应比滤管设计安置深度低 500mm 以上，以防止冲击套管提升拔出时部分土塌落，并使滤管底部存有足够的砂石。

3. 冲洗井管

将 A15～30mm 的胶管插入井点管底部进行注水清洗，直到流出清水为止。应逐根进行清洗，避免出现"死井"。

4. 管路安装

首先沿井点管线外侧，铺设集水毛管，并用胶垫螺栓把干管连接起来，主干管连接水箱水泵，然后拔掉井点管上端的木塞，用胶管与主管连接好，再用 10 号钢丝绑好，防止管路不严漏气而降低整个管路的真空度。主管路的流水坡度按坡向泵房 5‰.的坡度并用砖将主干管垫好。并做好冬季降水防冻保温。

5. 检查管路

检查集水干管与井点管连接的胶管的各个接头在试抽水时是否有漏气现象，发现这种情况应重新连接或用油腻子堵塞，重新拧紧法兰盘螺栓和胶管的钢丝，直至不漏气为止。在正式运转抽水之前必须进行试抽，以检查抽水设备运转是否正常，管路是否存在漏气现象。在水泵进水管上安装一个真空表，在水泵的出水管上安装一个压力表。为了观测降水深度，是否达到施工组织设计所要求的降水深度，在基坑中心设置一个观测井点，以便于通过观测井点测量水位，并描绘出降水曲线。

在试抽时，应检查整个管网的真空度，应达到 550mmHg（73.33kPa），方可进行正式投入抽水。

三、抽水

轻型井点管网全部安装完毕后进行试抽。当抽水设备运转一切正常后，整个抽水管路无漏气现象，可以投入正常抽水作业。开机一个星期后将形成地下降水漏斗，并趋向稳定，土方工程可在降水 10d 后开挖。

四、注意事项

1. 在正式开工前，由电工及时办理用电手续，保证在抽水期间不停电。

2. 轻型井点降水应经常进行检查，其出水规律应"先大后小，先混后清"。若出现异常情况，应及时进行检查。

3. 在抽水过程中，应经常检查和调节离心泵的出水阀门以控制流水量，当地下水位降到所要求的水位后，减少出水阀门的出水量，尽量使抽吸与排水保持均匀，达到细水长流。

4. 现场设专人经常观测真空度，若抽水过程中发现真空度不足，应立即检查整个抽水系统有无漏气环节，并应及时排除。

5. 在抽水过程中，特别是开始抽水时，应检查有无井点管淤塞的死井，可通过管内水流声、管子表面是否潮湿等方法进行检查。如"死井"数量超过 10%，则严重影响降水效果，应及时采取措施，采用高压水反复冲洗处理。

6. 如黏土层较厚，沉管速度会较慢，如超过常规沉管时间时，可采取增大水泵压力，约为 1.0～1.4MPa，但不要超过 1.5MPa。

7. 主干管应按本交底做好流水坡度，流向水泵方向。

由于地质情况比较复杂，工程地质报告与实际情况不符，应因地制宜采取相应技术措施，并向公司技术部通报。

| 审核人 | ××× | 交底人 | ××× | 接受交底人 | ××× |

1. 本表由施工单位填写，交底单位与接受交底单位各存一份。

2. 当做分项工程施工技术交底时，应填写"分项工程名称"栏，其他技术交底可不填写。

2. 编写混凝土结构、砌体结构、钢结构等结构施工技术交底文件并实施交底

混凝土结构、砌体结构、钢结构等结构施工技术交底案例比较多，这里仅介绍混凝土结构、砌体结构施工技术交底案例。

【案例 10-2】

背景：

某住宅楼，平面呈"一"字形，采用混合结构，建筑面积为 3986.45m²，层数为 6 层，筏形基础，±0.000 以下采用烧结普通砖，±0.000 以上用 MU10 多孔砖，楼板为现浇钢筋混凝土，板厚为 120mm。内墙面做法为 15mm 厚 1∶6 混合砂浆打底，面刮涂料；厨房、卫生间采用瓷砖贴面。外墙为 20mm 厚 1∶3 水泥砂浆打底，1∶2 水泥砂浆罩面，

面刷防水涂料。屋面采用聚苯板保温，SBS 卷材防水。

问题：

请进行主体结构施工方案交底。

分析与解答：

主体结构施工方案交底内容包括：

（1）施工准备工作

1）定位放线

底层轴线：根据标志桩（板）上的轴线位置，在做好的基础顶面上，弹出墙身中线和边线。墙身轴线经核对无误后，要将轴线引测到外墙的外墙面上，画上特定的符号，并以此符号为标准，用经纬仪或吊锤向上引测来确定以上各楼层的轴线位置。

抄平：用水准仪以标志板顶的标高（±0.000）将基础墙顶面全部抄平，并以此为标准立一层墙身的皮数杆，皮数杆钉在墙角处的基础墙上，其间距不超过 20m。在底层房屋内四角的基础上测出 −0.100 标高，以此为标准控制门窗的高度和室内地面的标高。此外，必须在建筑物四角的墙面上作好标高标志，并以此为标准，利用钢尺引测各楼层的标高。

2）组织砌筑材料、机械等进场

在基础施工的后期，按施工平面图的要求并结合施工顺序，组织主体结构使用的各种材料、机械陆续进场，并将这些材料堆放在起重机工作半径的范围内。

（2）施工步骤

本工程主体结构标准层砌筑的施工顺序如下：

放线→砌第一施工层墙→搭设脚手架（里脚手架）→砌第二施工层墙→支楼板与圈梁的模板→楼板与圈梁钢筋绑扎→楼板与圈梁混凝土浇筑

1）墙体的砌筑

砌砖先从墙角开始，墙角的砌筑质量对整个房屋的砌筑质量影响很大。

砖墙砌筑时，最好内外墙同时砌筑以保证结构的整体性。如在砌体施工中，为了方便装修阶段的材料运输和人员通过，需在各单元的横隔墙上留设施工洞口，洞口高度 1.5m，宽度 1.2m，在洞顶设置钢筋混凝土过梁，洞口两侧沿高每 500mm 设 2φ6 拉结钢筋，伸入墙内不少于 500mm，端部应设有 90°的弯钩。

2）脚手架的搭设

脚手架采用外脚手架和里脚手架两种。外脚手架采用钢管扣件式双排脚手架。里脚手架搭设在楼面上，在砌完一个楼层的砖墙后，搬到上一个楼层。脚手架搭设范围的地基应平整坚实，设置底座和垫块，并有可靠的排水设施，注意与墙体的拉结，确保稳定和安全。

3）在整个施工过程中，应注意适时地穿插进行水、电、暖等安装工程的施工。

【案例 10-3】

背景：

某住宅楼工程，平面呈"一"字形，采用框架结构，建筑面积为 3986.45m²，层数为 6 层，筏形基础，砌块填充墙，内墙面做法为 15mm 厚 1：6 混合砂浆打底，面刮涂料；外墙为贴砖。屋面采用聚苯板保温，SBS 卷材防水。

问题：

试进行框架柱钢筋绑扎操作工艺技术交底。

分析与解答：

柱钢筋绑扎操作工艺交底内容包括：

（1）套柱箍筋：按图纸要求间距，计算好每根柱箍筋数量，先将箍筋套在下层伸出的搭接筋上，然后立柱子钢筋，在搭接长度内绑扣不少于3个。

（2）搭接绑扎竖向受力筋：柱子主筋立起之后，接头的搭接长度应符合设计要求。

（3）柱竖向筋采用机械连接，按规范要求错开50%接头位置，上下层接头间距大于35d。第一步接头距楼板面大于500mm且大于$H/6$，不在箍筋加密区。

（4）画箍筋间距线：在立好的柱子竖向钢筋上，按图纸要求用粉笔画箍筋间距线。

（5）柱箍筋绑扎：

1）按已划好的箍筋位置线，将已套好的箍筋往上移动，由上往下绑扎，采用缠扣绑扎。

2）箍筋与主筋要垂直，箍筋转角处与主筋交点均要绑扎，主筋与箍筋非转角部分的相交点成梅花交错绑扎。

3）箍筋的弯钩叠合处应沿柱子竖筋交错布置，并绑扎牢固。

4）由于有抗震要求，柱箍筋端头应弯成135°，平直部分长度不小于10d。

5）柱上下两端箍筋加密，加密区长度及加密区内箍筋间距应符合设计图纸及施工规范小于等于100mm且不大于5d的要求。

6）柱筋保护层厚度应符合规范要求，主筋外皮为25mm，垫块应绑在柱竖筋外皮上，间距一般1000mm，以保证主筋保护层厚度准确。同时，可采用钢筋定距框来保证钢筋位置的正确性。当柱截面尺寸有变化时，柱应在板内弯折，弯后的尺寸要符合设计要求。

7）墙体拉结钢筋或埋件，根据墙体所用材料，按有关图集留置。

8）柱筋到结构封顶时，要特别注意边柱外侧柱筋的锚固长度为1.7l_{ae}，同时在钢筋连接时要注意柱筋的锚固方向，保证柱筋正确锚入梁和板内。

3. 编写屋面、地下室等防水施工技术交底文件并实施交底

屋面、地下室等防水施工技术交底案例比较多，这里仅介绍屋面防水施工技术交底案例。

【案例10-4】

背景：

某屋面工程，采用改性沥青防水卷材防水，第二十一层屋面有冷却塔，屋面上风管穿过幕墙，风管与出屋面的通风道连接。

问题：

试进行施工方案交底。

分析与解答：

（1）施工准备

1）材料准备：

① 3mm+4mmSBS改性沥青防水卷材，经见证取样，并有合格的复检报告。

② 冷底子油、胶粘剂、二甲苯。

2）工具准备：高压吹风机、小平铲、扫帚、滚筒、小刀等。

3）作业条件：

① 基层平整，光滑，干燥，不空鼓、开裂。含水率不大于 9%。若有积水应提前清扫，并用喷灯烤干。

② 水、电、通风已完成屋面施工，所有的预埋管已全部安装完毕。

③ 施工前审核图纸，操作人员持证上岗。

（2）施工工艺

1）施工工艺流程：屋面水、电、通风各专业均已施工验收完毕→清理基层→测基层含水率→涂刷基层处理剂→铺贴卷材附加层→冷粘法铺贴卷材→封边→蓄水试验→做保护层。

2）基层清理及验收：基层清理干净，分格缝要掏空清理干净。

3）测基层含水率：找平层含水率不大于 9%，检验方法是将 $1m^2$ 卷材平铺在找平层上，静置 3~4 小时后揭开检查，找平层覆盖部位与卷材上未见水印方合格。

4）屋面排气管采用外径 $\phi20$ 聚氯乙烯（UPVC）管排气管或同直径电管，分格缝兼作排气通道，在分格缝内每 1000mm 用电锤打一眼，眼直径为 10mm，深度到结构层上表面，分格缝两头预埋排气管，长度不小于 500mm，向墙上弯起不小于 500mm。放好排气管后用陶粒将分格缝填塞密实。分格缝内杂物清理干净，灌干陶粒。

5）涂刷基层处理剂：在基层满刷一道冷底子油，要求涂刷均匀、不露底。

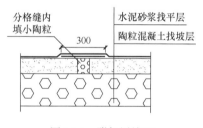

图 10-1　附加层施工

6）附加层施工：在女儿墙、水落口、阴阳角等部位首先做好附加层，用 3mm 改性沥青卷材冷粘法施工，女儿墙阴阳角处卷材上返 250mm，水平长度为 250mm。附加层必须贴实、粘牢。分格缝处用 300mm 宽的卷材长条加热将分格缝一边用满粘法粘贴密实、牢固、压平，如图 10-1 所示。

7）冷粘法铺贴卷材：底层为 3mm、面层为 4mm 卷材。弹出每捆卷材的铺贴位置线，然后将每捆卷材按铺贴长度进行裁剪并卷好备用，操作时将已卷好的卷材用 30cm 的钢管穿入卷心，卷材端头比齐开始铺的起点，涂胶粘剂手扶钢管向前缓慢滚动铺设，要求用力均匀，不窝气，铺设时长，短边搭接为 100mm。女儿墙处卷材向上返 300mm，卷材铺贴应沿平行屋脊的方向铺贴。

屋面卷材搭接如图 10-2 所示，第一层卷材铺贴方法采用条粘法，第二层为满粘法，长短边搭接长度为 100mm，第一层与第二层卷材的搭接处错开 1/3 的卷材宽度，搭接处用喷灯烤至热融，然后压实，以边缘压出沥青为合格。

8）卷材收头：女儿墙阴角铺贴搭接，收头直接采用胶粘剂卷材与墙体连接，然后用 25mm×2mm 钢压条，中距 500mm 用射钉或钢钉固定，外抹砂浆成靴子状作为保护层。卷材收头长度为 300mm。如图 10-3 所示。

卷材末端收头部位用聚氨酯嵌缝膏嵌缝，当嵌缝膏固化后，再涂刷一层聚氨酯涂膜防水涂料，达到密封的效果。

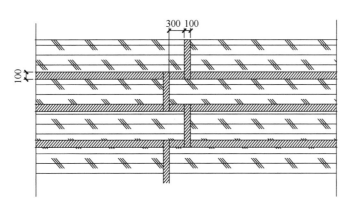

图 10-2　屋面卷材搭接

水落口施工方法：先做附加层将卷材卷进雨落口 50mm，雨落口周边长度为 300mm。然后再做底层和面层，底层和面层也均卷进雨落口 50mm。做法如图 10-4 所示。

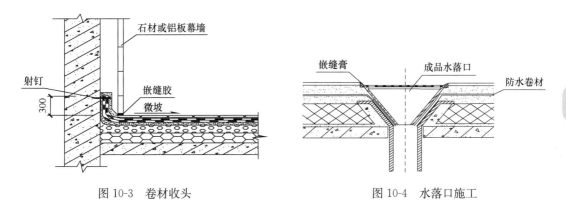

图 10-3　卷材收头　　　　　　　　　　　　图 10-4　水落口施工

9）21 层屋面冷却塔与槽钢处的铺贴方法：首先将槽钢用细石混凝土包住，其高度与冷却塔基础同，冷却塔基础高 32cm，与槽钢间距为 15cm，由于间距较小，中间不留空隙，包槽钢的混凝土直接与冷却塔基础连接。如图 10-5 所示。

冷却塔和槽钢基础卷材收头高度以基础高度为准，卷材卷上基础面层粘接并挤压密实，然后用细石混凝土做压毡层，四面做成靴子状。做法如图 10-6 所示。

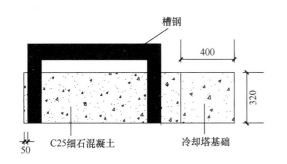

图 10-5　冷却塔与槽钢处的铺贴

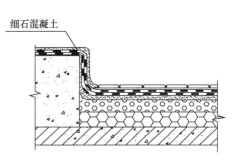

图 10-6　卷材收头

10）屋面上风管穿过幕墙的做法如图 10-7 所示。

11）风管与出屋面的通风道的连接做法如图 10-8 所示。

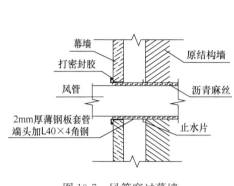

图 10-7　风管穿过幕墙

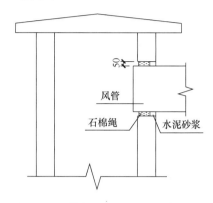

图 10-8　风管与出屋面的通风道的连接

（3）质量标准

1）SBS 卷材及其冷底子油必须有出厂合格证，SBS 卷材有合格的复检报告。

2）卷材的细部做法必须按交底明确的做法施工。

3）卷材施工过程中要注意成品的保护，穿软底鞋施工。不得有破损现象。

4）基层应清理干净，无空鼓、起砂、阴阳角应抹圆弧形。

5）冷底子油不得有漏刷、透底和麻点。

6）卷材防水层的接头搭接宽度应符合规范的规定，收头应嵌牢固。

7）卷材粘结牢固、无空鼓、损伤、起泡、皱折等缺陷，卷材搭接宽度的允许偏差为－10mm 内。

（4）成品保护

1）卷材防水层铺贴完成后，应及时报验并用竹胶板铺在人员经常走动的地方作好保护层。

2）卷材平面做防水施工时，不得在防水层上放置材料及作为施工运输通道。

（5）安全措施

1）防水卷材施工时，卷材及汽油均为易燃品，因此要做好防火措施，每个屋面配备 5 个干粉灭火器。

2）幕墙保温层为聚苯板，在女儿墙处施工时要注意防火措施，用铁皮将聚苯板做好保护。

3）卷材施工时，要注意风向，不得站在下风向。

十一、使用测量仪器进行施工测量

（一）专业技能概述

1. 建筑工程定位放线

建筑工程的定位分为平面位置定位和标高定位。利用经纬仪、全站仪等测量仪器将建筑物的外轮廓轴线交点的平面位置在施工场地上以定位桩等形式标定出来，即所谓建筑物的平面定位；利用水准仪和钢尺等测量仪器将建（构）筑物的设计标高在施工场地标定出来，称为标高定位，又称为高程测设。建筑物定位完成后，依据定位桩来测设建筑物其他细部轴线的平面位置，称为建筑物的放线，定位放线是建筑工程施工的依据。

2. 施工质量校核

施工放样前，对建筑物施工平面控制网和高程控制点进行检核，主要校核业主提供的平面、高程控制桩的坐标、角度、距离、高差等几何关系是否符合设计要求，主要目的是防止和避免点位变化给施工放样带来误差。施工放样过程中，要对放样的点、线等进行坐标、角度、距离、高差等几何关系的检核，以校核是否满足《工程测量标准》GB 50026—2020 的规定。

3. 建筑工程施工变形监测

在建筑工程的深基础和主体施工中均需进行变形监测，以保证建筑工程质量和安全生产。深基础施工中变形观测的内容包括支护结构顶部的水平位移观测，支护结构的垂直位移观测，支护结构倾斜观测，邻近建筑物、道路、地下管网设施的垂直位移、倾斜、裂缝观测等。在建筑物主体结构施工中，监测的主要内容是建筑物的垂直位移、倾斜、挠度和裂缝观测。变形观测的精度要求取决于该建筑物设计的允许变形值的大小和进行变形观测的目的。若观测的目的是使变形值不超过某一允许值从而确保建筑物的安全，则观测的中误差应小于允许变形值的 $1/20 \sim 1/10$；若观测的目的是研究其变形过程及规律，则中误差应比允许变形值小得多。依据规范，对建筑物进行变形观测应能反映 $1 \sim 2mm$ 的沉降量。观测的周期取决于变形值的大小和变形速度以及观测的目的。

4. 专业技能要求

通过前面测量基础知识（见《施工员通用知识与基础知识（土建方向）（第三版）》）的学习和专业技能训练，能够正确使用测量仪器及工具，并能进行施工测量，包括建筑工程定位放线、施工质量校核、建筑工程施工变形监测等工作。

（二）工程案例分析

1. 使用测量仪器进行施工定位放线

【案例 11-1】

背景：

某建筑工程的结构主体分为裙房和主楼两部分，裙房为 3 层，主楼为 26 层。施工测量分为几个阶段进行。

问题：

各阶段施工施工定位放线如何进行？

分析与解答：

各阶段施工测量工作按如下方式进行：

（1）建立施工控制网

1）校核起始依据

定位测量前，应由甲方提供三个的坐标控制点和两个高程控制点，作为场区控制依据点。以坐标控制点为起始点作二级导线测量，作为建筑物平面控制网。以高程控制点为依据，作等外附合水准测量，将高程引测至场区内。

平面控制网导线精度不低于 1/10000，高程控制测量闭合差不大于 $\pm 30\sqrt{L}$ mm（L 为附合路线长度以 km 计）。

在测设建筑物控制网时，首先要对起始依据进行校核。根据红线桩及图纸上的建筑物角点坐标，反算出它们之间的相对关系，并进行角度、距离校测。校测允许误差：角度为 $\pm 12''$；距离相对精度不低于 1/15000。

对起始高程点应用附合水准测量进行校核，高程校测闭合差不大于 ± 10mm $\sqrt{n}$（n 为测站数）。

2）建立建筑物控制网

以导线点为依据，测设出距建筑物外边 7m 的矩形平面控制网 I、II、III、IV。建筑物平面控制网点必须妥善保护。

（2）主轴线的测设

1）主轴线的选择。该工程的结构主体分为裙房和主楼两部分，裙房为 3 层，主楼为 26 层，中间留有后浇带。因此定主轴线时，按流水段的划分将该工程分三部分进行主轴线的控制。

2）主轴线的测设。根据图纸尺寸依次在各点上架设经纬仪，分别测设出各方主轴线桩，并分别测设出引桩。测设完的主轴线桩及引桩应用围栏妥善保护，长期保存。

3）高程控制。利用高程点进行附合测法在场区内布设不少于八个点的水准路线 a、b、c、d、e、f、g、h，这些水准点作为结构施工高程传递的依据。

（3）±0.000 以下及基础施工测量

该工程的基础标高为 −15.80m。标高传递采用钢尺配合水准仪进行，并控制挖土深度。挖土深度要严格控制，不能超挖。在基础施工时，为监测边坡变形，在边坡上埋设标高监测点，每 10m 埋设一个，随时监测边坡的情况。按设计要求，抄测出垫层标高，并钉小木桩。在垫层混凝土施工时，拉线控制垫层厚度。地下部分的轴线投测，采用经纬仪挑直线法进行外控投测。垫层施工完后，将主轴线投测到垫层上。先在垫层上对投测的主轴线进行闭合校核，精度不低于 1/8000，测角限差为 ±12″。校核合格后，再进行其他轴线的测设，并弹出墙、柱边界线。施测时，要严格校核图纸尺寸、投测的轴线尺寸，以确保投测轴线无误。地下部分结构施工的高程传递，用钢尺传递和楼梯间水准仪观测互相进行，互为校核。

（4）±0.000m 以上施工测量

1）轴线竖向传递。本工程的轴线竖向传递采用激光铅直仪内控法。在首层地面设置投测基点。在首层地面钢筋绑扎施工时，在欲设置激光投测点的位置预埋 100mm×100mm 铁板，铁板上表面略高于混凝土上表面。激光投测点的选择要综合考虑流水段的划分，各点距主轴线距离均为 1.000m。施工至首层平面时，对各主轴线桩点进行距离、角度校核，校核合格后再进行首层平面放线。放线后，再将各激光投测点测定在预埋铁板上，并再次校核，合格后方可进行施工。每层顶板应在各激光投测点相应的位置上预留 150mm×150mm 的接收孔。投测时将激光铅直仪置于首层控制点上，在施工层用有机玻璃板贴纸接收。每个点的投测均要用误差圆取圆心的方法确定投测点，即每个点的投测应将仪器分别旋转 90°、180°、270°、360° 投测四个点，这四个点形成的误差圆取其圆心作为投测点。每层投测完后均要进行闭合校核，确保投测无误，再放其他轴线及墙边线、柱边线。为保证竖向投测的精度，轴线投测采用两次接力投测。

2）高程传递。首层施工完后，将 ±0.000 的高程抄测在首层柱子上，且至少抄测三处，并对这三处进行附合校核，合格后以此进行标高传递。±0.000 以上标高传递采用钢尺从三个不同部位向上传递。每层传递完后，必须在施工层上用水准仪校核。由于高程超过一整尺，因此，在十层标高投测后，精确校核，合格后，以此作为十层以上结构施工高程传递依据。标高传递误差主楼不应超过 ±15mm，裙房不超过 ±10mm，且每层标高竖向传递的不应超过 ±3mm，超限必须重测。每层结构施工完后，在每层的柱、墙上抄测出 1.000m 线，作为装修施工的标高控制依据。

（5）装修施工测量

在结构施工测量中，按装修工程要求将装饰施工所需要的控制点、线及时弹在墙、板上，作为装饰工程施工的控制依据。

1）地面面层测量。在四周墙身与柱身上投测出 100cm 水平线，作为地面面层施工标高控制线。根据每层结构施工轴线放出各分隔墙线及门窗洞口的位置线。

2）吊顶和屋面施工测量。以 1.000m 线为依据，用钢尺量至吊顶设计标高，并在四周墙上弹出水平控制线。对于装饰物比较复杂的吊顶，应在顶板上弹出十字分格线，十字线应将顶板均匀分格，以此为依据向四周扩展等距方格网来控制装饰物的位置。屋面测量首先要检查各方向流水实际坡度是否符合设计要求，并实测偏差，在屋面四周弹出水平控制线及各方向流水坡度控制线。

3）墙面装饰施工测量。内墙面装饰控制线，竖直线的精度不应低于 1/3000，水平线精度每 3m 两端高差小于 ±1mm，同一条水平线的标高允许误差为 ±3mm。外墙面装饰用铅直线法在建筑物四周吊出铅直线以控制墙面竖直度、平整度及板块出墙面的位置。

4）电梯安装测量。在结构施工中，从电梯井底层开始，以结构施工控制线为准，及时测量电梯井净空尺寸，并测定电梯井中心控制线。测设轨道中心位置，并确定铅垂线，并分别丈量铅垂线间距，其相互偏差（全高）不应超过 1mm。每层门套两边弹竖直线，并保证电梯门槛与门前地面水平度一致。

5）玻璃幕墙的安装测量。结构完工后，安装玻璃幕墙时，用铅垂钢丝的测法来控制垂直龙骨的垂直度，幕墙分格轴线的测量放线应与主体结构的测量放线相配合，对其误差应在分段分块内控制、分配、消化，不使其积累。幕墙与主体连接的预埋件，应按设计要求埋设，其测量放线偏差高差不大于 ±3mm，埋件轴线左右与前后偏差不大于 10mm。

2. 使用测量仪器进行施工质量校核

【案例 11-2】

背景：

某高层建筑主体工程施工，框架柱模板工程施工质量控制与校核是关键。其中高层建筑垂直度测量，主要是通过仪器选择和测量误差的校核、调整来达到更高的精度要求。

问题：

该工程垂直度如何控制与校核？

分析与解答：

按《高层建筑混凝土结构技术规程》JGJ 3—2010 要求，高层、超高层建筑轴线竖向投测允许偏差：每层允许偏差 3mm；总高允许偏差不大于 $H/1000$ 且≤30mm（H 为建筑物总高）。

（1）控制方式和仪器选择

1）控制方式。由于施工现场环境条件的变化、场地较小等因素，加上外架采用悬挑架，安全网封闭，本工程垂直度测设采用内控法。

2）仪器选择。垂直度测量选用光学经纬仪或全站仪，激光铅垂仪。

（2）控制网的布设

以规划局提供的建筑物的角点坐标为基线，用光学经纬仪或全站仪引至建筑外固定的位置，做好标记和保护，作为地下结构测量和上部结构垂直度测量的首级控制点。地下结构测量采用光学经纬仪或全站仪测设，普通重锤法校核。±0.000 层结构完成后，通过首级控制点，把轴线定位到楼面上（可设在 2 层或转换层上），在平面图上找出 3~4 个合理的上投控制点。一般选择在距离轴线 500~800mm 处混凝土板上，这样便于留孔和进行上投传递。控制标志采用钢筋加工制成，埋设到楼面内，上加盖保护。

（3）垂直度控制要点

1）传递孔设置。在上投控制点上方留设 200mm×200mm 孔洞，在孔洞四周做好上翻 50mm 的防水圈（可砌砖），平时孔洞处须盖好板，以保安全。

2）每次投测，将激光铅垂仪仔细对中，严格整平，然后接通激光电源，打开激光铅垂仪激光发射器开关即可发射出铅直的激光束。与此同时，在所测设楼层的楼板预留孔处安置接收有机玻璃板，激光铅垂仪发出的激光束在有机玻璃上形成一个小圆形光斑，通过调整发射器的焦距，使靶标上形成的激光光斑达到最小。每个点的投测均要用误差圆取圆心的方法确定投测点，即每个点的投测应将仪器分别旋转 90°、180°、270°、360°投测四个点，取四个点形成的误差圆的圆心作为投测点最终位置。

3）分段投测。为了提高工效和防止激光束点的误差，考虑仪器性能条件和施工环境的影响，缩短投影测程，采取分段控制，分段投点的方式，以竖向每 60~120m 为一段。当第一段施工完毕，将此段首层控制点的点位精确地投至上一段的起始楼层上，并进行控制网的检测和校正，确认控制点准确无误后，重新埋点。这相当于将下段首层的控制网垂直升至此段首层并锁定，作为上段各层的投测依据。

（4）校核

1）段垂直度校核。每投测段施工完毕后，采用 1mm 钢丝、15kg 铅锤人工投点进行对比校核。

2）总垂直度校核。所有投测段施工完毕后，在首层控制点上架好激光铅垂仪，将首层控制点投测到最高结构层，并与控制线进行校核。

3）校核标准。按《高层建筑混凝土结构技术规程》JGJ 3—2010 的要求。

3. 使用测量仪器进行变形观测

【案例 11-3】

背景：

本工程为某市世纪广场，建筑面积为 137000m²，分南北两栋塔楼，地上裙房 5 层，地下 2 层，其中南楼塔楼为 30 层，北楼 27 层，沉降观测点根据设计院提供的沉降观测点进行设置，一共为 27 个测点。

问题：

试制定本工程沉降观测方案。

分析与解答：

（1）沉降观测方法

1）本工程沉降观测采用闭合圈法按二等水准测量要求进行，使用自动安平水准仪和钢水准尺。

2）采用闭合法进行沉降观测，并根据本工程管理特点分南北楼沉降观测队。观测前安排好测量跑尺人员并通知监理和建设单位负责人，并将沉降点从位于某广场的基准水准点引入现场并做记号，并清理好现场，确保视线、场地畅通。

3）工程结构施工阶段，做到每施工一层结构即进行一次沉降观察，沉降观测时间为混凝土浇筑结束后一天，不上荷载的情况下进行，中间停、复工各观测一次，以后每三个月观测一次，建筑物竣工验收前观测一次。特殊情况如发现严重裂缝、沉降速率增大、沉降差较大等，亦相应增加观测次数，并整理出资料由主管工程师审核，及时提交给业主。使用阶段每半年一次，共两次，以后每年一次，预计观测五年或直到沉降稳定，使用阶段预计共测 6 次，由建设单位负责观测。

（2）观测成果管理

沉降观测应有专用外业手簿、记录表和建筑物平面图及观测点布置图等，并根据沉降观测成果计算整个建筑物的平均沉降量和相对沉降差，每季提供给业主一份资料。工程沉降观测资料由专人整理，当每次观测一周后，提交工程技术科和工程队各一份，最终将系统观测资料作为工程技术资料的一部分存档，并交建设单位一份。

（3）观测点的保护

经常检查基准点和观测点有无变动，并防止砂浆落在观测头上，将观测点按观测平面图相应的编号，每次观测后旋下观测头集中保管，下次观测时再按编号旋上观测头，注意防止柱上槽口被杂物堵塞或被现场材料挡住，还要采取一定的措施防止碰撞观测点头的螺牙铁管口。

观测点的设置，依据图纸设计要求。观测点的设置采用预埋螺牙铁管，使用活动观测头，便于装拆。装修前先旋下观测头，在柱装修材料上留孔并预埋套管，装修完再旋上观测头，观测头就朝外，便于观测。

十二、划分施工区段，确定施工顺序

（一）专业技能概述

1. 施工区段及其划分原则

施工区段是指工程对象在组织流水施工中所划分的施工区域，包括施工段和施工层。一般把平面上划分的若干个劳动量大致相等的施工区段称为施工段，用符号 m 表示。把建筑物垂直方向划分的施工区段称为施工层，用符号 r 表示。

划分施工区段的目的在于保证不同的施工队组能在不同的施工区段上同时进行施工，消灭由于不同的施工队组不能同时在一个工作面上工作而产生的互等、停歇现象，为流水创造条件。

划分施工段的基本原则：

（1）施工段的数目要合理；

（2）各施工段的劳动量（或工程量）要大致相等（相差宜在 15％ 以内）；

（3）要有足够的工作面；

（4）要有利于结构的整体性；

（5）以主导施工过程为依据进行划分；

（6）当组织流水施工的工程对象有层间关系，分层分段施工时，应使各施工队组能连续施工。

2. 施工顺序及其确定原则和要求

确定合理的施工顺序是选择施工方案首先应考虑的问题。施工顺序是指工程开工后各分部分项工程施工的先后次序。确定施工顺序既是为了按照客观的施工规律组织施工，也是为了解决工种之间的合理搭接，在保证工程质量和施工安全的前提下，充分利用空间，以达到缩短工期的目的。

在实际工程施工中，施工顺序可以有多种。不仅不同类型建筑物的建造过程有着不同的施工顺序，在同一类型的建筑工程施工中，甚至同一幢房屋的施工，也会有不同的施工顺序。

（1）确定施工顺序应遵循的基本原则

1）先地下，后地上。指的是地上工程开始之前，把管道、线路等地下设施、土方工程和基础工程全部完成或基本完成。坚固耐用的建筑需要有一个坚实的基础，从工艺的角度也必须先地下后地上，地下工程施工时应做到先深后浅。这样可以避免对地上部分施工产生干扰，从而带来施工不便，造成浪费，影响工程质量。

2）先主体，后围护。指的是框架结构建筑和装配式单层工业厂房施工中，先上主体结构，后上围护工程。同时框架主体结构与围护工程在总的施工顺序上要合理搭接，一般来说，多层建筑以少搭接为宜，而高层建筑则应尽量搭接施工，以缩短施工工期；而装配式单层工业厂房主体结构与围护工程一般不搭接。

3）先结构，后装修。是对一般情况而言，先结构、后装修。有时为了缩短施工工期，也可以有部分合理的搭接。

4）先土建，后设备。指的是不论是民用建筑还是工业建筑，一般来说，土建施工应先于水、暖、电等建筑设备的施工。但它们之间更多的是穿插配合关系，尤其在装修阶段，要从保证施工质量、降低成本的角度，处理好相互之间的关系。

以上原则并不是一成不变的，在特殊情况下，如在冬期施工之前，应尽可能完成土建和围护工程，以利于施工中的防寒和室内作业的开展，从而达到改善工人的劳动环境、缩短工期的目的；又如大板建筑施工，大板承重结构部分和某些装饰部分宜在加工厂同时完成。因此，随着我国施工技术的发展、企业经营管理水平的提高和在特殊情况下，以上原则也在进一步完善之中。

（2）确定施工顺序的基本要求

1）必须符合施工工艺的要求。建筑物在建造过程中各分部分项工程之间存在着一定的工艺顺序关系，它随着建筑物结构和构造的不同而变化，应在分析建筑物各分部分项工程之间的工艺关系的基础上确定施工顺序。例如：基础工程未做完，其上部结构就不能进行，垫层需在土方开挖后才能施工；采用混合结构时，下层的墙体砌筑完成后方能施工上层楼面；但在框架结构工程中，墙体作为围护或隔断，则可安排在框架施工全部或部分完成后进行。

2）必须与施工方法协调一致。例如：在装配式单层工业厂房施工中，如采用分件吊装法，则施工顺序是先吊柱、再吊梁、最后吊各个节间的屋架及屋面板等；如采用综合吊装法，则施工顺序为一个节间全部构件吊完后，再依次吊装下一个节间，直至构件吊完。

3）必须考虑施工组织的要求。例如：有地下室的高层建筑，其地下室地面工程可以安排在地下室顶板施工前进行，也可以安排在地下室顶板施工后进行。从施工组织方面考虑，前者施工较方便，上部空间宽敞，可以利用吊装机械直接将地面施工用的材料吊到地下室。而后者，地面材料运输和施工就比较困难。

4）必须考虑施工质量的要求。在安排施工顺序时，要以保证和提高工程质量为前提，影响工程质量时，要重新安排施工顺序或采取必要的技术措施。例如：屋面防水层施工，必须等找平层干燥后才能进行，否则将影响防水工程的质量，特别是柔性防水层的施工。

5）必须考虑当地的气候条件。例如：在冬期和雨期施工到来之前，应尽量先做基础工程、室外工程、门窗玻璃工程，为地上和室内工程施工创造条件。这样有利于改善工人的劳动环境，有利于保证工程质量。

6）必须考虑安全施工的要求。在立体交叉、平行搭接施工时，一定要注意安全问题。例如：在主体结构施工时，水、暖、电的安装与构件、模板、钢筋等的吊装和安装不能在同一个工作面上，必要时采取一定的安全保护措施。

3. 专业技能要求

通过学习和训练，能够划分多层混合结构、框架结构、钢结构工程的施工区段；能够确定多层混合结构、框架结构、钢结构工程的施工顺序。

（二）工程案例分析

1. 划分多层混合结构、框架结构、钢结构工程的施工区段

【案例 12-1】

背景：

某工程为某学院砖混结构教工住宅楼，地下 1 层，地上 6 层，建筑面积 6180m²，总长度为 75m，总宽度为 15m，建筑高度 19.3m，耐火等级二级，抗震设防烈度为 7 度。设有灰土挤密桩基、筏形基础。地下室层高为 2.5m，标准层层高 3m，屋顶局部为坡屋面。

问题：

（1）混合结构工程施工区段划分的一般方法是什么？

（2）本工程如何划分施工区段？

分析与解答：

（1）混合结构工程施工区段划分的一般方法

正确合理地划分施工流水段是组织流水施工的关键，它直接影响到流水施工的方式、工程进度、劳动力及物质的供应等。下面主要介绍一般砖混结构住宅流水段划分的方法。

根据单位工程的规模、平面形状及施工条件等因素，来分析考虑各分部工程流水段的划分。目前大多数住宅为单元组合式设计，平面形状一般以"一"字形和"点"式较为多见。因此，基础工程可以考虑 2～3 个单元为一段，这样工作面较为合适。主体结构工程，平面上至少应分两个施工段，空间上可以按结构层或一定高度来划分施工层。装修工程中的外装修以每层楼为一个流水段或两个流水段划分，也可以按单元或墙面为界划分流水段，还可以不分段；内装修以垂直单元为界划分流水段，也可以每层楼划分 1～3 个施工段，再按结构层划分施工层。屋面工程从整体性考虑一般不分段，若有高低层或伸缩缝，则应在高低层或伸缩缝外处划分流水段。设备安装以垂直单元（或一个楼层）为一个流水段划分。对于规模较小且属于群体建筑中的一个单位工程，则可以组织幢号流水，一幢为一个流水段。

（2）本工程施工区段的划分

基础工程：分 2 个施工区段；

主体工程：竖向 6 个施工层，每层 2 个施工区段；

屋面工程：不分段；

装饰工程：每层 1 个施工区段。

【案例 12-2】

背景：

某工程是集现代管理和先进技术装备于一体的智能型建筑，位于省府所在地。工程由主楼和辅房两部分组成，建筑面积 13779m²。主楼为 9 层、11 层、局部 12 层。坐北朝南，南侧有突出的门厅；东侧辅房是三层的沿街餐厅、轿车库和门卫用房，与主楼垂直衔接；主楼地下室是人防、500t 水池和机房；广场硬地下是地下车库；北面是消防通道；南面是 7m 宽的规划道路及主要出入口。室内±0.000，相当于黄海高程 4.70m。现场地

面平均高程约 3.70m。

主楼是抗震设防烈度 7 度的框架剪力墙结构，柱网分 7.2m×5.4m、7.2m×5.7m 两种；ϕ800、ϕ1100、ϕ1200 大孔径钻孔灌注桩基础，混凝土强度等级 C25；地下室底板厚600mm，外围墙厚 400mm，层高有 3.45m 和 4.05m；一层层高有 2.10m、2.60m、3.50m，标准层层高 3.30m，十一层层高 5.00m；外围框架墙用混凝土小型砌块填充，内框架墙用轻质泰柏板分隔；楼、屋面板除现浇混凝土外，其余均采用预应力薄板上现浇厚度不同的钢筋混凝土的叠合板。辅房采用 ϕ500 水泥搅拌桩复合地基，与主楼衔接处，设宽 150mm 沉降缝。

问题：

本工程施工阶段和施工区段如何划分？

分析与解答：

（1）施工阶段的划分

工程分为基础、主体、装修、设备安装和调试工程四个阶段。

（2）施工区段的划分

基础工程：分两段施工；

主体主楼工程：按自然层分施工层，每层分 2 段施工；

屋面工程：分 3 段施工；

装饰工程：每层 1 个施工段；

辅房单列不分段。

2. 确定多层混合结构、框架结构、钢结构工程的施工顺序

【案例 12-3】

背景：

某大学砖混结构职工住宅楼，地下 1 层，地上 6 层，建筑面积 7180m²，总长度为85m，总宽度为 16m，建筑高度 19.3m，耐火等级二级，抗震设防烈度为 7 度，设有灰土挤密桩基、筏形基础。地下室层高为 2.5m，标准层层高 3m，屋顶局部为坡屋面。冬期施工期限为 11 月 2 日～来年 3 月 4 日，雨期施工期限为 6～9 月。

问题：

（1）多层混合结构民用房屋的总体施工顺序是什么？该工程如何组织和安排？

（2）混合结构基础工程阶段施工顺序如何确定？简述该基础工程的施工顺序。

（3）混合结构主体工程施工顺序如何确定？简述该主体工程的施工顺序。

分析与解答：

（1）多层混合结构民用房屋的总体施工顺序

多层混合结构民用房屋的施工，按照房屋结构各部位不同的施工特点，可分为基础工程、主体工程、屋面及装修工程三个施工阶段。各阶段施工顺序如图 12-1 所示。

本工程基础与主体施工时，由木工、钢筋工、混凝土工、架工等组成混合作业队，从下向上每层分两段流水施工；内装饰施工时，抹灰工、木工、油漆粉刷工分别组成专业作业队按墙面顶棚抹灰、楼地面、门窗安装、油漆粉刷从上向下分层流水施工；屋面工程、外装饰、室外工程另组织一条作业线，由混凝土工、抹灰工、油漆粉刷工、防水工分别组

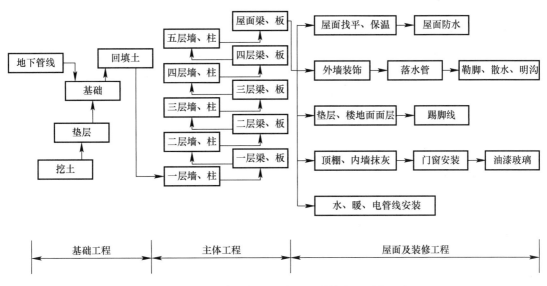

图 12-1 多层混合结构民用房屋的总体施工顺序示意

成专业作业队施工；安装工程分别由管工、电工组成专业作业队施工。

（2）基础工程阶段施工顺序

基础工程施工阶段的施工顺序：挖土方→垫层→基础→回填土，具体内容视工程设计而定。如有桩的基础工程，应另列桩基础工程；如有地下室则施工过程和施工顺序一般是挖土方→垫层→地下室底板→地下室墙、柱结构→地下室顶板→防水层及保护层→回填土。但由于地下室结构、构造不同，有些施工内容应有一定的配合和交叉。

在基础工程施工阶段，挖土方与做垫层这两道工序，在施工安排上要紧凑，时间间隔不宜太长，必要时可将挖土方与做垫层合并为一个施工过程。在施工中，可以采取集中人力，分段流水进行施工，以避免基槽（坑）土方开挖后，垫层施工未能及时进行，使基槽（坑）浸水或受冻害，从而使地基承载力下降，造成工程质量事故或引起工程量、劳动力、机械等资源的增加。还应注意混凝土垫层施工后必须有一定的技术间歇时间，使之具有一定的强度后再进行下道工序的施工。各种管沟的挖土、铺设等施工过程，应尽可能与基础工程施工配合，采取平行搭接施工。回填土一般在基础工程完工后一次性分层、对称夯填，以避免基础浸泡和为后道工序施工创造条件。当回填土工程量较大且工期较紧时，也可将回填土分段与主体结构搭接进行，室内回填土可安排在室内装修施工前进行。

该工程的地基与基础工程施工顺序：定位放线→灰土挤密桩→土方开挖→灰土垫层→C20 基础垫层→钢筋混凝土筏形基础→绑构造柱筋→砌砖→支构造柱模型→浇筑构造柱混凝土→±0.000 圈梁、梁、板、楼梯支模→绑钢筋→浇筑混凝土→外墙防潮层→回填土。

（3）主体工程阶段施工顺序

主体工程是指基础工程以上，屋面板以下的所有工程。这一施工阶段的施工过程主要包括：安装起重垂直运输机械设备，搭设脚手架，墙体砌筑，现浇柱、梁、板、雨篷、阳台、楼梯等施工内容。其中砌墙和现浇楼板是主体工程阶段施工的主导施工过程。两者在各楼层中交替进行，应注意使它们在施工中保持均衡、连续、有节奏地进行。并以它们为主组织流水施工，根据每个施工段的砌墙和现浇楼板工程量、工人人数、吊装机械的效率、施工组织的安排等计算确定流水节拍大小，而其他施工过程则应配合砌墙和现浇楼板组织流水，搭接进行施工。如脚手架搭设应配合砌墙和现浇楼板逐段逐层进行；其他现浇钢筋混凝土构件的支模、扎筋可安排在现浇楼板的同时或墙体砌筑的最后一步插入，要及时做好模板、钢筋的加工制作工作，以免影响后续工程的按期投入。

该工程的主体工程施工顺序：抄平放线→立皮数杆→绑扎构造柱钢筋→砌砖→支构造柱模→浇筑构造柱混凝土→圈梁、梁、板、楼梯、阳台支模→绑扎钢筋→浇筑混凝土→养护→下一层施工。

【案例 12-4】

背景：

某 6 层混合结构住宅工程，外墙贴饰面砖，内装饰为普通简装。屋面工程分上人屋面和不上人屋面，工程做法为：不上人屋面作法为 60mm 厚聚苯板保温层、1∶6 水泥焦砟找坡层、20mm 厚 1∶3 水泥砂浆找平层、4mm 厚 SBS 防水卷材（铝箔保护层）；上人屋面做法为 60mm 厚聚苯板保温层、1∶6 水泥焦砟找坡层、20mm 厚 1∶3 水泥砂浆找平层、4mm 厚 SBS 防水卷材、25mm 厚 1∶3 干硬性水泥砂浆铺 10mm 厚钢地砖。水电配套。

问题：

（1）屋面及装修工程施工顺序如何确定？

（2）该工程屋面工程、装饰工程、水电工程施工顺序分别是什么？

分析与解答：

（1）屋面及装修工程施工顺序

屋面及装修工程是指屋面板完成以后的所有工作。屋面工程的施工，应根据屋面的设计要求逐层进行。柔性屋面的施工顺序按照找平层→保温层→找平层→柔性防水层→保护隔热层依次进行。刚性屋面按照找平层→保温层→找平层→刚性防水层→隔热层施工顺序依次进行，其中细石混凝土防水层、分仓缝施工应在主体结构完成后开始并尽快完成，以便为顺利进行室内装修创造条件。为了保证屋面工程质量，防止屋面渗漏水这一质量通病，屋面防水在南方做成"双保险"，即既做柔性防水层，又做刚性防水层，同时应精心施工、精心管理。屋面工程施工在一般情况下不划分流水段，它可以和装修工程搭接施工。

装修工程的施工可分为室外装修（檐沟、女儿墙、外墙、勒脚、散水、台阶、明沟、水落管等）和室内装修（顶棚、墙面、楼地面、踢脚线、楼梯、门窗、五金及木作、油漆及玻璃等）两个方面的内容。其中内、外墙及楼地面的饰面是整个装修工程施工的主导施工过程，因此要着重解决饰面工作的空间顺序。

根据装修工程的质量、工期、施工安全以及施工条件，其施工顺序一般有以下几种：

1）室外装修工程施工顺序

室外装修工程一般采用自上而下的施工顺序，是在屋面工程全部完工后室外抹灰从顶层至底层依次逐层向下进行。其施工流向一般为水平向下，如图 12-2 所示。采用这种顺序可以使房屋在主体结构完成后，有足够的沉降和收缩期，从而可以保证装修工程质量，同时便于脚手架的及时拆除。

2）室内装修工程施工顺序

室内装修整体顺序自上而下的施工顺序是指主体工程及屋面防水层完工后，室内抹灰从顶层往底层依次逐层向下进行。其施工流向又可分为水平向下和垂直向下两种，通常采用水平向下的施工流向，如图 12-3 所示。采用这种施工顺序可以使房屋主体结构完成后，有足够的沉降和收缩期，沉降变化趋向稳定，这样可保证屋面防水工程质量，不易产生屋面渗漏水，也能保证室内装修质量，可以减少或避免

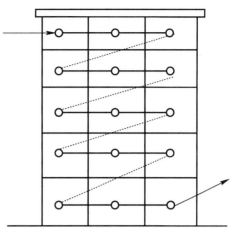

图 12-2　自上而下的施工流向（水平向下）

各工种操作互相交叉，便于组织施工，有利于施工安全，而且楼层清理也很方便。但不能与主体及屋面工程施工搭接，故总工期相应拖长。

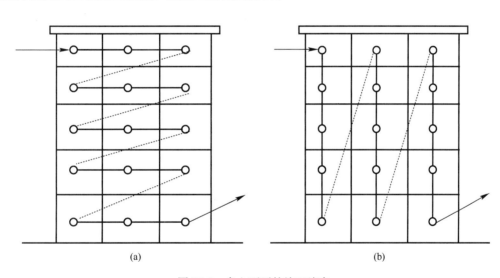

(a)　　　　　　　　　　(b)

图 12-3　自上而下的施工流向
（a）水平向下；（b）垂直向下

室内装修自下而上的施工顺序是指主体结构施工到三层以上时（有两层楼板，以确保底层施工安全），室内抹灰从底层开始逐层向上进行，一般与主体结构平行搭接施工。其施工流向又可分为水平向上和垂直向上两种，通常采用水平向上的施工流向，如图 12-4 所示。为了防止雨水或施工用水从上层楼板渗漏，而影响装修质量，应先做好上层楼板的面层，再进行本层顶棚、墙面、楼地面的饰面。采用这种施工顺序可以与主体结构平行搭接施工，可以缩短工期。但是同时施工的工序多、人员多、工序间交叉作业多，要采取必要的安全措施；材料供应集中，施工机具负担重，现场施工组织和管理比较复杂。

室内装修的单元顺序即在同一楼层内顶棚、墙面、楼地面之间的施工顺序一般有两种：楼地面→顶棚→墙面和顶棚→墙面→楼地面。这两种施工顺序各有利弊。前者便于清

215

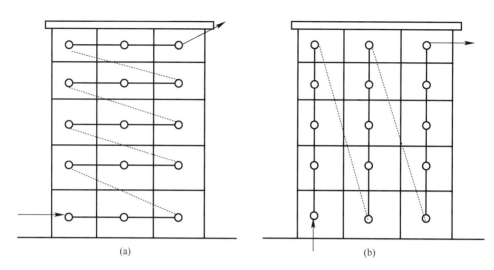

图 12-4　自下而上的施工流向

（a）水平向上；（b）垂直向上

理地面基层，楼地面质量易保证，而且便于收集墙面和顶棚的落地灰，从而节约材料，但要注意楼地面成品保护，否则后道工序不能及时进行。后者则在楼地面施工之前，必须将落地灰清扫干净，否则会影响面层与结构层间的粘结，引起楼地面起壳，而且楼地面施工用水的渗漏可能影响下层墙面、顶棚的施工质量。底层地面通常在最后进行。

楼梯间和楼梯踏步，由于在施工期间易受损坏，为了保证装修工程质量，楼梯间和踏步装修往往安排在整个室内其他装修完工之后，自上而下统一进行。门窗的安装可在抹灰之前或之后进行，主要视气候和施工条件而定，但通常是安排在抹灰之后进行的。而油漆和安装玻璃次序是应先油漆门窗扇，后安装玻璃，以免油漆时弄脏玻璃，塑钢及铝合金门窗不受此限制。

在装修工程阶段，还需考虑室内装修与室外装修的先后顺序，这与施工条件和天气变化有关。通常有先内后外、先外后内、内外同时进行这三种施工顺序。当室内有水磨石楼面时，应先做水磨石楼面，再做室外装修，以免施工时渗漏水影响室外装修质量；当采用单排脚手架砌墙时，由于留有脚手眼需要填补，应先做室外装修，拆除脚手架，同时填补脚手眼，再做室内装修；当装饰工人较少时，则不宜采用内外同时施工的施工顺序。一般说来，采用先外后内的施工顺序较为有利。

（2）该工程屋面工程、装饰工程、水电工程的施工顺序分别如下：

1）不上人屋面施工顺序：清理基层、出屋面管道洞口填塞→60mm 厚聚苯板保温→1:6 水泥焦砟找坡层→20mm 厚 1:3 水泥砂浆找平层→4mm 厚 SBS 防水卷材（自带铝箔保护层）。

2）上人屋面施工顺序：清理基层、出屋面管道洞口填塞→60mm 厚聚苯板保温→1:6 水泥焦砟找坡层→20mm 厚 1:3 水泥砂浆找平层→4mm 厚 SBS 防水卷材→25mm 厚 1:3 干硬性水泥砂浆铺 10mm 厚钢地砖。

3）装饰工程施工顺序：内装饰施工顺序：抄平放线→立木门窗框→木门窗框塞缝，门窗洞口做口→墙面贴饼冲筋→内墙顶棚抹灰，卫生间墙面贴瓷砖→木门窗扇和塑钢门窗安装→油漆粉刷。外装饰施工顺序：搭外架→基层清理→抄平放线→贴饰面砖→拆外架。

4）水电工程施工顺序：

① 管道工程施工顺序：安装准备→预制加工→干管安装→立管安装→支管安装→器具安装→管道试压通水→管道冲洗→防腐保温。

土建施工时，紧密配合做好孔洞及管槽预留。

② 电气安装工程施工顺序：弹线定位→盒箱固定→管路连接→敷管→扫管、穿线→地线连接→绝缘接地测试→灯具安装→试亮。

【案例 12-5】

背景：

某框架结构的厂房工程，桩基础采用 CFG 桩，地下一层，地下室外墙为现浇混凝土，深度 5.5m，地下室室内独立柱尺寸为 600mm×600mm，底板为 600mm 厚筏形基础。地上四层，层高 4m。建筑物平面尺寸 46m×18m。地下室防水层为 SBS 高聚物改性沥青防水卷材，拟采用外防外贴法施工。屋顶为平屋顶，水泥加气混凝土碎渣找坡，采用 SBS 高聚物改性沥青防水卷材，预制钢筋混凝土架空隔热板隔热。

问题：

（1）钢筋混凝土框架结构房屋的施工顺序。

（2）确定该基础工程的施工顺序。

（3）确定该屋面工程的施工顺序。

（4）写出该工程框架柱和顶板梁板等分项工程的施工顺序（包括钢筋分项工程、模板分项工程、混凝土分项工程）。

分析与解答：

（1）钢筋混凝土框架结构房屋的施工顺序

钢筋混凝土框架结构房屋的施工也可分基础、主体、屋面及装修工程三个阶段。它在主体工程施工时与混合结构房屋有所区别，即框架柱框架梁板交替进行，也采用框架柱梁板同时进行，墙体工程则与框架柱梁板搭接施工。其他工程的施工顺序与混合结构房屋相同。

（2）基础工程的施工顺序

桩基础→土方开挖、钎探验槽→垫层→地下卷材防水施工→地下室底板→地下室墙、柱→地下室顶板→墙体防水卷材、保护墙→回填土

（3）屋面工程的施工顺序

基层清理→干铺加气混凝土砌块→水泥加气混凝土碎渣找坡→水泥砂浆找平层→刷基层处理剂→铺贴 SBS 高聚物改性沥青防水卷材→铺设预制钢筋混凝土架空隔热板隔热板。

（4）框架柱的施工顺序

柱子钢筋绑扎→柱子模板安装（包括模板支护）→柱子混凝土浇筑→混凝土养护

（5）梁板的施工顺序

满堂脚手架搭设→铺设梁底模板→梁钢筋绑扎→梁侧模板→铺设顶板模板→铺设并绑扎顶板钢筋→浇筑梁板混凝土→混凝土养护

【案例 12-6】

背景：

某公司生产车间钢结构工程，钢柱、钢梁等构件均采用焊接型钢，屋面钢檩条上安装压型钢板，接头采用高强度螺栓连接。

问题：

（1）试确定总体吊装顺序。

（2）试确定螺栓安装顺序。

（3）试确定压型板安装顺序。

分析与解答：

（1）总体钢结构吊装顺序

吊装作业线，按照设计施工图中指定的吊装顺序，以汽车起重机为主，配套卸车和相拼钢构件的辅助吊机，以单体构件和节间形式综合吊装，施工流水如下：

地面浇筑混凝土预埋铁件安装→中央柱焊临时牛腿→中央柱吊装→中央柱打临时三角支撑与地面预埋件连接→四周小柱吊装→梁吊装→梁端打人字支撑→次梁吊装→一层部分檩条间隔安装→二层柱吊装→屋面梁吊装→屋面次梁吊装→一、二层屋面檩条安装→基础二次灌浆→拆除临时支撑→油漆涂料施工→屋面板安装→竣工收尾→交工验收

（2）螺栓安装顺序

对孔与扩孔→临时螺栓安装→高强度螺栓的安装。

（3）压型板安装顺序

搭设满堂脚手架至二层梁底 1700mm 处→油漆及装饰施工→安装二层屋面顶板及天沟→安装二层屋面底板→拆除一层以上的脚手架至一层底 1700mm 处→安装一层屋面板及天沟→安装一层屋面底板→拆除脚手架→竣工收尾→交工验收。

十三、进行资源平衡计算，编制施工进度计划及资源需求计划，控制调整计划

（一）专业技能概述

1. 施工进度计划的编制与实施

施工进度计划是在施工方案的基础上，根据规定工期和技术物资供应条件，遵循工程的施工顺序，用图表形式表示各分部分项工程搭接关系及工程开竣工时间的一种计划安排。

（1）施工进度计划编制依据

1）经过审批的全套施工图及各种采用的标准图和技术资料。

2）工程的工期要求及开工、竣工日期。

3）工程项目工作顺序及相互间的逻辑关系。

4）工程项目工作持续时间的估算。

5）资源需求。

6）作业制度安排。

7）约束条件。

8）项目工作的提前和滞后要求。

（2）施工进度计划编制方法

施工进度计划编制方法主要有横道图进度计划的编制方法和网络计划编制方法，前文已述。

（3）施工进度计划的实施

施工进度计划的实施就是施工活动的进展，是用施工进度计划指导施工活动、落实和完成计划。

1）施工进度计划的审核

施工进度计划的审核内容包括：

① 进度安排是否符合施工合同确定的建设项目总目标和分目标的要求，是否符合其开、竣工日期的规定。

② 施工进度计划中的内容是否有遗漏，分期施工是否满足分批交工的需要和配套交工的要求。

③ 施工顺序安排是否符合施工程序的要求。

④ 资源供应计划是否能保证施工进度计划的实现，供应是否均衡，分包人供应的资源是否满足进度要求。

⑤ 施工图设计的进度是否满足施工进度计划要求。

⑥ 总分包之间的进度计划是否相协调，专业分工与计划的衔接是否明确、合理。

⑦ 对实施进度计划的风险是否分析清楚，是否有相应的对策。

⑧ 各项保证进度计划实现的措施设计得是否周到、可行、有效。

2）施工进度计划的贯彻

① 检查各层次的计划，形成严密的计划保证系统。所有施工进度计划，包括施工总进度计划、单位工程施工进度计划、分部（项）工程施工进度计划，都是围绕一个总任务而编制的，它们之间关系是高层次计划为低层次计划提供依据，低层次计划是高层次计划的具体化。在其贯彻执行时，应当首先检查各层次的计划是否协调一致，计划目标是否层层分解、互相衔接。应组成一个计划实施的保证体系，以施工任务书的方式下达施工队，保证施工进度计划的实施。

② 层层明确责任并利用施工任务书下达任务。项目经理、作业队和作业班组之间分别签订责任状，按计划目标明确规定工期、承担的经济责任、权限和利益。用施工任务书将作业任务下达到施工班组，明确具体施工任务、技术措施、质量要求等内容，使施工班组必须保证按作业计划时间完成规定的任务。

③ 进行施工进度计划的交底，促进施工进度计划的全面、彻底实施。施工进度计划的实施是全体工作人员的共同行动，要使有关人员都明确各项计划的目标、任务、实施方案和措施，使管理层和作业层协调一致，将计划变成全体员工的自觉行动，在计划实施前可以根据计划的范围进行计划交底工作，以使计划得到全面、彻底的实施。

3）施工进度计划的实施与控制

① 编制月（旬）作业计划。为了实施施工进度计划，将规定的任务结合现场施工条件，如施工场地的情况、劳动力机械等资源条件和施工的实际进度，在施工开始前和过程中不断地编制、完善本月（旬）作业计划，这是使施工计划更具体、更实际和更可行的重要环节。在月（旬）计划中要明确：本月（旬）应完成的任务；所需要的各种资源量；提高劳动生产率和节约措施等。

② 签发施工任务书。编制好月（旬）作业计划以后，将每项具体任务通过签发施工任务书的方式下达班组进一步落实、实施。施工任务书是向班组下达任务，实行责任承包、全面管理和原始记录的综合性文件，它是计划和实施的纽带。施工班组必须保证指令任务的完成。

施工任务书应由施工员按班组编制并下达。在实施过程中要做好记录，任务完成后回收，作为原始记录和业务核算资料。

施工任务书包括施工任务单、限额领料单和考勤表。施工任务单包括：分项工程施工任务、工程量、劳动量、开工日期、完工日期、工艺、质量和安全要求。限额领料单是根据施工任务单编制的控制班组领用材料的依据，应具体列明材料名称、规格、型号、单位和数量、领用记录、退料记录等。

③ 做好施工进度记录，填好施工进度统计表。在计划任务完成的过程中，各级施工进度计划的执行者都要跟踪做好施工记录，及时记载计划中的每项工作开始日期、每日完成数量和完成日期，记录施工现场发生的各种情况、干扰因素的排除情况；跟踪做好形象进度、工程量、总产值、耗用的人工、材料和机械台班等的数量统计与分析，为施工项目进度检查和控制分析提供反馈信息。因此，要求实事求是记载，并据以填好上报统计

220

报表。

④ 做好施工中的调度工作。施工中的调度工作是组织施工中各阶段、环节、专业和工种的互相配合、进度协调的指挥核心。调度工作是使施工进度计划顺利实施进行的重要手段。其主要任务是掌握计划实施情况，协调各方面关系，采取措施，排除各种矛盾，加强各薄弱环节，实现动态平衡，保证完成作业计划和实现进度目标。

2. 工程项目资源

工程项目资源是对项目中使用的人力资源、材料、机械设备、技术、资金和基础设施等的总称。工程项目资源管理是指对项目所需人力、材料、机械设备、技术、资金和基础设施所进行的计划、组织、指挥、协调和控制等活动。

工程项目资源的特点主要表现为：

① 工程所需资源的种类多、需求量大。

② 工程项目建设过程的不均衡性。

③ 资源供应受外界影响大，具有复杂性和不确定性，资源经常需要在多个项目中协调。

④ 资源对项目成本的影响大。

3. 资源配置计划与平衡计算

（1）资源配置计划

施工进度计划编制确定以后，可编制劳动力配置计划；编制主要材料、预制装配式构件、门窗等的配置和加工计划；编制施工机具及周转材料的配置和进场计划。它们是做好劳动力与物资的供应、平衡、调度、落实的依据，也是施工单位编制施工作业计划的主要依据之一。

① 劳动力配置计划。单位工程施工中所需要的各种技术工人、普工人数。一般要求按月分句编制计划。主要根据确定的施工进度计划提出，其方法是按进度表上每天需要的施工人数，分工种进行统计，得出每天所需工种及人数、按时间进度要求汇总编出。

② 主要材料配置计划。这种计划是根据施工预算、材料消耗定额和施工进度计划编制的，主要反映施工过程中各种主要材料的需要量，作为备料、供料和确定仓库、堆场面积及运输量的依据。

③ 施工机具配置计划。这种计划是根据施工预算、施工方案、施工进度计划和机械台班定额编制的，主要反映施工所需机械和器具的名称、型号、数量及使用时间。

④ 构配件配置计划。这种计划是根据施工图、施工方案及施工进度计划要求编制的。主要反映施工中各种构配件的需要量及供应日期，并作为落实加工单位以及按所需规格、数量和使用时间组织构件进场的依据。

（2）资源平衡计算

资源平衡计算是资源优化的基础。所谓资源优化是指通过改变工作的开始时间，使资源按时间的分布符合优化目标，达到均衡施工。

均衡施工可以使各种资源的动态曲线尽可能不出现短时期高峰或低谷，因而可大大减少施工现场各种临时设施的规模，从而节省施工费用。

1）常用术语

资源强度：一项工作在单位时间内所需的某种资源数量。工作 i-j 的资源强度用 r_{i-j} 表示。

资源需用量：进度计划中各项工作在某一单位时间内所需某种资源数量之和，第 t 天资源需用量用 R_t 表示。

资源限量：单位时间内可供使用的某种资源的最大数量，用 R_a 表示。

2）均衡施工的指标一般有三种：

① 不均衡系数 K

$$K = \frac{R_{max}}{R_m} \tag{13-1}$$

式中　R_{max}——最大的资源需用量；

　　　R_m——资源需用量的平均值。

K 值愈小，资源均衡性愈好（<1.5 最好）。

② 极差值 ΔR

每天计划需用量与每天平均需用量之差的最大绝对值。即

$$\Delta R = \max[\,|\,R_t - R_m\,|\,] \qquad (0 \leqslant t \leqslant T) \tag{13-2}$$

ΔR 值愈小，资源均衡性愈好。

③ 均方差值 $Ó^2$（平均差值）

每天计划需要量与每天平均需要量之差的平方和的平均值。即

$$Ó^2 = \frac{1}{T} \sum_{t=1}^{T} (R_t - R_m)^2 \tag{13-3}$$

$Ó^2$ 值愈小，资源均衡性愈好。

4. 专业技能要求

通过学习和训练，能够应用横道图方法编制一般单位工程、分部（分项）工程、专项工程施工进度计划；能够进行资源平衡计算，优化进度计划；能够识读建筑工程施工网络计划；能够编制月、旬（周）作业进度计划，资源配置计划；能够检查施工进度计划的实施情况，调整施工进度计划。

（二）工程案例分析

1. 应用横道图方法编制一般单位工程、分部（分项）工程、专项工程施工进度计划

【案例 13-1】

背景：

某砖混结构住宅工程，共 4 层 4 个单元，每个单元层的砌砖量为 53m³，现组织一个 25 人的泥工班组施工。为了保证工程的施工工期，拟采用流水施工方式组织施工。

问题：

（1）什么是流水施工？流水施工基本参数有哪些？

（2）试述组织流水施工的主要过程。

（3）试述流水施工的种类。

（4）若砌砖工程的产量定额为 $1m^3/d$，试组织等节奏流水施工。

分析与解答：

（1）流水施工就是指所有的施工过程按一定的时间间隔依次投入施工，各个施工过程陆续开工、陆续竣工，使同一施工过程的施工队组保持连续、均衡施工，不同的施工过程尽可能平行搭接施工的组织方式。

流水施工的基本参数有：

1）时间参数：

工作持续时间：一项工作从开始到完成的时间。

流水节拍：一个作业队在一个施工段上完成全部工作的时间。

流水步距：两个相邻的作业队相继投入工作的最小间隔时间。

流水施工工期：施工对象全部施工完成的总时间。

2）工艺参数：即施工过程个数；施工过程是指进行施工时划分的最小对象。

3）空间参数：即施工段（区）数；施工段是指整体建筑物（群）或构筑物施工时在空间上划分的各个部分。

（2）组织流水施工的主要过程：划分施工过程→划分施工段→组织作业队，确定流水节拍→作业队连续作业→各作业队的工作适当搭接起来。

（3）流水施工按节奏性可分为两类：

① 节奏流水施工：分为等节奏流水施工和异节奏流水施工。等节奏流水施工指流水组中每一个作业队在各施工段上的流水节拍和各作业队的流水节拍是一个常数。异节奏流水施工指流水组中作业队本身的流水节拍相等，但是不同作业队的流水节拍不一定相等；如果都是某常数的倍数，可组织成倍节拍流水施工。

② 无节奏流水施工：流水组中各作业队的流水节拍没有规律。

（4）组织本工程的等节奏流水施工

将本工程划分两个施工过程，一个是砌砖，一个是楼面（工艺组合含楼板吊装和钢筋混凝土工程），砌砖为主导施工过程；每两个单元为一段。则：

流水节拍计算如下：

$$流水节拍 = \frac{工程量}{产量定额 \times 人数} = \frac{53 \times 2}{1 \times 25} = 4.24d, 取\ 4d。$$

等节奏流水施工图如图 13-1 所示。

工期计算如下：

$$T = (m+n-1) \times K = (8+2-1) \times 4 = 36d$$

【案例 13-2】

背景：

某小区建造 4 栋结构形式相同的钢筋混凝土住宅楼，共 6 层，如果把一栋住宅楼作为

序号	施工过程	施工进度（d）								
		4	8	12	16	20	24	28	32	36
1	砌　砖	I-1	I-2	II-1	II-2	III-1	III-2	IV-1	IV-2	
2	楼　面		I-1	I-2	II-1	II-2	III-1	III-2	IV-1	IV-2

图 13-1　等节奏流水施工图

所有的施工段都安排一个工作队或安装一台机械时每栋楼的主要施工过程和各个施工过程的流水节拍如下：基础工程 7d，结构工程 14d，室内装修工程 14d，室外工程 7d。试组织异节奏流水施工。

问题：

（1）异步距异节奏流水施工的特征是什么？

（2）计算流水步距及该工程的施工工期。

（3）绘制流水施工进度计划表。

分析与解答：

（1）异步距异节拍流水施工的特征：

① 同一施工过程流水节拍相等，不同施工过程之间的流水节拍不一定相等；

② 各个施工过程之间的流水步距不一定相等；

③ 各施工工作队能够在施工段上连续作业，但有的施工段之间可能有空闲；

④ 施工班组数（n_1）等于施工过程数（n）。

（2）确定流水步距及该工程的施工工期

① 确定流水步距

$$t_1 < t_2, K_2 = t_1 = 7d$$

$$t_2 < t_3, K_3 = t_2 = 14d$$

$$t_3 > t_4, K_4 = mt_3 - (m-1)t_4 = 4 \times 14 - 3 \times 7 = 35d$$

② 确定流水工期

$$T_p = (7 + 14 + 35) + 4 \times 7 = 84d$$

（3）绘制流水施工进度计划表

流水施工进度计划表如图 13-2 所示。

【案例 13-3】

背景：

某两层现浇钢筋混凝土工程，绑扎钢筋和浇筑混凝土。其流水节拍分别为：$t_模 = 2d$，$t_{钢筋} = 2d$，$t_{混凝土} = 1d$。当安装模板工作队转移到第二层第一段施工时，需待第一层第一段的混凝土养护 1d 后才能进行。

问题：

试组织等步距异节拍流水施工，并绘制流水施工进度表（图 13-3）。

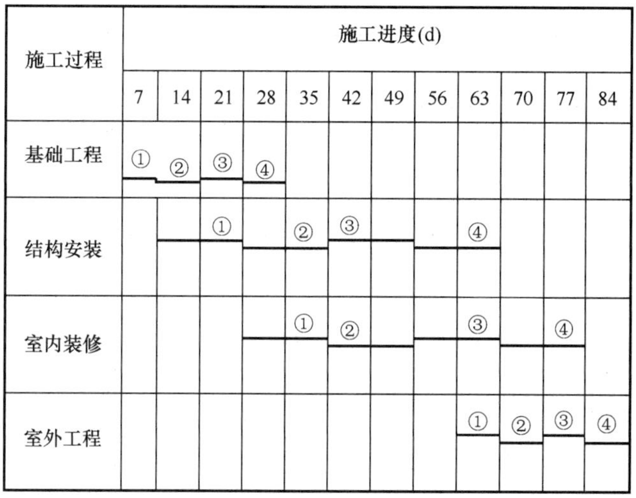

施工过程	施工进度(d)											
	7	14	21	28	35	42	49	56	63	70	77	84
基础工程	①	②	③	④								
结构安装		①		②	③			④				
室内装修				①	②			③		④		
室外工程							①	②	③	④		

图 13-2　异节奏流水施工图

分析与解答：

（1）确定流水步距

$$K = K_b = 1d$$

（2）确定每个施工过程的工作队数

$$b_模 = \frac{t_模}{K_b} = \frac{2}{1} = 2 \text{个}$$

$$b_{钢筋} = \frac{t_{钢筋}}{K_b} = \frac{2}{1} = 2 \text{个}$$

$$b_{混凝土} = \frac{t_{混凝土}}{K_b} = \frac{1}{1} = 1 \text{个}$$

施工队总数

$$n_1 = \Sigma b_i = (2+2+1) = 5 \text{个}$$

（3）确定每层的施工段数

为保证各工作队连续施工，其施工段数为：

$$m = n_1 + \frac{\sum Z_1}{K_b} + \frac{Z_2}{K_b}$$

$$= 5 + \frac{0}{1} + \frac{1}{1} = 6 \text{段}$$

（4）计算工期

$$T = (mr + n_1 - 1)K_b + \Sigma Z_1 - \Sigma C_1$$

$$= (6 \times 2 + 5 - 1) \times 1 + 0 - 0 = 16d$$

（5）绘制流水施工进度表如图 13-3 所示。

225

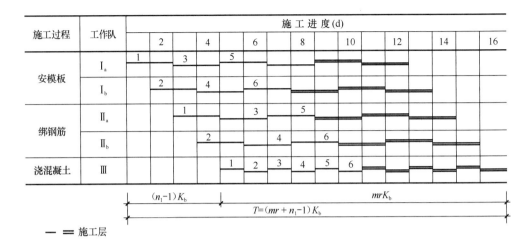

图 13-3　流水施工进度表

2. 进行资源平衡计算，优化进度计划

【案例 13-4】

背景：

某工程为一栋三单元六层混合结构住宅带地下室，建筑面积 3382.31m²，基础为 1m 厚换土垫层，30mm 厚混凝土垫层上做砖砌条形基础，主体砖墙承重、大客厅楼板、厨房、卫生间楼梯为现浇钢筋混凝土，其余楼板为预制空心楼板，层层有圈梁构造柱。本工程室内采用一般抹灰，普通涂料刷白，楼地面为水泥砂浆地面，铝合金窗、胶合板门，外墙为水泥砂浆抹灰刷外墙涂料。屋面保温材料选用保温蛭石板，防水层选用 4mm 厚 SBS 改性油毡。其劳动量一览表见表 13-1。

某栋三单元六层混合结构房屋劳动量一览表　　　　表 13-1

序　号	分项工程名称	劳动量（工日或台班）
基础工程		
1	机械开挖基础土方	6 台班
2	素土机械压实 1m	3 台班
3	300mm 厚混凝土垫层（含构造柱筋）	88
4	砌砖基础及基础墙	407
5	基础现浇圈梁、构造柱及楼板模板	51
6	基础圈梁、楼板钢筋	64
7	梁、板、柱混凝土	74
8	预制楼板安装灌缝	20
9	人工回填土	242

序　号	分项工程名称	劳动量（工日或台班）
主体工程		
10	脚手架（含安全网）	265
11	砌砖墙	1560
12	圈梁、楼板、构造柱、楼梯模板	310
13	圈梁、楼板、梯钢筋	386
14	梁、板、柱、梯混凝土	450
15	预制楼板安装灌缝	118
屋面工程		
16	屋面保温隔热层	150
17	屋面找平层	33
18	屋面防水层	39
装饰工程		
19	门窗框安装	24
20	外墙抹灰	401
21	顶棚抹灰	427
22	内墙抹灰	891
23	楼地面及楼梯抹灰	520
24	门窗扇安装	319
25	油漆涂料	378
26	散水勒脚台阶及其他	56

问题：

（1）本工程施工进度计划编制步骤。

（2）资源平衡计算一般选择哪一个指标？

（3）简述施工进度计划的调整方法。

分析与解答：

（1）本工程施工进度计划编制步骤

对于混合结构多层房屋的流水施工，一般先考虑分部工程的流水，然后再考虑各分部工程之间的相互搭接施工，组成单位工程施工进度计划。

1）基础工程流水施工计划。基础工程包括机械挖土方，1m厚换土压实，浇筑混凝土垫层，砌砖基础及基础墙、现浇地圈梁、构造柱、梁板、预制楼板安装灌缝、回填土等施工过程。其中机械挖土及素土压实垫层主要采用机械施工，考虑到工作面等要求，安排其依次施工，不纳入流水。其余施工过程在平面上划分两个施工段，组织有节奏流水。

基础工程流水施工中，砌砖基础是主导施工过程，只要保证其连续施工即可，其余三个施工过程安排间断施工，及早为主体工程提供工作面，以有利于缩短工期。

2）主体工程流水施工计划。主体工程包括砌筑砖墙，现浇钢筋混凝土圈梁、构造柱、楼板、楼梯的支模、扎筋、浇混凝土，预制楼板安装灌缝等施工过程。平面上划分为两个施工段组织流水施工，为保证主导施工过程砌砖墙能连续施工，将现浇梁、板、柱及预制楼板安装灌缝合并为一个施工过程考虑其流水节拍，且合并后的流水节拍值不大于主导施工过程的流水节拍值。

3）屋面工程施工计划。屋面工程包括屋面找坡保温隔热层、找平层、防水层等施工过程。考虑到屋面防水要求高，所以不分段，采用依次施工的方式。其中屋面找平层完成后需有一段养护和干燥的时间，方可进行防水层施工。

4）装修工程流水施工计划。装修工程包括门窗框安装、内外墙及顶棚抹灰，楼地面及楼梯抹灰、铝合金窗扇及木门安装、油漆涂料、散水、散脚台阶等施工过程。每层划分为一个施工段（$m=6$），采用自上而下顺序施工，考虑到屋面防水层完成与否对顶层顶棚内墙抹灰的影响，顶棚内墙抹灰采用五层→四层→三层→二层→一层→六层的起点流向。考虑装修工程内部各施工过程之间劳动力的调配，安排适当的组织间歇时间组织流水施工。

5）本工程流水施工进度计划。各分部工程有机搭接，形成单位工程施工进度计划。

（2）资源平衡计算横道图施工进度计划资源平衡计算一般选择不均衡系数K。

$$K = \frac{R_{\max}}{R_{\mathrm{m}}}$$

（3）施工进度计划的调整方法

1）增加资源投入。缩短某些工作的持续时间，使工程进度加快，并保证实现计划工期。

2）改变某些工作间的逻辑关系。在工作之间的逻辑关系允许改变的条件下，可改变逻辑关系，达到缩短工期的目的。

3）资源供应的调整。如果资源供应发生异常，应采用资源优化方法对计划进行调整，或采取应急措施，使其对工期影响最小。

4）增减工作范围。包括增减工作量或增减一些工作包（或分项工程）。增减工作内容应做到不打乱原计划的逻辑关系，只对局部逻辑关系进行调整。在增减工作内容以后，应重新计算时间参数，分析对原网络计划的影响。

5）提高劳动生产率。改善工具器具以提高劳动效率；通过辅助措施和合理的工作过程，提高劳动生产率。

6）将部分任务转移。如分包、委托给另外的单位，将原计划由自己生产的结构构件改为外购等。当然这不仅有风险，产生新的费用，而且需要增加控制和协调工作。

7）将一些工作包合并。特别是在关键线路上按先后顺序实施的工作包合并，与实施者一道研究，通过局部调整实施过程和人力、物力的分配，达到缩短工期。

3. 识读建筑工程施工网络计划

【案例 13-5】

背景：

如图 13-4 所示为某工程施工双代号网络计划。

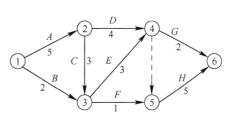

图 13-4 双代号网络计划

问题：

(1) C、E、H 的紧前、紧后及平行工作分别是哪个工作？

(2) 该网络计划的起点节点、终点节点是哪个？

(3) 该网络计划的关键线路和关键工作是什么？

分析与解答：

(1) C 工作的紧前工作为 A，紧后工作为 E、F，平行工作为 D；E 工作的紧前工作为 B、C，紧后工作为 G、H，平行工作为 D、F；H 工作的紧前工作为 D、E、F，平行工作为 G，没有紧后工作。

(2) 该网络计划的起点节点是①节点；终点节点是⑥节点。

(3) 该网络计划的关键线路为①→②→③→④→⑤→⑥；关键工作是 A、C、E、H。

【案例 13-6】

背景：

如图 13-5 所示为某工程施工时标网络计划。

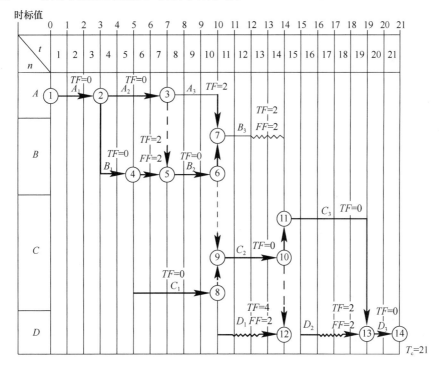

图 13-5 某工程施工时标网络计划

问题：

（1）时标网络计划如何识读？

（2）识读本工程网络计划，将各工作总时差和自由时差标注在图上。

（3）A_2、C_1、D_2 的最早开始时间是多少？最迟完成时间是多少？

（4）该网络计划的关键线路和关键工作是什么？

分析与解答：

（1）时标网络计划识读方法

1）最早时间参数。按最早时间绘制的时标网络计划，每条箭线箭尾和箭头所对应的时标值应为该工作的最早开始时间和最早完成时间。

2）自由时差。波形线的水平投影长度即为该工作的自由时差。

3）总时差。自右向左进行，其值等于诸紧后工作的总时差的最小值与本工作的自由时差之和。即

$$TF_{i-j} = \min\{TF_{j-k}\} + FF_{i-j}$$

4）最迟时间参数。最迟开始时间和最迟完成时间应按下式计算：

$$LS_{i-j} = ES_{i-j} + TF_{i-j}$$
$$LF_{i-j} = EF_{i-j} + TF_{i-j}$$

（2）各工作总时差和自由时差判读结果见图 13-5 中标注。

（3）A_2、C_1、D_2 的最早开始时间分别为第 3 天、第 5 天、第 14 天。

最迟完成时间为：$A_2 = 3+0+4 = 7\text{d}$；

$$C_1 = 5+0+5 = 10\text{d}；$$

$$D_2 = 14+2+3 = 19\text{d}$$

（4）该网络计划的关键线路为：①→②→③→⑤→⑥→⑨→⑩→⑪→⑬→⑭和①→②→④→⑧→⑨→⑩→⑪→⑬→⑭。

关键工作是为：A_1、A_2、B_1、B_2、C_1、C_2、C_3、D_3。

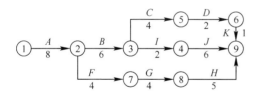

图 13-6　施工进度计划

【案例 13-7】

背景：

某公司承建某工程，施工网络进度计划如图 13-6 所示。

甲乙双方约定 7 月 15 日开工，在工程施工中发生了如下事件：由于开工手续的原因，致使工作 B 推迟了 2 天。

问题：

（1）在工程网络计划中，下列关于关键线路的说法，哪些正确？

A. 双代号网络计划中总持续时间最长

B. 相邻的两项工作之间时间间隔均为零

C. 单代号网格计划中由关键工作组成

D. 时标网络计划中自始至终无波形线

（2）编制建设工程施工总进度计划，主要用来确定如下哪几项工作？

A. 各单项工程或单位工程的工期定额

B. 建设的要求工期和计算工期

C. 各单项工程或工程的施工期限

D. 各单项工程或单位工程的实物工程量

E. 各单项工程或单位工程的相互搭接关系

（3）在不考虑发生事件的情况下，说明该网络计划的关键线路，并指出哪些工作是关键工作。

（4）在不考虑发生事件的情况下，该工程总工期是多少天？

分析与解答：

（1）关于关键线路正确说法：A、B、D。

（2）编制建设工程总进度计划主要确定如下工作：C、E。

（3）该工程网络计划关键线路为：①→②→③→⑤→⑥→⑧。关键工作是 *A*、*B*、*C*、*D*、*E*。

（4）在不考虑发生事件的情况下，该工程总工期为 22d。

4. 编制月、旬（周）作业进度计划，资源配置计划

【案例 13-8】

背景：

某公司承接某工程 B2 号楼工程，工程进行到 2021 年 2 月底，基础工程基本完成。

问题：

（1）试编制 3 月份施工进度计划图表。

（2）何为施工作业计划，其内容主要包括哪些？

分析与解答：

（1）3 月份施工进度计划表见图 13-7 所示。

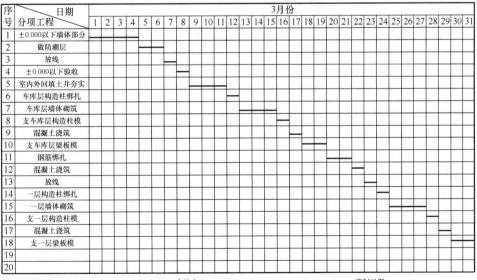

图 13-7　月度施工进度计划表

（2）施工作业计划是施工企业统一计划体系中的实施性计划。它把施工企业的施工计划任务、工程的施工进度计划和施工现场具体情况结合起来使之彼此协调，以明确的任务直接下达给执行者，因而是基层施工单位进行施工的直接依据。

根据企业的施工计划、拟建工程施工组织设计和现场实际情况编制的，它是以实现企业施工计划为目的的具体执行计划，也是队、组进行施工的依据。

施工作业计划分月施工作业计划和旬（周）施工作业计划。其内容一般由三部分组成：

① 本月、旬（周）应完成的施工任务。一般以施工进度计划形式表示，确定计划期内应完成的工程项目和实物工程量。

② 完成作业计划任务所需的劳动力、材料、半成品、构配件等的需用量。

③ 提高劳动生产率的措施和节约措施。

【案例 13-9】

背景：

某承包商承包某小区 A 区 3 号、4 号楼工程，现施工进行到主体四层。

问题：

（1）试编制 9 月下旬施工进度计划。

（2）施工进度计划如何报审？

分析与解答：

（1）9 月下旬施工进度计划如图 13-8 所示。

工程名称：A区3号住宅楼　　施工（旬）进度计划　　编号 09

序号	工程项目名称	持续时间	九月									
			20	21	22	23	24	25	26	27	28	29
1	四层墙体	2d	─	─								
2	四层模板	3d		─	─	─						
3	四层钢筋绑扎	3d				─	─	─				
4	四层结构混凝土浇筑	2d							─	─		
5	五层墙体	2d									─	─
6												
7												
8												

审核：×× 　　编制：×× 　　日期：2005年9月19日

图 13-8　施工（旬）进度计划表

（2）施工进度计划报审一般采用报审表的形式。由承包商填写，报总监理工程师批准。本工程施工进度计划报审表见表 13-2。

施工进度计划报审表　　　　　　　　　　　表 13-2

承包商表 2

工程名称：A 区 3 号、4 号楼　　　　　　　　　　　　　　　　　　编号：06

致监理单位：
现报上 A 区 3 号、4 号楼工程施工进度计划 　　（总进度计划□；阶段进行计划□；三月滚动计划□；调整总进度计划□）。 编制说明： 1. 本进度计划如遇天气变化，确实无法施工时应作相应调整； 2. 本旬（10d）实际形象进度三号楼完成四层结构，进入五层，四号楼完成三层结构进入四层 　　附件：计划表

承包商	项目经理	编制人	日期

总监理工程师审批意见： 1. 同意□　　　2. 不同意□　　　3. 应补充□ 简要说明：

监理工程师	日　　期	总监理工程师	日　　期

本表一式三份、业主、承包商、监理单位各一份。

【案例 13-10】

背景：

某别墅二期工程由某集团公司承建，框架剪力墙结构，工程进展到 2021 年 11 月。

问题：

试编制 11 月第 2 周施工进度计划。

分析与解答：

周进度计划可以采取进度表的形式，也可以采用表格形式说明，如果任务较多一般采取表格形式。本工程周进度计划见表 13-3。

周进度计划表　　　　　　　　　　　　　表 13-3

工程名称	某别墅二期工程 44～53 号楼、67～70 号楼、83 号楼、85 号楼、86 号楼、会所		
日期	11 月 13 日～11 月 20 日	施工部位	框架填充墙、剪力墙、顶梁板
上周计划完成情况	因 A16 号路在 11 月 10 才完成，泵车无法通行，83 号及 85 号地下室浇筑无法进行。44 号、45 号因现在商品混凝土站不能供混凝土，基础也没能完成，46 号地下室今日完成。67～70 号填充墙完成工程量的 75%		
采取措施	抓紧时间上人，增加人员，加班加点，争取按甲方要求年前完成主体交工		
本周进度计划安排	完成 44 号、45 号地下室剪力墙钢筋绑扎，46 号完成地下室混凝土浇筑，47 号完成地下室变更工作，48～51 号完成筏形基础防水保护层施工，83 号完成一层模板支撑系统支设，85 号完成地下室混凝土浇筑，86 号完成基础钢筋绑扎，67～70 号填充墙二三层完成。二次结构完成 30%。52 号完成二层填充墙，53 号基本达到报验要求		
需要解决的问题	抓紧组织基础验收工作，争取一层填充墙尽快展开施工。尽快落实批示加气混凝土块、商品混凝土、水泥、砖材料价格		
监理单位审批意见			
备注			
呈报单位	××项目部	项目经理	

【案例 13-11】

背景：

某合同工程主要工作内容为：土石方工程、路面工程、绿化及环境保护工程等。工程主要工程量为：现场清理及土石方开挖 42.55 万 m^3，土石方填筑 6.385 万 m^3，混凝土浇筑 1.417 万 m^3。土石方开挖月强度为 3.523 万 m^3/月；混凝土浇筑月强度为 $1827m^3$/月；填筑月强度为 $4920m^3$/月。

问题：

（1）本工程机械设备配置原则是什么？

（2）试配置月度资源计划。

分析与解答：

（1）本工程机械设备配置原则

1）根据本工程特点，按各单项工程工作面、单项施工强度、施工方法等进行施工机械的配套选择，再根据各单项工程在整个施工期间的时间段分布综合调整，重点施工部位优先配置，确保工程所需设备及时进场，满足施工组织设计，机械配置先进合理。

2）考虑必要的施工机械能力储备系数，使其既能充分发挥生产效率，又能满足工程质量与施工强度的要求。

3）选用的施工机械机动灵活、高效低耗、环保、运行安全可靠。其性能及工作参数满足工程设计、施工条件、施工方案、工艺流程等要求。

4）选用的施工机械类型不宜太多，以利于维修、保养、管理。实行所有设备统一调拨，优化组合，保证机械的配套使用，充分发挥机械性能，提高机械设备的生产效率。

（2）资源配置计划

1）主要装载设备配备

土石方开挖月强度为 4.247 万 m^3/月，根据本工程施工情况，装载设备月额定台班数按 50 个台班考虑，各种装载设备配备数量及月生产率见表 13-4。

机械设备配备数量及月生产率　　　　　　　　　　　　　　　　表 13-4

设备名称	实用生产率 P（m^3/台班）	月额定台班数 W	机械利用率 K	设备数量 N（台）	月强度 M（万 m^3/月）
1.2m^3 液压反铲	225	50	0.75	3	2.53
1.6m^3 液压反铲	281	50	0.75	3	3.16
3.0m^3 装载机	528	50	0.70	5	9.24

2）运输设备配备

土石方运输设备主要采用 8t 自卸车及 15t 自卸汽车，本工程平均运距 2km，路况较差，车速按 15km/h 考虑，工作条件系数取 0.8。

单台 15t 自卸车按每个月 400 个小时计算，月生产强度 $8160m^3$。

20 台 8t 自卸车及 12 台 15t 自卸汽车月生产能力为 19.95 万 m^3，完全能够满足强度要求。结合工作面考虑，土石方开挖及填筑施工共配备 20 台 8t 自卸车及 12 台 15t 自卸汽车。

混凝土水平运输设备主要采用 3.0m³ 混凝土搅拌运输车，本工程混凝土平均运距 1km，路况较差，车速按 15km/h 考虑，工作条件系数取 0.8。

单台混凝土搅拌运输车按每个月 400 个小时计算，月生产强度 2400m³，11 台 3.0m³ 混凝土搅拌运输车月生产能力为 2.64 万 m³，完全能够满足强度要求。结合工作面考虑，混凝土水平运输共配备混凝土搅拌运输车 11 台。

3）施工人员配备

本工程在施工高峰期人数为 798 人，其中劳务人员 734 人，管理人员 64 人。人员工种主要有钻工、炮工、混凝土工、模板工、钢筋工、砌工、电焊工、水泵工、电工、测量工和普通工人等。

4）检查施工进度计划的实施情况，调整施工进度计划

【案例 13-12】

背景：

某建筑工程项目，合同工期为 38 周，经总监理工程师批准的施工总进度计划，其计算工期为 37 周。在工程进行到第 10 周时，施工中由于施工方的原因导致工期延误 2 周，若不及时采取措施将不能按期完工，影响工程交付使用。

问题：

（1）施工进度计划检查的方法有哪些？

（2）回答下列有关加快施工进度的问题：

1）当实际施工进度发生拖延时，为加快施工进度而采取的组织措施可以是（　　　）。

A. 改善劳动条件及外部配合条件

B. 更换设备，采用更先进的施工机械

C. 增加劳动力和施工机械的数量

D. 改进施工工艺和施工技术

2）当实际施工进度发生拖延时，为加快施工进度而采取的组织措施可以是（　　　）。

A. 增加工作面和每天的施工时间

B. 改善劳动条件并实施强有力的调度

C. 采用更先进的施工机械和施工方法

D. 改进施工方法，减少施工过程的数量

3）在建设工程施工过程中，加快施工进度的组织措施包括（　　　）。

A. 采用先进的施工方法以减少施工过程的数量

B. 增加工作面，组织更多的专业工作队

C. 改善劳动条件和外部配合条件

D. 增加劳动力和施工机械的数量

E. 改进施工工艺并实施强有力的调度

4）在施工进度计划的调整过程中，压缩关键工作持续时间的技术措施有（　　　）。

A. 增加劳动力和施工机械的数量

B. 改进施工工艺和施工技术

C. 采用更先进的施工机械

D. 改善外部配合条件

235

E. 采用工程分包方式

分析与解答：

（1）施工进度计划的检查方法

1）跟进检查施工实际进度。跟进检查施工实际进度是分析、调整施工进度的前提。其目的是收集实际施工进度的有关数据。跟踪检查的时间、方式、内容和收集数据的质量，将直接影响控制工作的质量和效果。

① 检查的时间。检查的时间与施工项目的类型、规模、施工条件和对进度执行要求的程度有关，通常分为日常检查和定期检查两类。

② 检查的方式。检查和收集资料的方式可采用：经常地、定期地收集进度报表资料；定期召开进度工作汇报会；管理人员常驻现场，经常检查进度的执行情况。

③ 检查的内容。施工进度计划检查的内容包括：开始时间、结束时间、持续时间、工作量、总工期、时差利用等。

2）整理统计检查数据。将收集到的施工进度数据，进行必要的整理，按工作项目内容进行统计，形成与计划进度具有可比性的数据。一般可以按实物工程量、工作量和劳动消耗量以及累计百分比，整理和统计实际检查的数据，以便与相应的计划完成量相对比。

3）对比分析实际进度与计划进度。将收集的资料整理和统计成与计划进度具有可比性的数据后，用实际进度与计划进度相比较的方法进行比较分析，为决策提供依据。

（2）有关加快施工进度的问题，正确的是：

1）C；2）A；3）B、D；4）B、C。

【案例 13-13】

背景：

某写字楼工程，建筑面积 5800m²，框架结构，独立柱基础，基础埋深为 1.5m，地质勘察报告中地基基础持力层为中砂层，施工钢材由建设单位供应。基础工程施工分为两个施工流水段组织流水施工，根据工期要求编制了基础工程施工进度双代号网络计划图，如图 13-9 所示，时间参数计算如图所示，网络计划的关键线路为①→②→③→④→⑤→⑥，计划工期为 20d。

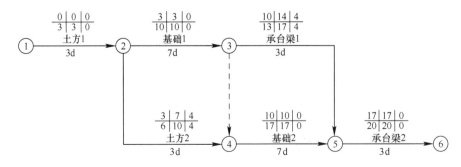

图 13-9　基础工程施工网络计划

在工程施工中发生如下事件：

事件 1：土方 2 施工中，开挖后发现局部基础地基持力层为软弱层需处理，工期延误 6d。

事件 2：承台梁 1 施工中，因施工用钢材未按时进场，工期延期 3d。

事件 3：基础 2 施工时，因施工总承包单位原因造成工程质量事故，返工致使工期延期 5d。

问题：

（1）针对上述事件，施工承包单位是否可以提出工期索赔，分别说明理由。

（2）对索赔成立的事件，总工期可以顺延几天？实际工期是多少天？

（3）上述事件发生后，本工程网络计划的关键线路是否发生改变，如有改变，指出新的关键线路，绘制实际施工进度横道图。

分析与解答：

（1）施工总承包单位提出工期索赔：

事件 1：能提出工期索赔，索赔天数为 6－4＝2d。理由：地基持力层存在软弱层，与地质勘察报告中提供的持力层为中砂层不符，为施工单位不可预见原因造成的工期延误。虽然土方 2 工作不是关键工作，但延误的时间已经超了总时差 4d，故可以提出工期索赔，能索赔 6－4＝2d。

事件 2：施工总承包单位不能提出工期索赔。理由：虽然基础工程钢材由建设单位供应，因施工用钢材未按时进场导致工期延误 3d，理应由建设单位承担责任，但承台梁 1 不是关键工作，且总时差为 4d，延误的 3d 未超过其总时差，所以不可以提出工期索赔。

事件 3：施工总承包单位不可以提出工期索赔。理由：基础 2 施工工期延误 5d 是由于施工总承包单位原因造成工程质量事故的返工而造成的，属于施工总承包单位应承担的责任。

（2）总工期能顺延 2d，实际工期为 3＋（3＋6）＋（7＋5）＋3＝3＋9＋12＋3＝27d。

（3）上述事件发生后，关键路线发生了变化，新的关键路线变为①→②→④→⑤→⑥。施工实际进度横道图如图 13-10 所示。

【案例 13-14】

背景：

某建筑工程施工，合同工期为 38 周。经总监理工程师批准的施工总进度计划如图 13-11 所示（时间单位：周），各工作可以缩短的时间及其增加的赶工费如表 13-5 所示，其中 H、L 分别为住宅小区道路的路基、路面工程。

各工作可以缩短的时间及其增加的赶工费 　　　　　　　表 13-5

分部工程名称	A	B	C	D	E	F	G	H	I	J	K	L	M	N
可缩短的时间（周）	0	1	1	1	2	1	1	0	2	1	1	0	1	3
增加的赶工费（万元/周）		0.7	1.2	1.1	1.8	0.5	0.4		3.0	2.0	1.0		0.8	1.5

施工中发生如下事件：

事件 1：开工 1 周后，建设单位要求将总工期缩短 2 周。

事件 2：在 H、L 工作施工前，建设单位通过设计单位将此 400m 的道路延长至 600m。

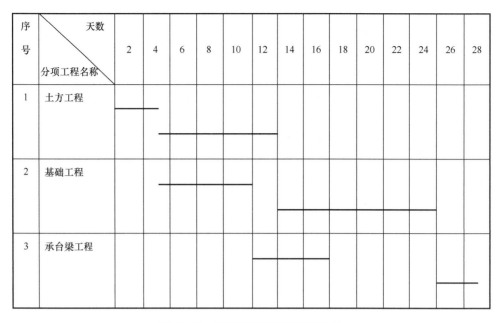

图 13-10　基础工程施工横道图计划

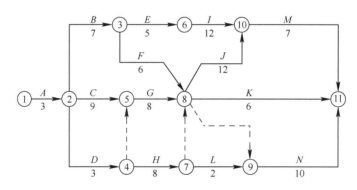

图 13-11　某工程施工网络计划

问题：

（1）试述施工进度计划调整方法。

（2）事件 1 发生后，如何调整计划才能既实现建设单位的要求又能使支付施工单位的赶工费用最少？说明步骤和理由。

（3）事件 1 发生后，H、L 工作的持续时间为多少周（设工程量按单位时间均值增加）？对修改后的施工总进度计划的工期是否有影响？为什么？

分析与解答：

（1）施工进度计划调整方法如下：

1）改变某些工作之间的逻辑关系；

2）缩短某些工作的持续时间；

3）资源供应的调整；

4）增减施工内容；

5）增减工作量；

6）改变起止时间。

（2）应分别将分部工程 G 和 M 各压缩 1 周，其步骤为：

1）确定网络计划的计算工期和关键线路；

2）按要求工期计算应缩短的时间；

3）选择应缩短持续时间的关键工作（从需增加的费用最少的关键工作开始）；

4）将所选定的关键工作的持续时间压缩至最短，并重新确定计算工期和关键线路。

（3）H 工作从 8 周延长到 12 周，L 工作从 2 周延长到 3 周。工作的延长没有超过总时差，修改后的施工总进度计划对工期不会产生影响。

十四、工程量计算及工程计价

（一）专业技能概述

1. 工程量计算

（1）建筑面积计算

建筑面积的计算是工程计量的最基础工作，它在工程建设中起着非常重要的作用。2013 年住房和城乡建设部以国家标准的形式发布了《建筑工程建筑面积计算规范》GB/T 50353，作为建筑面积计算的基础。

（2）建筑工程工程量计算

建筑工程工程量主要依据建筑工程计量规则进行计算。将建筑工程分成土石方工程，桩与地基基础工程，砌筑工程，混凝土与钢筋混凝土工程，厂库房大门、特种门、木结构工程，屋面与防水工程，防腐、隔热、保温工程，施工技术措施项目等，制订其定额工程量计算规则，作为建筑工程工程量的计算基础。

2. 工程量清单计价

工程量清单计价方法是建设工程在招标投标中，招标人按照国家统一的工程量计算规则提供工程数量，并作为招标文件的一部分提供给投标人，由投标人依据工程量清单自主报价，并按照经评审合理低价中标的工程造价计价方式。工程量清单计价的费用由分部分项工程费、措施项目费、其他项目费、规费和税金组成。

工程量清单计价的计算方法：招标方给出工程量清单，投标人根据工程量清单组合分部分项工程综合单价，并计算出分部分项工程费、措施项目费、其他项目费、规费和税金，最后汇总计算工程总造价。其基本的数学模型：

$$建筑工程造价＝[\Sigma(工程量×综合单价)＋措施项目费＋其他项目费＋规费]$$
$$×(1＋税金率)$$

（1）工程量清单计价费用组成

1）分部分项工程量清单费用

分部分项工程量清单费用采用综合单价计价，它综合了完成工程量清单中一个规定的计量单位项目所需的人工费、材料费、施工机械使用费、管理费和利润，并考虑了风险因素。应按设计文件或参照《建设工程工程量清单计价规范》GB 50300 附录的工程内容确定。

2）措施项目费用

措施项目费是指施工企业为完成工程项目施工，应发生于该工程施工前和施工过程中生产、生活、安全等方面的非工程实体费用。措施项目费用包括施工技术措施项目费用和施工组织措施项目费用。施工技术措施项目如措施项目费中的混凝土、钢筋混凝土模板或支架、脚手架、混凝土泵送增加费、垂直运输和施工排水、降水等措施项目等;施工组织措施项目如环境保护、文明施工、安全施工二次搬运、工程结算与清理等。措施项目费用结算需要调整的,必须在招标文件或合同中明确。

3)其他项目费用

其他项目费包括招标人部分和投标人部分。

① 招标人部分包括预留金和材料购置费(仅指招标人购置的材料费)等。

② 投标人部分包括总承包服务费和零星工作项目费等。

预留金、材料购置费均为估算、预测数,虽在工程投标时计入投标人的报价中,但不为投标人所有。工程结算时,应按承包人实际完成的工作量计算,剩余部分仍归招标人所有。

零星工作项目费由招标人根据拟建工程的具体情况,列出人工、材料、机械的名称、计算单位和相应数量。工程招标时工程量由招标人估算后提出。工程结算时,工程量按承包人实际完成的工作量计算,单价按承包中标时的报价不变。

4)规费

规费是指政府和有关权力部门规定必须缴纳的费用(简称规费)。内容包括:养老保险费、失业保险费、医疗保险费(含生育保险费)、住房公积金、工商保险费等。

5)税金

税金是指国家税法规定的应计入建筑工程造价内的营业税、城市维护建设税及教育费附加等各种税金。

(2)综合单价的编制

综合单价是指完成工程量清单中一个规定计量单位项目所需的人工费、材料费、机械使用费、管理费和利润,并考虑风险因素。

分部分项工程费由分项工程量清单乘以综合单价汇总而成。综合单价的组合方法包括以下几种:直接套用定额组价、重新计算工程量组价、复合组价。

(3)清单项目费用的确定

进行投标报价时,施工方在业主提供的工程量计算结果的基础上,根据企业自身所掌握的各种信息、资料,结合企业定额编制得出工程报价。其计算过程如下:

1)分部分项工程费的确定:

分部分项工程费=Σ分部分项工程量×分部分项工程综合单价

2)措施项目费的确定:

措施项目费应根据拟建工程的施工方案或施工组织设计,参照规范规定的费用组成来确定。措施项目费用组成一般包括完成该措施项目的人工费、材料费、机械费、管理费、利润及一定的风险费。措施项目费的计算有以下几种方法:

定额计价:措施项目费=Σ措施项目工程量×措施项目综合单价。

按费率系数计价:措施项目费=Σ(分部分项工程直接费+施工技术措施项目费)×费率。

施工经验计价:按其现有的施工经验和管理水平,来预测将来发生的每项费用的合计数,其中需考虑市场的涨浮因素及其他的社会环境影响因素,进而测算出本工程具有市场竞争力的项目措施费。

分包法计价：是投标人在分包工程价格的基础上考虑增加相应的管理费、利润以及风险因素的计价方法。

3）计算其他项目费、规费与税金。其他项目费是指预留金、材料购置费（仅指由招标人购置的材料费）、总承包服务费、零星工作项目费等估算金额的总和。包括：人工费、材料费、机械使用费、管理费、利润以及风险费。按业主的招标文件的要求计算。

其他项目清单中的预留金、材料购置费和零星公产项目费，均为估算、预测数量，虽在投标时计入投标人的报价中，但不应视为投标人所有。预留金主要是考虑可能发生的工程量变更而预留的金额。总承包服务费包括配合协调招标人工程分包和材料采购所需的费用。

规费与税金一般按国家及地方部门规定的取费文件的要求计算。计算公式为：

规费＝计算基数×规费费率（%）

税金＝（分部分项工程量清单计价＋措施项目清单计价＋其他项目清单计价＋规费）×综合税率（%）

4）计算单位工程报价：单位工程报价＝分部分项工程费＋措施项目费＋其他项目费＋规费＋税金。

5）计算单项工程报价：单项工程报价＝Σ单位工程报价。

6）计算建设项目总报价：建设项目总报价＝Σ单项工程报价。

工程量清单计价的各项费用的计算办法及计价程序见表14-1。

工程量清单计价的计价程序　　　　　　　　表14-1

序　号	名　称	计算办法
1	分部分项工程费	Σ（清单工程量×综合单价）
2	措施项目费	按规定计算（包括利润）
3	其他项目费	按招标文件规定计算
4	规费	（1＋2＋3）×费率
5	不含税工程造价	1＋2＋3＋4
6	税金	5×税率，税率按税务部门的规定计算
7	含税工程造价	5＋6

3. 工程结算

工程价款结算是指承包商在工程实施过程中，依据承包合同关于付款条款的规定和已经完成的工程量，按照规定的程序向建设单位收取工程价款的一项经济活动。

（1）我国现行的工程价款主要结算方式

1）按月结算。实行按月申报、月终结算、竣工后清算的方法。跨年度竣工的工程，在年终进行工程盘点，办理年度结算。

2）分段结算。当年开工、当年不能竣工的工程，按工程形象进度，划分不同阶段进行结算。分段结算可以按月预支工程款。

3）竣工后一次结算。建设项目或单项工程全部建筑安装工程建设期在 12 个月以内，或者工程承包合同价值在 100 万元以下的，可以实行工程价款每月月中预支，竣工后一次结算。

4）目标结款。即在工程合同中，将承包合同的内容分解成不同的控制界面，以业主验收控制界面作为支付工程款的前提条件。

（2）工程价款结算

1）工程预付款。工程预付款，也称工程备料款，是指根据工程承包合同，由建设单位在工程开工前按年度工程量的一定比例预付给施工单位进行材料采购、工程启动等用的流动资金，以抵冲工程价款的方式陆续扣回。

2）工程进度款。工程进度款是在工程施工过程中分期支付的合同价款，一般按工程形象进度即实际完成工程量确定支付款额。

在确认计量结果后 14 天内，发包人应向承包人支付工程进度款。按约定时间发包人应扣回的预付款，与工程进度款同期结算。

3）质量保修金的预留。按照有关规定，工程项目总价中应预留一定比例的尾款作为质量保修费用，待工程项目保修期结束后拨付，一般有两种扣除方法：一是从发包方向承包商第一次支付工程进度款开始，每次从承包商应得的款项中按合同约定比例扣除，直到总额达到合同规定的限额为止；二是当拨付的工程进度款累计达到合同总价的一定比例（一般为 95%～97%）时，停止支付，把该部分尾款作为质量保修金。

4）工程竣工结算。在建设工程施工中，由于设计图纸变更或现场签订变更通知单，而造成施工图预算变化和调整，工程竣工时，最后一次的施工图调整预算，便是建设工程的竣工结算。

工程竣工结算一般是由施工单位编制，建设单位审核同意后，按合同规定签章认可。最后通过建设单位办理工程价款的竣工结算。

5）竣工结算工程价款的确定。竣工结算工程价款＝合同价款＋施工过程中合同价款调整数额－预付及已结算工程价款－保修金。

4. 专业技能要求

通过学习和训练，能够计算多层混合结构工程、多层混凝土结构工程的工程量；能够利用工程量清单计价法进行综合单价的计算；能够进行建筑工程预付款和进度款的初步计算。

（二）工程案例分析

1. 计算多层混合结构工程、多层混凝土结构工程的工程量

【案例 14-1】

背景：

某房屋平面和剖面图（图 14-1）。

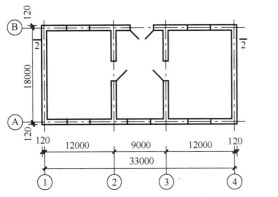
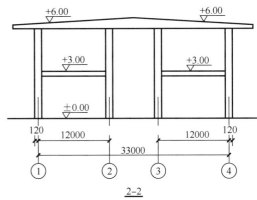

图 14-1 平面图和剖面图

问题：

计算该房屋的建筑面积。

分析与解答：

该房屋的建筑面积为：

$$S = (33.00 + 0.24) \times (18.00 + 0.24) + (12.00 + 0.24)$$
$$\times (18.00 + 0.24) \times 2 = 1052.81 \text{m}^2$$

【案例 14-2】

背景：

某工程现场平面图 14-2 所示，土为四类土。

问题：

根据图所示，试计算人工平整场地工程量。

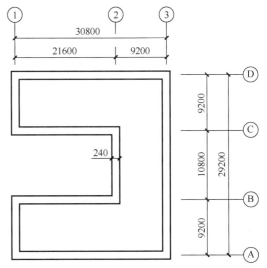

分析与解答：

根据《建设工程工程量清单计价规范》GB 50300 的规定，平整场地的工程量清单项目编码为 010101001，工程量按设计图示尺寸以建筑物首层面积计算。

（1）列项目：场地（010101001）。

（2）计算工程量：平整场地工程量为：

图 14-2 工程现场平面图

$$S_{底} = (30.8 + 0.24) \times (29.2 + 0.24) - (10.8 - 0.24) \times 21.6 = 685.27 \text{m}^2 。$$

（3）填写工程量清单：如表 14-2 所示。

工程量清单　　　　　　　　　　　　　　　　　　　表 14-2

序 号	项目编码	项目名称	项目特征	计量单位	工程数量
1	010101001001	平整场地	四类土	m²	685.27

【案例 14-3】

背景：

某工程人工挖一基坑，混凝土基础垫层长为 1.50m，宽为 1.20m，深度为 2.20m，四类土。

问题：

求挖基坑土方工程量。

分析与解答：

(1) 列项目：挖基础土方（010101003）。

(2) 计算工程量：挖基础土方工程量为：

$V=1.50\times1.20\times2.20=3.96\text{m}^3$。

(3) 填写工程量清单：如表 14-3 所示。

工程量清单 表 14-3

序 号	项目编码	项目名称	项目特征	计量单位	工程数量
1	010101003001	挖基础土方	1. 土壤类别：四类土； 2. 基础类型：钢筋混凝土独立基础； 3. 垫层底面积：1.80m²； 4. 挖土深度：2.20m	m³	3.96

【案例 14-4】

背景：

某工程有钻孔桩 100 根，设计桩径为 $\phi600$，设计桩长平均为 25m，按设计要求需进入风化岩 0.5m，桩顶标高为 -2.500m，施工场地标高为 -0.500m。泥浆运输距离为 3km。混凝土为 C25。本工程土为二级土。

问题：

编制该钻孔桩工程工程量清单。

分析与解答：

(1) 列项目：钻孔灌注桩（010201003）。

(2) 计算工程量：钻孔灌注桩工程量为：

$L=25\times100=2500\text{m}$。

(3) 填写工程量清单：如表 14-4 所示。

工程量清单 表 14-4

序 号	项目编码	项目名称	项目特征	计量单位	工程数量
1	010201003001	钻孔灌注桩	混凝土灌注桩，土壤级别：二级，桩单根设计长度25m，桩根数100根，桩径为600，混凝土强度等级为C25，泥浆运输距离为 3km，进入风化岩 0.5m/根	m	2500

【案例 14-5】

背景：

某现浇钢筋混凝土单层厂房，如图 14-3 所示，屋面板顶面标高 5.000m；柱基础顶面标高 −0.500m；柱截面尺寸：Z3 为 300mm×400mm，Z4 为 400mm×500mm，Z5 为 300mm×400mm（注：柱中心线与轴线重合）；用现场机拌 C25 混凝土，碎石最大粒径 20mm，屋面板混凝土按质量加 1％防水粉。

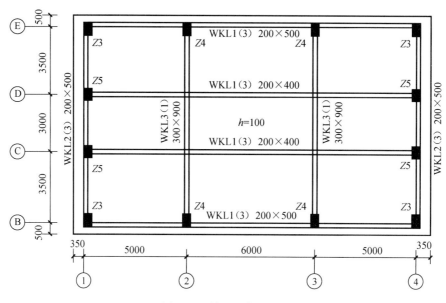

图 14-3　单层厂房平面图

问题：

编制现浇混凝土工程量清单（不含基础）。

分析与解答：

（1）清单项目编制

1）现浇柱

依据《建设工程工程量清单计价规范》GB 50300 的清单项目，现浇柱混凝土工程量清单项目为 010402001001；矩形柱，柱高度 5.0m，柱截面尺寸 0.12m²、0.20m²，C25 混凝土，碎石最大粒径 20mm，现场机拌。

包含的工作内容为：矩形柱混凝土制作、运输、浇筑、振捣、养护。

2）现浇有梁板

依据《建设工程工程量清单计价规范》GB 50300 的清单项目，现浇板混凝土工程量清单项目为 010405001001；现浇有梁板，板底标高 4.900m，板厚 100mm，C25 混凝土，碎石最大粒径 20mm，加防水粉，现场机拌。

包含的工作内容为：

① 有梁板混凝土制作、运输、浇筑、振捣、养护。

② 添加防水粉。

3）现浇挑檐、天沟

现浇挑檐、天沟混凝土工程量清单项目为 010405007001；现浇挑檐、天沟，C25 混凝土，碎石最大粒径 20mm，加防水粉，现场机拌。

包含的工作内容为：

① 挑檐、天沟混凝土制作、运输、浇筑、振捣、养护；

② 添加防水粉。

（2）清单工程量计算

1）现浇柱

Z3：$0.3 \times 0.4 \times 5.5 \times 4 = 2.64 m^3$

Z4：$0.4 \times 0.5 \times 5.5 \times 4 = 4.40 m^3$

Z5：$0.3 \times 0.4 \times 5.5 \times 4 = 2.64 m^3$

现浇柱工程量为：$9.68 m^3$（其中 $5.28 m^3$ 截面积为 $0.12 m^2$；$4.40 m^3$ 截面积为 $0.20 m^2$）。

2）现浇有梁板

WKL1：$(16 - 0.15 \times 2 - 0.4 \times 2) \times 0.2 \times (0.5 - 0.1) \times 2 = 2.38 m^3$

$(16 - 0.15 \times 2 - 0.3 \times 2) \times 0.2 \times (0.4 - 0.1) \times 2 = 1.82 m^3$

WKL2：$(10 - 0.2 \times 2 - 0.4 \times 2) \times 0.2 \times (0.5 - 0.1) \times 2 = 1.41 m^3$

WKL3：$(10 - 0.25 \times 2) \times 0.3 \times (0.9 - 0.1) \times 2 = 4.56 m^3$

板：$(10 + 0.2 \times 2) \times (16 + 0.15 \times 2) - (0.3 \times 0.4 \times 8 + 0.4 \times 0.5 \times 4) \times 0.1 = 16.77 m^3$

现浇有梁板工程量为：$26.94 m^3$。

3）现浇挑檐、天沟

$\{[0.3 \times (16 + 0.35 \times 2)] + [0.2 \times (11 - 0.3 \times 2)]\} \times 2 \times 0.1 = 1.42 m^3$

（3）填写工程量清单：如表 14-5 所示。

工程量清单 表 14-5

序 号	项目编码	项目名称	项目特征	计量单位	工程数量
1	010402001001	现浇柱	柱高度：5m 柱截面尺寸：0.12m² C25 混凝土，碎石最大粒径 20mm 现场机拌	m³	5.28
2	010402001002	现浇柱	柱高度：5m 柱截面尺寸：0.20m² C25 混凝土，碎石最大粒径 20mm 现场机拌	m³	4.40
3	010405001001	现浇有梁板	板底标高：4.9m 板厚：100mm C25 混凝土，碎石最大粒径 20mm 现场机拌，加防水粉	m³	26.94
4	010405007001	现浇挑檐、天沟	C25 混凝土，碎石最大粒径 20mm 现场机拌，加防水粉	m³	1.42

2. 利用工程量清单计价法进行综合单价的计算

【案例 14-6】

背景：

某多层砖混结构房屋的土方工程，土壤类别为三类土，基础为砖大放脚带形基础，混凝土垫层宽度为 1m，挖土深度为 2.0m，基础总长度为 1600m，弃土运距为 4km。

问题：

（1）确定挖基础土方清单工程量。

（2）如不考虑风险因素，确定挖基础土方清单项目的综合单价。

分析与解答：

（1）挖基础土方清单工程量

依据《建设工程工程量清单计价规范》GB 50500 中土方工程工程量计算规则：

基础垫层底面积＝垫层宽度×基础总长度＝$1 \times 1600 = 1600\text{m}^2$。

挖土深度为 2m：

挖基础土方清单工程量 Q＝基础垫层底面积×挖土深度＝$1600 \times 2 = 3200\text{m}^3$。

（2）挖基础土方清单项目的综合单价

1）根据施工组织设计文件资料分析挖基础土方清单项目涉及的工程内容

根据施工方案，基础土方采用人工开挖方式；除沟边堆土外，现场堆土 2200m^3、运距 50m，采用人工双轮车运输；另外，1300m^3 的土方量，采用装载机装车、自卸汽车运输，运距 4km。因此，挖基础土方清单项目的工程内容有 3 项：人工挖地槽、人工运土方、装载机装自卸汽车运土方。

2）根据施工图、施工组织设计文件，计算各项工程内容的计价工程量 S_i

① 人工挖地槽：工程量应包括施工图提供的净挖方量及放坡工程量。混凝土垫层工作面宽度每边增加 0.30m，放坡系数为 1：0.33，基础挖土截面面积按图 14-4 所示计算。

图 14-4 中 a 为混凝土垫层宽度，$a=1\text{m}$；c 为每边增加的工作面宽度，$c=0.30\text{m}$；h 为基

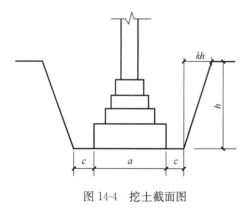

图 14-4　挖土截面图

础的挖土深度，$h=2.0\text{m}$；k 为放坡系数，$k=0.33$。

基础的挖土截面积＝$(a+2c+kh)h=(1+0.3\times2+0.33\times2)\times2=4.52\text{m}^2$；

基础总长度为 1600m；

则人工挖地槽的计价工程量 $S_1=4.52\times1600=7232\text{m}^3$。

② 人工运土方：计价工程量 S_2 可根据施工方案中的数据得到，$S_2=2200\text{m}^3$。

③ 装载机装车及自卸汽车运土方：计价工程量 S_3 可根据施工方案中的数据得 $S_3=1300\text{m}^3$。

3）根据各工程内容的计价工程量，计算各工程内容的工程单价

定额采用某湖北省建筑工程消耗量定额（若投标企业编有自己的定额，也可以用其企

业定额）。建筑工程预算定额中规定的人工挖地槽、人工运土方（50m）、装载机装车及自卸土方（4km）的人工费、材料费、施工机械使用费如下表定额项目表所示。按照此费用定额，管理费、利润的计取按人工费、材料费、机械费之和分别乘以7％、5％确定。定额项目见表14-6。

定额项目表 表14-6

定额编号		A1-17	A1-49	A1-178＋A1-205	
工程项目		人工挖地槽	人工运土方（50m）	装载机装车及自卸汽车运土方（4km）	
基价（元）		1615.78 元/100m³	493.20 元/100m³	1526.04 元/1000m³	16706.94 元/1000m³
其中	人工费	1611.90 元/100m³	493.20 元/100m³	180.00 元/1000m³	180 元/1000m³
	材料费	—	—	—	25.44 元/1000m³
	机械费	3.88 元/100m³	—	1346.04 元/1000m³	16501.50 元/1000m³

① 人工挖地槽

人工费 $R_1 = S_1 r = 7232 \times 16.119 = 116572.61$ 元

材料费 $C_1 = 0$

机械使用费 $J_1 = S_1 j = 7232 \times 0.0388 = 280.60$ 元

管理费 $G_1 = (R_1 + C_1 + J_1) \times 7\% = (116572.61 + 280.60) \times 7\% = 8179.72$ 元

利润 $L_1 = (R_1 + C_1 + J_1) \times 5\% = (116572.61 + 280.60) \times 5\% = 5842.66$ 元

人工挖地槽的工程费 $F_1 = R_1 + C_1 + J_1 + G_1 + L_1 = 130875.59$ 元

② 人工运土方（50m）

人工费 $R_2 = S_2 r = 2200 \times 4.932 = 10850.40$ 元

材料费 $C_2 = 0$

机械使用费 $J_2 = 0$

管理费 $G_2 = (R_2 + C_2 + J_2) \times 7\% = 10850.40 \times 7\% = 759.53$ 元

利润 $L_2 = (R_2 + C_2 + J_2) \times 5\% = 10850.40 \times 5\% = 542.52$ 元

人工运土方的工程费 $F_2 = R_2 + C_2 + J_2 + G_2 + L_2 = 12152.45$ 元

③ 装载机装车及自卸汽车运土方（4km）

人工费 $R_3 = S_3 r = 1300 \times (0.18 + 0.18) = 468.00$ 元

材料费 $C_3 = S_3 c = 1300 \times 0.02544 = 33.07$ 元

机械使用费 $J_3 = S_3 j = 1300 \times (1.34604 + 16.5015) = 23201.80$ 元

管理费 $G_3 = (R_3 + C_3 + J_3) \times 7\% = (468.00 + 33.07 + 23201.80) \times 7\% = 1659.20$ 元

利润 $L_3 = (R_3 + C_3 + J_3) \times 5\% = (468.00 + 33.07 + 23201.80) \times 5\% = 1185.14$ 元

装载机装车及自卸汽车运土方的工程费

$$F_3 = R_3 + C_3 + J_3 + G_3 + L_3 = 26547.21 \text{ 元}$$

4）计算挖基础土方清单项目的工程报价

① 清单项目的人工费报价 $R = \Sigma R_i = 116572.61 + 10850.40 + 468.00 = 127891.01$ 元

② 清单项目的材料费报价 $C = \Sigma C_i = 0 + 0 + 33.07 = 33.07$ 元

③ 清单项目的机械使用费报价 $J = \Sigma J_i = 280.60 + 0 + 23201.80 = 23482.40$ 元

④ 清单项目的管理费报价 $G = \Sigma G_i = 8179.72 + 759.53 + 1659.20 = 10598.45$ 元

⑤ 清单项目的利润报价 $L=\Sigma L_i=5842.66+542.52+1185.14=7570.32$ 元

⑥ 清单项目的工程报价 $F=\Sigma F_i=130875.59+12152.45+26547.21=169575.25$ 元

5）计算挖基础土方清单项目的综合单价

① 清单项目综合单价 $=F/Q=169575.25/3200=53.00$ 元/m³

② 综合单价中的人工费 $=R/Q=127891.01/3200=39.97$ 元/m³

③ 综合单价中的材料费 $=C/Q=33.07/3200=0.01$ 元/m³

④ 综合单价中的机械使用费 $=J/Q=23482.40/3200=7.34$ 元/m³

⑤ 综合单价中的管理费 $=G/Q=10598.45/3200=3.31$ 元/m³

⑥ 综合单价中的利润 $=L/Q=7570.32/3200=2.37$ 元/m³

6）填制分部分项工程量清单计价表，见表 14-7；填制分部分项工程量清单综合单价分析表，见表 14-8。

分部分项工程量清单计价表

表 14-7

工程名称：某多层砖混住宅工程

序　号	项目编码	项目名称	计量单位	工程数量	金额（元）	
					综合单价	合价
1	010101003001	A.1 土（石）方工程 挖基础土方 土壤类别：三类土 基础类型：砖大放脚带形基础 垫层宽度：1m 挖土深度：2.0m 弃土运距：4km	m³	3200	53.00	169600.00
		合计				169600.00

分部分项工程量清单综合单价分析表

表 14-8

工程名称：某多层砖混住宅工程

序　号	项目编码	项目名称	工程内容	综合单价的组成（元）					综合单价
				人工费	材料费	机械费	管理费	利润	
1	010101003001	A.1 土（石）方工程 挖基础土方 土壤类别：三类土 基础类型：砖大放脚带形基础 垫层宽度：1m 挖土深度：2m 弃土运距：4km	1. 人工挖地槽	36.43	—	0.09	2.56	1.83	40.91
			2. 人工运土方	3.39	—	—	0.24	0.17	3.80
			3. 装载机装车及自卸汽车运土方	0.15	0.01	7.25	0.52	0.37	8.30
			合计	39.97	0.01	7.34	3.32	2.37	53.01

【案例 14-7】

背景：

某开发商开发某小区，采用工程量清单计价规范的方式进行公开招标，建筑面积 65000m²，工期为 560 天，开工日期为 2021 年 10 月 1 日。开发商已办理各种手续。其他清单业主暂列项目为 800 万元。某建筑公司参与投标，经过详细的图纸会审、计算、汇总得出单位工程费用：分部分项工程量清单 12000 万元，措施项目占分部分项清单的 10%，其他分部分项清单项目占分部分项清单的 3%。

问题：

（1）工程量清单计价的基本步骤是什么？

（2）投标商可否修改甲方提供的工程量清单中的工程量？

（3）投标单位投标报价的措施项目、其他项目清单分别为多少？

分析与解答：

（1）工程量清单计价基本步骤：熟悉工程量清单→研究招标文件→熟悉施工图纸→熟悉工程量计算规则→了解现场情况及施工组织设计特点→熟悉加工订货的有关情况→明确主材和设备的来源情况→计算分部分项工程工程量→计算分部分项工程综合单价→确定措施项目清单及费用→确定其他项目及费用→计算规费及税金→汇总各项费用计算工程造价。

（2）不能。

（3）措施项目：12000×10%＝1200 万元；

其他分部分项清单项目：12000×3%＝360 万元。

3. 进行建筑工程预付款和进度款的初步计算

【案例 14-8】

背景：

某建筑公司承建 10 栋连排别墅工程，工程承包合同额为 1800 万元，工期 6 个月。工程预付款是 20%，承包合同约定：甲乙双方签订合同后 7 日内，甲方向乙方支付预付款；工程竣工后，预留 5% 保修金，保修期满后，保修金扣除已支出维修费用的剩余部分退还给承包商。

工程开工日期是 2021 年 1 月 1 日，竣工日期是 2021 年 6 月 30 日，2021 年 6 月 30 日该工程如期竣工。在施工过程中没有发生工程签证和洽商变更等。

问题：

（1）通常工程竣工结算的前提是什么？此工程能否进行竣工结算？

（2）工程价款结算的方式一般有哪几种？

（3）本工程的工程预付款是多少？

分析与解答：

（1）工程竣工结算的前提条件是承包商按照合同规定内容全部完成所承包的工程，并符合合同要求，经验收质量合格。此工程可以进行竣工结算。

（2）工程价款的结算方式主要分为按月结算、竣工后一次结算、分段结算、目标结算和双方约定的其他结算方式。

（3）本工程的工程预付款：1800×0.2＝360 万元。

【案例 14-9】

背景：

某施工单位承包工程项目，甲乙双方签订的施工合同关于工程价款的内容有：

（1）建筑安装工程造价 780 万元，建筑材料及设备费占施工产值的比重为 50％。

（2）工程预付款为建筑安装工程造价的 10％。工程施工后，工程预付款从未施工工程尚需的主要材料及构件的价值相当于工程预付款数额时起扣，从每次结算工程款中按材料和设备占施工产值的比重抵扣工程预付款，竣工前全部扣清。

（3）工程进度款逐月计算。

（4）工程保修金为建筑安装工程造价的 5％，竣工结算后一次扣留。

工程各月完成产值见表 14-9。

工程各月完成产值　　　　　　　　　　　　表 14-9

月　份	3 月份	4 月份	5 月份	6 月份	7 月份
完成产值（万元）	70	140	185	260	125

问题：

（1）计算该工程的工程预付款、起扣点为多少？

（2）该工程 3～6 月每月拨付工程款为多少？累计工程款为多少？

（3）7 月份办理工程竣工结算，该工程结算造价是多少？甲方应付工程结算款为多少？

（4）该工程在保修期间发生屋面漏水，甲方多次督促乙方修理，乙方拒绝维修，最后甲方另请其他的施工单位修理，修理费用发生 2 万元，该项费用如何处理？

分析与解答：

（1）工程预付款：780×10％＝78 万元；

起扣点：780－78/50％＝624 万元。

（2）各月拨付工程款为：

3 月份：工程款 70 万元，累计发生工程款 70 万元；

4 月份：工程款 140 万元，累计发生工程款 210 万元；

5 月份：工程款 185 万元，累计发生工程款 395 万元；

6 月份：工程款 260－（260＋395－624）×50％＝260－15.5＝244.5 万元，累计发生工程款 639.5 万元。

（3）工程结算总价为：780 万元；

甲方应付工程结算款：780－639.5－780×5％－78＝23.5 万元。

（4）2 万元维修费应从乙方保修金中扣除。

十五、确定施工质量控制点，编制质量控制文件，实施质量交底

（一）专业技能概述

1. 施工质量控制点

施工质量控制点是指为了保证作业过程质量而确定的重点控制对象、关键部位或薄弱环节。设置质量控制点是保证达到施工质量要求的必要前提，在拟定质量控制工作计划时，应予以详细地考虑，并以制度来保证落实。对于质量控制点，一般要事先分析可能造成质量问题的原因，再针对原因制定对策和措施进行预控。

2. 质量控制文件

质量控制文件主要用以表述保证和提高项目施工质量的文件，包括与项目质量有关的设计文件、工艺文件、研究试验文件等。

在质量管理体系中使用四类文件（质量手册、质量计划、程序文件、记录），按其适用的范围可分为通用性文件和专用性文件两类。通用性文件是指适用于组织承制的各项产品（服务）是组织长期遵循的文件，属于这类文件的有质量方针政策、质量手册、程序文件和记录。专用性文件是指就某项产品的特殊要求编制的专项文件，它是作为对通用性文件中一般规定的补充，属于这类文件的有质量计划、质量目标等。

3. 质量交底

质量交底包括质量验收标准交底和施工技术交底两部分。质量验收标准的交底主要是对施工质量应达到的质量标准和使用功能等要求加以说明。施工技术交底是对施工采用的技术手段和技术要求、材料选择、施工环境、应注意的事项及应负的责任等进行说明。

4. 专业技能要求

通过学习和训练，能够确定基础工程、砌体工程、混凝土结构工程、钢结构工程、屋面及防水工程中的质量控制重点，为编制质量控制的技术保障和资源保障措施、实施质量交底提供资料。

（二）工程案例分析

1. 确定基础工程施工质量控制点，为编制质量控制的技术保障和资源保障措施、实施质量交底提供资料

【案例 15-1】

背景：

某工程项目桩基工程采用套管成孔灌注桩，预制桩尖的混凝土强度等级为 C25，采用锤击沉管的施工方法，为了保证混凝土的质量，桩管灌满混凝土后开始拔管，拔管时，管内混凝土高度为 1.5m，拔管速度控制在 0.9～1.1m/min；施工过程中检查桩身直径，发现一处桩身直径与设计直径之比为 0.9。

问题：

（1）该桩基工程预制桩尖的混凝土强度是否符合要求？请简要说明。

（2）该桩基工程施工过程中，拔套管时管内混凝土的高度和拔管速度是否符合要求？

（3）施工过程中检查桩身直径，发现一处桩身直径与设计直径之比为 0.9 是否符合要求？请简要说明。

（4）套管成孔灌注桩施工结束后，应检查哪些内容？

分析与解答：

（1）该桩基工程预制桩尖的混凝土强度不符合要求。按照规定，预制桩尖混凝土强度等级应大于 C30，而该混凝土强度等级仅为 C25，因此不符合要求。

（2）该桩基工程施工过程中，拔套管时管内混凝土的高度不符合要求，拔管速度符合要求。按照规定，桩管浇满混凝土后开始拔管，管内应保持不少于 2m 高度的混凝土，而该工程施工时管内混凝土高度为 1.5m，因此不符合要求。

锤击沉管拔管速度为 0.8～1.2m/min，该工程施工时拔管速度控制在 0.9～1.1m/min，符合要求。

（3）施工过程中检查桩身直径，发现一处桩身直径与设计直径之比为 0.9，不符合要求。按照规定，套管成孔灌注桩任意一段平均直径与设计直径之比严禁小于 1。

（4）施工结束后，应检查桩体混凝土强度，并应做好桩体质量和承载力检验。

2. 确定混凝土结构工程施工质量控制点，为编制质量控制的技术保障和资源保障措施、实施质量交底提供资料

【案例 15-2】

背景：

某施工单位承建某公寓工程施工，该工程地下 2 层，地上 9 层，基础类型为墙下钢筋混凝土条形基础，结构形式为现浇剪力墙结构，楼板采用无粘结预应力混凝土，该施工单位缺乏预应力混凝土的施工经验，对该楼板无粘结预应力施工有难度。

问题：

（1）为保证工程质量施工单位应对哪些影响质量的因素进行控制？

（2）什么是质量控制点？如何对质量控制点进行质量控制？

（3）对该工程应采用哪些质量控制的方法？

分析与解答：

（1）为保证工程质量，施工单位应对影响施工项目的质量的五个主要因素进行控制，即人、材料、机械、方法和环境。

（2）质量控制点是指为了保证作业过程质量而确定的重点控制对象、关键部位或薄弱环节。质量控制点是施工质量控制的重点，凡属关键技术、重要部位、控制难度大、影响大、经验欠缺的施工内容以及新材料、新技术、新工艺、新设备等，均可列为质量控制点，实施重点控制。

质量控制点进行质量控制的步骤：

1）全面分析、比较拟建工程情况，明确质量控制点；

2）进一步分析所设置的质量控制点在施工中可能出现的质量问题或质量隐患，以及产生的原因；

3）针对隐患的原因，提出相应对策，采取措施加以预防。

（3）该工程质量控制的方法有：审核有关技术文件和报告；直接进行现场质量检验或必要的试验等。

3. 确定砌体结构工程施工质量控制点，为编制质量控制的技术保障和资源保障措施、实施质量交底提供资料

【案例15-3】

背景：

某单位职工宿舍楼为6层砖混结构，由市建筑公司四建公司施工承建，2021年7月18日正式开工，工程进行到主体结构施工阶段。

问题：

（1）砌筑砂浆的质量控制要点如何确定？

（2）构造柱与砖墙的连接应如何处理？

分析与解答：

（1）砌筑砂浆的质量控制要点：控制配合比、计量、搅拌质量（包括稠度、保水性等）、试块（包括制作、数量、养护和试块强度等）等，使其符合设计和规范要求。

（2）构造柱与砖墙的连接处理为：构造柱与墙体的连接处应砌成马牙槎，马牙槎应先退后进，预留的拉结筋应位置正确，施工中不得任意弯折。每一马牙槎沿高度方向尺寸不应超过300mm。

4. 确定钢结构工程施工质量控制点，为编制质量控制的技术保障和资源保障措施、实施质量交底提供资料

【案例15-4】

背景：

2021年3月某市职业学院新建生产车间，设计采用钢结构工程，钢柱与钢梁之间采

255

用高强度螺栓连接，彩钢板屋面，墙体砌筑围护。工程于 2021 年 4 月开工，2021 年 12 月竣工验收合格后开始使用。

问题：

（1）试述钢结构制作的质量控制要点及注意事项。

（2）试述钢结构高强度螺栓使用注意事项。

（3）试述钢结构油漆操作注意事项。

分析与解答：

（1）钢结构制作的一般控制要点

翻样正确；原材料合格；焊接材料合格；高强度螺栓合格；切割准确，剪切面符合要求；防腐符合要求；焊接工艺满足要求。钢结构制作中还应注意以下问题：

1）焊工必须经考试合格并取得合格证书，持证焊工必须在其考试合格项目及其认可范围内施焊。

2）焊条、焊丝、焊剂、电渣焊熔嘴等焊接材料与母材的匹配应符合设计及规范要求。焊条、焊剂药、芯焊丝、熔嘴等在使用前，应按其产品说明书及焊接工艺文件的规定进行烘焙和存放。

3）钢材切割面和剪切面的平面度、割纹和缺口的深度、边缘缺棱、型钢端部垂直度、构件几何尺寸偏差、矫正工艺、矫正尺寸及偏差、控制温度、弯曲加工及成型、刨边允许偏差和粗糙度、螺栓孔质量（包括精度、直径、圆度、垂直度、孔距、孔边距等）、管和球的加工质量等均应符合设计和规范要求。

4）焊缝尺寸、探伤检验、缺陷、热处理、工艺试验等均应符合设计和规范要求。

（2）钢结构高强度螺栓使用时注意事项

1）高强度螺栓的形式、规格和技术条件必须符合设计要求和有关标准规定。高强度螺栓必须经试验确定扭矩系数或复验螺栓预拉力。当结果符合钢结构用高强度螺栓的专门规定时，方准使用。

2）构件的高强度螺栓连接面的摩擦系数必须符合设计要求。表面严禁有氧化铁皮、毛刺、焊疤、油漆和油污。

3）高强度螺栓必须分两次拧紧，初拧、终拧质量必须符合设计和规范要求。

4）高强度螺栓接头外观要求：正面螺栓穿入方向一致，螺栓丝扣外露应为 2～3 扣，其中允许有 10% 的螺栓丝扣外露 1 扣或 4 扣。

（3）钢结构油漆操作时注意事项

1）油漆、稀释剂和固化剂种类及质量必须符合设计要求。

2）油漆基层表面严禁有锈皮，无焊渣、焊疤、灰尘、油污和水等杂质。用铲刀检查经酸洗和喷丸（砂）工艺处理的钢材表面，必须露出金属色泽。

3）构件表面不应误涂、漏涂，涂层不应脱皮和反锈等。

4）构件表面涂层应均匀、色泽一致，无皱皮、流坠、针眼和气泡等，分色线清楚整齐。

5）干漆膜厚度要求 125μm（室内钢结构）或 150μm（室外钢结构），允许偏 −25μm。

5. 确定建筑防水工程施工质量控制点，为编制质量控制的技术保障和资源保障措施、实施质量交底提供资料

【案例 15-5】

背景：

某市一综合楼，结构形式采用现混框架-剪力墙结构体系，地上 22 层，地下 2 层，建筑物檐高 74.75m，混凝土强度等级为 C35，于 2020 年 3 月 12 日开工，屋面卷材防水工程施工后，在女儿墙泛水处和出屋面管道处出现了渗水现象。

问题：

（1）针对该工程，施工单位应采取哪些质量控制对策保证工程质量？

（2）简述该建筑施工项目质量控制的过程。

（3）屋面卷材防水工程女儿墙泛水处的施工质量应如何控制？

（4）屋面卷材防水工程出屋面管道处的施工质量应如何控制？

分析与解答：

（1）质量控制的对策主要有：

1）以人的工作质量确保工程质量，严格控制卷材防水材料的质量。

2）全面控制施工过程，重点控制女儿墙泛水处和出屋面管道处等重点部位工序的质量，严把分项工程质量检验验收关。

3）贯彻"预防为主"的方针。

（2）施工项目的质量控制的过程是从工序质量到检验批、分项工程质量、分部工程质量、单位工程质量的系统控制过程，也是一个由投入原材料的质量控制开始，直到完成工程质量检验为止的全过程的系统控制过程。

（3）屋面卷材防水工程女儿墙泛水处的施工质量控制应符合下列规定：

1）屋面与女儿墙交接处应做成圆弧，泛水处应增设附加层，铺贴泛水处的卷材应采取满粘法。

2）砖墙上的卷材收头裁齐，可直接铺压在女儿墙压顶下，压顶应做防水处理；也可压入砖墙凹槽内固定密封，凹槽距屋面找平层不应小于 250mm，凹槽上部的墙体应做防水处理。

3）混凝土墙上的卷材收头应裁齐，塞入预留凹槽内，采用金属压条钉压固定，最大钉距不应大于 900mm，并用密封材料封严。

（4）屋面卷材防水工程出屋面管道处的施工质量控制应符合下列规定：

1）管道根部直径 500mm 口范围内，找平层应抹出高度不小于 30mm 的圆台。

2）管道周围与找平层或细石混凝土防水层之间，应预留 20mm×20mm 的凹槽，并用密封材料嵌填严密。

3）管道根部四周应增设附加层，宽度和高度均不应小于 300mm。

4）管道上的防水层收头处应用金属箍箍紧，并用密封材料封严。

【案例 15-6】

背景：

某安装公司承接一小区设备安装工程的施工任务，为了降低成本，项目经理通过关系

购进质量低劣廉价的设备安装管道，并隐瞒了建设单位和监理单位，工程完工后，通过验收交付使用单位使用，过了保修期后大批用户管道漏水。

问题：

（1）该工程管道漏水时，已过保修期，施工单位是否对该质量问题负责？为什么？

（2）施工单位现场质量检查的内容有哪些？

（3）简述材料质量控制的内容。

（4）为了满足质量要求，施工单位进行现场质量检查目测法和实测法有哪些常用手段？

分析与解答：

（1）虽然已过保修期，但施工单位仍要对该质量问题负责。原因是施工单位采用不合格材料造成的，是施工过程中造成的质量隐患，不属于保修的范围，因此不存在过了保修期的说法。

（2）施工单位现场质量检查的内容有：

1）开工前检查。

2）工序交接检查。

3）隐蔽工程检查。

4）停工后复工前的检查。

5）分项分部工程完工后，应经检查认可，签署验收记录后，才允许进行下一工程项目施工。

6）成品保护检查。

（3）材料质量控制的内容有：

1）控制材料性能、标准与设计文件的相符性。

2）控制材料各项技术性能指标、检验测试指标与标准要求的相符性。

3）控制材料进场验收程序及质量文件资料的齐全程度等。

（4）施工现场目测法的手段可归纳为"看、摸、敲、照"四个字。实测检查法的手段归纳为"靠、吊、量、套"四个字。

6. 质量控制综合案例

【案例 15-7】

背景：

某高校建一幢六层砖混结构办公楼，某建筑公司通过招标方式承接了该项施工任务，某监理公司接受业主委托承担监理任务。该办公楼建筑平面形状为 L 形，设计采用混凝土小型砌块砌筑，墙体加构造柱，于 2019 年 11 月 8 日开工建设，2020 年 7 月 10 日竣工。

问题：

（1）该办公楼达到什么条件方可竣工验收？

（2）如何组织该办公楼竣工验收？

（3）该工程施工过程中隐蔽工程验收应如何组织？

分析与解答：

（1）该办公楼竣工验收的条件

1）完成建设工程设计和合同规定的内容；

2）有完整的技术档案和施工管理资料；

3）有工程使用的主要建筑材料、建筑构配件和设备的进场试验报告；

4）有勘察、设计、施工、工程监理等单位分别签署的质量合格文件；

5）按设计内容完成，工程质量和使用功能符合规范规定的设计要求，并按合同规定完成了协议内容。

（2）该办公楼的竣工验收组织方法

该办公楼完工后，建筑公司应自行组织有关人员进行检查评定，并向建设单位锅炉厂提交工程验收报告；锅炉厂收到工程验收报告后，应由锅炉厂（项目）负责人组织施工、设计、监理等单位（项目）负责人进行单位工程验收。

（3）施工过程中隐蔽工程验收组织方法

施工过程中，隐蔽工程在隐蔽前通知建设单位（或监理单位）进行验收，并形成验收文件。

【案例 15-8】

背景：

某写字楼工程建筑面积 45000m²，框架结构、筏形基础，地下 3 层，基础埋深约为 12.8m。混凝土基础工程由某专业基础施工公司组织施工，于 2020 年 8 月开工建设，同年 10 月基础工程完工。混凝土强度等级 C35 级，在施工过程中，发现部分试块混凝土强度达不到设计要求，但对实际强度测试论证，能够达到设计要求。

问题：

（1）该基础工程质量验收的内容是什么？

（2）对混凝土试块强度达不到设计要求的问题是否需要进行处理？为什么？

分析与解答：

（1）基础工程质量验收的内容有：

1）基础工程所含分项工程质量均应合格。

2）质量控制资料应完整。

3）基础中有关安全及功能的检验和抽样检测结果应符合有关规定。

4）观感质量应符合要求。

（2）对混凝土试块强度达不到设计要求的问题处理方法：

该质量问题可不作处理。原因是混凝土试块强度不足是检验中发现的质量问题，经测试论证后能够达到设计要求，因此可不作处理。

【案例 15-9】

背景：

某框架结构厂房，混凝土强度等级 C30，主体结构完成时，发现部分构件混凝土强度不足，实测混凝土强度结果发现，有不少柱混凝土强度等级仅达 C27～C29，个别柱为 C25。

问题：

试进行原因分析和处理。

分析与解答：

（1）原因调查和分析

混凝土强度不足的原因有很多，但本案的原因经调查主要是以下方面：

1）水泥的用量不足。因本案混凝土是现场搅拌，在搅拌混凝土时，并没有每盘称量水泥的用量，导致水泥的用量不能满足配合比的要求。

2）石子的含泥量过高。现场用的石子没有按要求认真清洗，含泥量过高。

3）浇筑未分层，捣实不充分。柱子高度大，浇筑时直接从柱顶向下浇灌，产生了分层离析现象，无法按层捣实。

（2）处理方案

经有关人员对设计复核验算后，确定凡混凝土强度小于 C30 的，均采用螺旋筋约束柱法进行加固；其中该八层厂房，3～8 层共有 26 根柱需作加固。加固中采用 $\phi4$ 钢筋连续缠绕成螺旋状，柱上下端各 1/3 柱高的螺距为 15mm，中心 1/3 高的螺距为 20mm。螺旋筋与后加的 $4\phi20$ 纵向钢筋采用间隔点焊。然后用 C40 细石混凝土填实原柱与螺旋筋之间的空隙，柱表面抹平后，再用 1：2.5 水泥砂浆压平抹光 14～15mm 厚的保护层。

加固设计时，按普通钢筋混凝土轴心受压柱与配置螺旋式间接钢筋的钢筋混凝土轴心受压柱承载能力相等的原则，计算螺旋筋用量。

（3）施工方法

1）原柱表面凿毛，柱棱角凿成圆弧，用清水配合钢丝刷将柱表面清洗干净。

2）由上向下并向一个方向旋转，将 $\phi4$ 钢筋紧紧地缠绕在柱上，螺距必须符合前述要求。绕几圈后，将 $\phi4$ 钢筋点焊在纵向筋上，要防止 $\phi4$ 钢筋烧熔或断面削弱。

3）检查缠绕后的螺旋筋，发现有不紧固处，用钢模楔紧。

4）在柱核心与螺旋筋表面抹一层高强度水泥浆，然后自下向上按螺距填塞高强度细石混凝土，边填边仔细捣实。

5）检查合格后，抹水泥砂浆保护层，并压实抹光。

【案例 15-10】

背景：

某公司承接某公寓工程，建筑面积约 31225m²，地下 2 层，为人防和车库，地上 13 层，1～3 层为公共建筑，4 层以上为住宅。基础类型为带柱帽式筏形基础，主体为框架-剪力墙结构。结构跨度大，结构形式复杂，钢筋采用 HPB300 级和 HRB400 级，钢筋接头采用绑扎、气压焊，地下混凝土采用 C35 级，地上混凝土采用 C30 级和 C25 级。

问题：

（1）施工单位应对哪些影响质量的因素进行控制？

（2）施工过程中，工序质量控制的步骤是什么？

（3）该工程的施工质量计划应由谁来编制？施工质量计划的内容有哪些？

问题与解答：

（1）施工单位应对影响施工项目的质量因素主要有五个方面，即 4M1E，指人、材料、机械、方法和环境。

（2）工序质量控制的步骤：实测、分析、判断。

（3）施工质量计划的编制主体是施工承包企业。施工质量计划的内容一般包括：

1）工程特点及施工条件分析。

2）履行施工承包合同所必须达到工程质量总目标及其分解目标。

3）质量管理组织机构、人员及资源配置计划。

4）为确保工程质量所采取的施工技术方案、施工程序。

5）材料设备质量管理及控制措施。

6）工程检测项目计划及方法等。

十六、确定施工安全防范重点，编制职业健康安全与环境技术文件，实施安全、环境交底

（一）专业技能概述

1. 编制安全技术措施

在施工组织设计中应编制安全技术措施。它是针对工程特点、施工现场环境、施工方法、劳动组织、施工机械、动力设备、变配电设施、架设工具以及各项安全防护设施等制定的确保安全施工，保护环境，防止工伤事故和职业病危害，从技术上采取的预防措施。

由于建筑工程的结构复杂多变，各施工工程所处地理位置、环境条件不尽相同，无统一的安全技术措施，应结合本企业的安全管理经验教训，工程所处位置和结构特点，以及既定的安全目标编制。施工安全技术措施应具有超前性、针对性、可靠性和可操作性，一般工程安全技术措施的编制主要考虑以下内容：

1）进入施工现场的安全规定；

2）地面及深坑作业的防护；

3）高处及立体交叉作业的防护；

4）施工用电安全；

5）机械设备的安全使用；

6）为确保安全，对于采用的新工艺、新材料、新技术和新结构，制定有针对性的、行之有效的专门安全技术措施；

7）预防因自然灾害（防台风、防雷击、防洪水、防地震、防暑降温、防冻、防寒、防滑等）促成事故的措施；

8）防火防爆措施。

2. 编制专项施工方案

对达到一定规模的危险性较大的分部分项工程应编制专项施工方案，并附安全验算结果。这些工程包括：基坑支护与降水工程；土方开挖工程；模板工程；起重吊装工程；脚手架工程；拆除、爆破工程；国务院建设行政主管部门或者其他有关部门规定的其他危险性较大的工程。

危险性较大的分部分项工程安全专项施工方案，是施工单位在编制施工组织（总）设计的基础上，针对危险性较大的分部分项工程单独编制的安全技术措施文件。其内容包括：工程概况、编制依据、施工计划、施工工艺技术、施工安全保证措施、劳动力计划、计算书及相关图纸等。

3. 分部分项工程安全技术交底

安全技术交底制度是安全制度的重要组成部分，建设工程施工前，施工员应当对工程项目的概况、危险部位和施工技术要求、作业安全注意事项安全施工的技术要求向施工作业班组、作业人员做出详细说明，并由双方签字确认，以保证施工质量和安全生产。

（1）安全技术交底主要内容

1）项目部负责向施工队长或班组长进行书面安全技术交底。交底内容：

① 工程概况、施工方法、施工程序、项目各项安全管理制度、办法，注意事项、安全技术操作规程。

② 每一分部、分项工程施工安全技术措施、施工生产中可能存在的不安全因素以及防范措施等，确保施工活动安全。

③ 特殊工种的作业、机电设备的安拆与使用，安全防护设施的搭设等，项目技术负责人均要对操作班组作安全技术交底。

④ 两个以上工种配合施工时，项目技术负责人要按工程进度定期或不定期地向有关班组长进行交叉作业的安全交底。

2）施工队长或班组长要根据交底要求，对操作工人进行针对性的班前作业安全交底，操作人员必须严格执行安全交底的要求。交底内容：

① 施工要求，作业环境、作业特点、相应的安全操作规程和标准；

② 现场作业环境要求本工种操作的注意事项，即危险点，针对危险点的具体预防措施；应注意的安全事项。

③ 个人防护措施。

④ 发生事故后应及时采取的避难和急救措施。

（2）安全技术交底的基本要求

1）安全技术交底须分级进行。

2）安全技术交底必须贯穿于施工全过程、全方位。

3）安全技术交底应实施签字制度。

4. 专业技能要求

通过学习和训练，能够确定脚手架、洞口、临边防护、模板工程、施工用电、垂直运输机械、高空作业、基坑支护安全防范重点，为编制安全技术文件并实施交底提供资料。

（二）工程案例分析

1. 确定脚手架安全防范重点，为编制安全技术文件并实施交底提供资料

【案例 16-1】

背景：

某写字楼工程外墙装修用脚手架为钢管脚手架，脚手架东西长 70m、高 36m。2021年 10 月 11 日，项目经理安排 4 名工人对脚手架进行拆除，由于违反拆除作业程序，当局

部刚刚拆除到 24m 左右时，脚手架突然向外整体倾斜，架子上作业的 4 名工人一同坠落到地面，后被紧急送往医院抢救，2 人脱离危险，2 人因抢救无效死亡。事后经调查，拆除脚手架作业的 4 名工人刚刚进场两天，并非专业架子工，进场后并没接受三级安全教育，在拆除作业前，施工员也没有对他们进行相应的安全技术交底。

问题：

（1）分析这起安全事故的原因。

（2）简述一般脚手架搭设作业的安全技术措施与安全防范重点。

（3）简述一般脚手架拆除作业的安全技术措施与安全防范重点。

分析与解答：

（1）简述这起安全事故的原因：

这起安全事故的原因是违反拆除作业程序；作业人员无证上岗；进场后没接受三级安全教育，施工员也没有对他们进行相应的安全技术交底。

（2）一般脚手架搭设作业的安全技术措施与安全防范重点包括：

1）架上作业人员必须戴安全帽、系安全带、穿防滑鞋，并站稳把牢。

2）未设置第一排连墙件前，应适当设抛撑以确保架子稳定和架子上作业人员的安全。

3）在架上传递、放置杆件时，应注意防止失衡闪失和滑落。

4）安装较重的杆部件或作业条件较差时，应避免单人操作。

5）剪刀撑、连墙杆及其他整体性拉结杆件应随架子高度的上升及时装设，以确保整体稳定。

6）搭设过程中，架子上不得集中超载堆置杆件材料。

7）搭设过程中应统一指挥、协调作业。

8）确保构架的尺寸、杆件的垂直度和水平度、节点构造和紧固程度符合设计要求。

9）禁止使用规格、材质不符合要求的配件。

10）当有六级及六级以上大风和雾、雨、雪天气时，应停止脚手架搭设作业。

（3）一般脚手架拆除作业的安全技术措施与安全防范重点包括：

1）拆除作业应按与搭设相反的程序由上而下逐层进行，严禁上下同时作业。

2）每层连墙件的拆除，必须在其上全部可拆杆件均已拆除以后进行，严禁先松开连墙杆，再拆除上部杆件。

3）凡已松开连接的杆件必须及时取出、放下，以免作业人员失护误靠，引起危险。

4）分段拆除时，高差应不大于 2 步；如高差大于 2 步，应增设连墙杆加固。

5）拆下的杆件、扣件和脚手板应及时吊运至地面，禁止自架上向下抛掷。

6）当有六级及六级以上大风和雾、雨、雪天气时，应停止脚手架拆除作业。

2. 确定洞口、临边防护安全防范重点，为编制安全技术文件并实施交底提供资料

【案例 16-2】

背景：

某商住楼工程建筑面积 29000m²，20 层，框架结构，由某建筑工程公司施工总承包。2021 年 6 月 7 日上午 9 时 30 分左右，瓦工江某（上班仅 3 天，没有接受过入场三级安全教育）在 14 楼用小推车运送抹灰砂浆时，因通道和楼层自然采光不足，不慎从 14 层管道井竖向洞口处坠落至首层混凝土底板上，抢救无效当场死亡。

问题：

（1）简要分析这起事故发生的主要原因？

（2）简述洞口作业的安全控制要点？

（3）对洞口的防护设施有哪些具体要求？

分析与解答：

（1）这起事故发生的主要原因：

1）楼层管道井竖向洞口无防护。

2）楼层内在自然采光不足的情况下没有设置照明灯具。

3）新工人进场没有进行三级安全教育。

4）现场安全管理不到位，没有能及时发现并整改现场存在的安全隐患。

（2）洞口作业的安全控制要点：

1）各种楼板与墙的洞口，按其大小和性质应分别设置牢固的盖板、防护栏杆、安全网或其他防坠落的防护设施。

2）坑槽、桩孔的上口、柱形条形等基础的上口以及天窗等处，都要作为洞口采取符合规范的防护措施。

3）楼梯口应设置防护栏杆，楼梯边应设防护栏杆，或者用正式工程的楼梯扶手代替临时防护栏杆。

4）电梯井口除设置固定的栅门外，还应在电梯井内每隔两层（不大于 10m）设一道安全平网。

5）在建工程的地面入口处和施工现场人员流动密集的通道上方，应设置防护棚，防止因落物产生物体打击事故。

6）施工现场大的坑槽陡坡等处，除需设置防护设施与安全标志外，夜间还应设红灯示警。

（3）对洞口的防护设施的具体要求是：

1）楼板、屋面和平台等面上短边尺寸小于 25cm 但大于 2.5cm 的孔口，必须用坚实的盖板盖严，盖板应能防止挪动移位。

2）楼板面等处边长为 25～50cm 的洞口、安装预制构件时的洞口以及缺件临时形成的洞口，可用竹、木等作盖板，盖住洞口，盖板须能保持四周搁置均衡，固定牢靠，防止挪动移位。

3）边长为 50～150cm 的洞口，必须设置一层用扣件扣接钢管而形成的网格，并在其上满铺竹笆或脚手板。也可采用贯穿于混凝土板内的钢筋构成防护网格，钢筋网格间距不得大于 20cm。

4）边长在 150cm 以上的洞口，四周设防护栏杆，洞口下方设安全平网。

5）垃圾井道和烟道，应随楼层的砌筑或安装而消除洞口，或者按照预留洞口的做法进行防护。

6）位于车辆行驶通道旁的洞口、深沟与管道坑、槽，所加盖板应能承受不小于当地额定卡车后轮有效承载力 2 倍的荷载。

265

7）墙面等处的竖向洞口，凡落地的洞口应加装开关式、固定式或工具式防护门，门栅网格的间距不应大于15cm，也可采用防护栏杆，下设挡脚板。

8）下边沿至楼板或底面低于80cm的窗台等竖向洞口，如侧边落差大于2m时，应加设1.2m高的临时护栏。

9）对邻近的人与物有坠落危险的其他竖向的孔、洞口，均应予以加盖或加以防护，并固定牢靠，防止挪动移位。

3. 确定模板工程安全防范重点，为编制安全技术文件并实施交底提供资料

【案例 16-3】

背景：

某全现浇钢筋混凝土框架-剪力墙结构，抗震设防等级二级，框架柱间距9m，第三层楼板施工当天气温为35℃，没有下雨。施工单位制定了完整的施工方案，采用商品混凝土，钢筋现场加工，采用木模板，由木工制作好后直接拼装。其施工过程如下：

模板安装用具有足够承载力和刚度的钢管做支撑，模板拼接整齐、严密。设计对起拱无具体要求，施工单位按跨中起拱高度为8mm进行了起拱，楼面模板安装完毕后，用水准仪抄平，保证整体在同一个平面上，不存在凹凸不平问题。

10天后经试验室试验，混凝土试块强度达到设计强度的80%，施工单位决定拆除模板。

问题：

（1）施工单位施工时模板起拱高度是否满足要求？为什么？

（2）施工单位拆除模板是否满足要求？为什么？

（3）编制模板安装的安全技术文件与交底文件需要提供哪些主要资料。

分析与解答：

（1）规范规定，对跨度不小于4m的现浇钢筋混凝土梁、板，其模板应起拱，当设计对起拱无具体要求时，起拱高度宜为跨度的1.5/1000～3/1000。本题中跨度为9m，模板中起拱高度宜为13.5～27mm，现施工单位起拱高度为8mm，不符合要求。

（2）规范规定，底模及其支架拆除时的混凝土强度应符合设计要求，当设计无具体要求时，对跨度大于8m的现浇钢筋混凝土梁、板，底模及支架拆除时的混凝土强度应达到设计的混凝土立方体抗压强度标准值的100%才能拆模。本案例梁跨度为9m，混凝土强度应达到设计的混凝土立方体抗压强度标准值的100%才能拆模，混凝土试块强度达到设计强度的80%施工单位就拆模，拆模过早，不符合要求。

（3）模板安装的安全技术与交底文件需要提供的资料包括：

1）模板安装的安全管理资料；

2）现浇多层房屋分层分段支模方法的要求；

3）针对泵送混凝土制定的模板安装的安全设施资料；

4）模板支撑稳定性要求的资料；

5）操作人员安全作业要求的资料；

6）其他安全技术与管理要求的相关资料。

4. 确定施工用电安全防范重点，为编制安全技术文件并实施交底提供资料

【案例 16-4】

背景：

某建筑公司所承揽的商住楼项目进入了室内装修阶段。2021 年 8 月 20 日，装饰作业中使用的地板硝基漆散发的大量爆炸性混合气体在室内聚集，达到了很高的浓度。此时，一装配电工点燃喷灯做电线接头的防氧化处理，引起混合气体爆燃起火，造成一名职工死亡。经事故调查，该单位安全生产管理没有周密的计划，规章制度不健全。对使用的一些特殊建筑材料性能、使用方法，用电安全没有明确地进行技术交底。没有制定针对性的安全措施（通风设施），易燃、易爆气体在室内大量聚集，导致事故的发生。

问题：

（1）重大事故发生后，事故发生单位应在 24 小时内写出书面报告，并按规定逐级上报。重大事故书面报告（初报表）应包括哪些内容？

（2）三级安全教育的内容是什么？请简要说明。

（3）简述建筑施工安全用电管理的基本要求。

分析与解答：

（1）重大事故书面报告（初报表）应包括以下内容：

① 事故发生的时间、地点、工程项目、企业名称。

② 事故发生的简要经过、伤亡人数和直接经济损失的初步估计。

③ 事故发生原因的初步判断。

④ 事故发生后采取的措施及事故控制情况。

⑤ 事故报告单位。

（2）三级安全教育是指公司、项目经理部、施工班组三个层次的安全教育。三级教育的内容、时间及考核结果要有记录。

公司教育内容：国家和地方有关安全生产的方针、政策、法规、标准、规范、规程和企业的安全规章制度等。

项目经理部教育内容：工地安全制度、施工现场环境、工程施工特点及可能存在的不安全因素等。

施工班组教育内容：本工种的安全操作规程、事故案例剖析、劳动纪律和岗位讲评等。

（3）建筑施工安全用电管理的基本要求

1）施工现场必须按工程特点编制施工临时用电施工组织设计（或方案），并由主管部门审核后实施。

2）各施工现场必须设置一名电气安全负责人，电气安全负责人应由技术好、责任心强的电气技术人员或工人担任，其责任是负责该现场日常安全用电管理。

3）施工现场的一切电气线路、用电设备的安装和维护必须由持证电工负责，并严格执行施工组织设计的规定。

4）施工现场应视工程量大小和工期长短，必须配备足够的（不少于 2 名）持有市、地劳动安全监察部门核发电工证的电工。

5）施工现场使用的大型机电设备，进场前应通知主管部门派员鉴定合格后才允许运

进施工现场安装使用，严禁不符合安全要求的机电设备进入施工现场。

6）一切移动式电动机具（如潜水泵、振动器、切割机、手持电动机具等）机身必须写上编号，检测绝缘电阻、检查电缆外绝缘层、开关、插头及机身是否完整无损，并列表报主管部门检查合格后才允许使用。

7）施工现场严禁使用明火电炉（包括电工室和办公室）、多用插座及分火灯头，220V 的施工照明灯具必须使用护套线。

8）施工现场应设专人负责临时用电的安全技术档案管理工作。临时用电安全技术档案应包括的内容为：临时用电施工组织设计；临时用电安全技术交底；临时用电安全检测记录；电工维修工作记录。

5. 确定垂直运输机械安全防范重点，为编制安全技术文件并实施交底提供资料

【案例 16-5】

背景：

某市写字楼工程，建筑面积 45000m，高 35 层，建筑高度 110m，框架-剪力墙结构。该工程为某集团公司施工总承包，工程监理单位为省建设咨询监理公司，土建工程由某劳务公司分包。现场垂直运输采用了人货商用的外用电梯。2021 年 9 月工程主体进行到 24 层，9 月 13 日电梯司机下午接班后，见电梯暂时无人使用便擅自离岗回宿舍休息，但电梯没有拉闸上锁，此时有几名工人想乘电梯到作业面，因找不到司机，其中一名机械工便私自开动了电梯，当吊笼运行至 24 层后发生冒顶，从 66m 高空出轨坠落，当场造成 5 人死亡，1 人重伤。事后经调查，该外用电梯安装前没有编制专项施工方案，安装后也没再进行报验，自 7 月 8 日安装到 9 月 13 日发生事故期间，对该外用电梯的使用现场无人进行管理和检查，随意使用，由于电梯在安装时，没有安装上限位和上极限限位的碰铁，造成吊笼越程运行无安全限位保障，电梯安全钩安装不正确，吊笼发生脱轨时保险装置失效，以上重大隐患未能在总包管理和监理监督下得以发现和解决。

问题：

（1）施工升降机的安全使用和管理有哪些规定？

（2）施工升降机的安全使用和管理有哪些要求？

分析与解答：

（1）施工升降机的安全使用和管理规定：

1）施工企业必须建立健全施工升降机的各类管理制度，落实专职机构和专职管理人员，明确各级安全使用和管理责任制。

2）驾驶升降机的司机应经有关行政主管部门培训合格的专职人员，严禁无证操作。

3）司机应做好日常检查工作，即在电梯每班首次运行时，应分别作空载和满载试运行，将梯笼升高离地面设计高度处停车，检查制动器的灵敏性和可靠性，确认正常后方可投入使用。

4）建立和执行定期检查和维修保养制度，每周或每旬对升降机进行全面检查，对查出的隐患按"三定"原则落实整改。整改后须经有关人员复查确认符合安全要求后，方能使用。

5）梯笼乘人、载物时，应尽量使荷载均匀分布，严禁超载使用。

6）升降机运行至最上层和最下层时，严禁以碰撞上、下限位开关来实现停车。

7）司机因故离开吊笼及下班时，应将吊笼降至地面，切断总电源并锁上电箱门，防止其他无证人员擅自开动吊笼。

8）风力达 6 级以上，应停止使用升降机，并将吊笼降至地面。

9）各停靠层的运料通道两侧必须有良好的防护。楼层门应处于常闭状态，其高度应符合规范要求，任何人不得擅自打开或将头伸出门外，当楼层门未关闭时，司机不得开动电梯。

10）确保通信装置的完好，司机应当在确认信号后方能开动升降机。作业中无论任何人在任何楼层发出紧急停车信号，司机都应当立即执行。

11）升降机应按规定单独安装接地保护和避雷装置。

（2）物料提升机的安全使用与管理要求包括：

提升机安装后，应由主管部门组织有关人员按规范和设计的要求进行检查验收，确定合格后发给使用证，方可交付使用。

6. 确定高空作业安全防范重点，为编制安全技术文件并实施交底提供资料

【案例 16-6】

背景：

2021 年 1 月 12 日，包工头何某接到某工地项目经理电话，要求帮助其拆除工地脚手架。13 日上午，包工头何某带领其老乡 5 人前往工地，到工地与项目经理见面以后，便口头向 5 名老乡分配了一下任务。因来时匆忙，现场又没有多余的安全帽和安全带，5 名工人就在没有佩戴任何安全防护用品的情况下开始作业。接近中午 12 点钟左右，包工头何某想叫 5 人下来吃饭，5 人中的 1 人准备移动位置时，突然站立不稳，从架子上摔了下来，现场人员立即将其送往医院，但因内脏大出血，于 14 日凌晨死亡。事后经调查了解，死者本身患有高血压。

问题：

（1）请简要分析这起事故发生的主要原因？

（2）请问患有哪些疾病的人员不宜从事建筑施工高处作业活动？

（3）请简述高处作业安全防护技术。

分析与解答：

（1）这起事故发生的主要原因有：

1）脚手架拆除作业没有制定施工方案。

2）施工单位对拆除脚手架的作业人员，在上岗前没再进行安全教育和安全技术交底，也没有进行必要的身体检查。

3）拆除作业人员非专业架子工，无证上岗，违章作业。

4）施工单位和包工头均未为拆除作业人员提供安全帽、安全带和防滑鞋等安全防护用具，施工现场安全管理失控，对违章指挥、违章作业现象无人过问和制止。

（2）凡患有高血压、心脏病、贫血、癫痫等疾病的人员不宜从事建筑施工高处作业。

（3）高处作业安全防护技术：

1）悬空作业处应有牢靠的立足处，凡是进行高处作业施工的，应使用脚手架、平台、梯子、防护围栏、挡脚板、安全带和安全网等安全设施。

2）凡从事高处作业人员应接受高处作业安全知识的教育；特殊高处作业人员应持证上岗，上岗前应依据有关规定进行专门的安全技术交底。采用新工艺、新技术、新材料和新设备的，应按规定对作业人员进行相关安全技术教育。

3）悬空作业所用的索具、脚手板、吊篮、吊笼、平台等设备，均需经过技术鉴定或检证合格后方可使用。

4）高处作业人员应经过体检，合格后方可上岗。施工单位应为作业人员提供合格的安全帽、安全带等必备的个人安全防护用具，作业人员应按规定正确佩戴和使用。

5）施工单位应按高处作业类别，有针对性地将各类安全警示标志悬挂于施工现场各相应部位，夜间应设红灯示警。

6）安全防护设施应由单位工程负责人验收，并组织有关人员参加。

7）高处作业所用工具、材料严禁投掷，上下立体交叉作业确有需要时，中间须设隔离设施。

8）高处作业应设置可靠扶梯，作业人员应沿着扶梯上下，不得沿着立杆与栏杆攀登。

9）在雨雪天应采取防滑措施，当风速在 10.8m/s 以上和雷电、暴雨、大雾等气候条件下，不得进行露天高处作业。

10）高处作业上下应设置联系信号或通讯装置，并指定专人负责。

7. 确定基坑支护安全防范重点，为编制安全技术文件并实施交底提供资料

【案例 16-7】

背景：

某建筑公司承揽了某住宅小区的部分项目的施工任务。2020 年 5 月 12 日，施工人员进行基础回填作业时，由于回填的土方集中，致使该工程南侧的保护墙受侧压力的作用，呈"一"字形倒塌（倒塌段长 35m，高 2.3m，厚 0.24m），将在保护墙前负责治理工作的 2 名民工砸伤致死。经事故调查，在基础回填作业中，施工人员未认真执行施工方案，砌筑的墙体未达到一定强度就进行回填作业。在技术方面，未针对实际制定对墙体砌筑宽度较小的部位进行稳固的技术措施，造成墙体自稳性较差。在施工中，现场管理人员对这一现象又未能及时发现，监督检查不力。

问题：

（1）简要分析造成这起事故的原因。

（2）基础施工阶段，施工安全控制要点是哪些？

（3）简述土方工程施工方案（或安全措施）。

分析与解答：

（1）造成这起事故的原因：

1）施工人员违反施工技术交底的有关规定，防水墙体未达到一定强度就开始进行回填，且一次回填的高度超过规定要求，回填的土方相对集中。

2）施工技术方面有疏忽，制定的施工方案未结合现场实际。

3）负责施工的管理人员，对施工现场安全状况失察。

4）施工安排不合理，颠倒施工程序。

（2）基础施工阶段，施工安全控制要点：

1）挖土机械作业安全。

2）边坡防护安全。

3）降水设备与临时用电安全。

4）防水施工时的防火、防毒。

5）人工挖扩孔桩安全。

（3）土方工程施工方案（或安全措施）：

1）土方工程施工方案或安全措施：在施工组织设计中，要有单项土方施工方案，如果土方工程具有大、特、新或特别复杂的特点则必须单独编制土石方工程施工方案，并按规定程序履行审批程序。土方工程施工，必须严格按批准的土方工程施工方案或安全措施进行施工，因特殊情况需要变更的，要履行相应的变更手续。

2）土方的放坡与支护：土方工程施工前必要时应进行工程施工地质勘探，根据土质条件、地下水位、开挖深度、周边环境及基础施工方案等制定基坑（槽）设置安全边坡或固壁施工支护方案（放坡应确定具体的放坡坡度，需要支护的应根据有关规范设计边坡支护形式并附设计计算书）。基坑（槽）施工支护方案必须经上级审批。基坑（槽）设置安全边坡或固壁施工支护的作法必须符合施工方案的要求。同时要制定对周边环境（如建筑物、构筑物、道路、各种管线等）的监测方案。

3）土方开挖机械和开挖顺序的选择。在方案中应根据工程实际，选择适合的土方开挖机械，并确定合理的开挖顺序，要兼顾土方开挖效率与安全。

4）施工道路的规划。运土道路应平整、坚实，其坡度和转弯半径应符合有关安全的规定。

5）基坑周边防护措施。基坑防护措施，如基坑四周的防护栏杆，基坑防止坠落的警示标志，以及人员上下的专用爬梯等。

6）人工、机械挖土的安全措施。土方工程施工中防止塌方、高处坠落、触电和机械伤害的安全防范措施。

7）雨期施工时的防洪排涝措施。土方工程在雨期施工时，土方工程施工方案或安全措施应具有相应的防洪和排涝的安全措施，以防止塌方等灾害的发生。

8）基坑降水。土方工程施工需要人工降低地下水位时，土方工程施工方案或安全措施应制定与降水方案相对应的安全措施，如，防止塌方、管涌、喷砂冒水等措施以及对周边环境（如建筑物、构筑物、道路、各种管线等）的监测措施等。

271

9）应急救援及相关措施等。

8. 安全控制与环境管理

【案例 16-8】

背景：

某建筑公司在某小区工地施工中，使用吊篮脚手架进行外檐装修作业。某日，吊篮升至 10 层时，南端吊点的卡扣突然崩开，导致中间吊点承重钢丝绳的卡扣也相继崩开，捯链链条同时断裂，吊篮脚手架向南倾斜，位于吊篮中部的 1 名作业人员被抛出，坠落至地面死亡。经事故调查，该单位在组装吊篮时未按安全技术规范进行操作，吊点设置不合理。吊索连接本应为插接，但施工时改变成为卡接的方式，且卡具安装数量未按工艺要求。在提升作业中，未能同步提升，造成吊索受力不均。由于荷载的进一步转嫁及断裂后失稳动载的作用，最终使其他卡扣相继崩裂及倒链链条同时断裂，吊篮倾斜。篮内的作业人员又未使用安全带，致使事故发生时失去了自身保护能力，坠地身亡。

问题：

（1）施工现场对安全工作应制定工作目标。安全管理目标主要包括哪些？

（2）建立安全管理体系有哪些要求？

（3）进行安全生产管理时，经常提及的"三个同时""四不放过"的内容是什么？

分析与解答：

（1）安全管理目标主要包括：

① 伤亡事故控制目标：杜绝死亡、避免重伤，一般事故应有控制指标。

② 安全达标目标：根据工程特点，按部位制定安全达标的具体目标。

③ 文明施工实现目标：根据作业条件的要求，制定文明施工的具体方案和实现文明工地的目标。

（2）建立安全管理体系的要求：

管理职责；安全管理体系；采购控制；分包单位控制；施工过程控制；安全检查、检验和标识，事故隐患控制；纠正和预防措施；安全教育和培训；内部审核；安全记录。

（3）进行安全生产管理时，"三个同时""四不放过"的内容：

进行安全生产管理时，"三个同时"是指安全生产与经济建设、企业深化改革、技术改造同步策划、同步发展、同步实施的原则。

"四不放过"是指在调查处理工伤事故时，必须坚持事故原因分析不清不放过、职工及事故责任人受不到教育不放过、事故隐患不整改不放过、事故责任人不处理不放过的原则。

【案例 16-9】

背景：

某公司负责承建一公共建筑，结构形式为框剪结构。结构施工完毕进入设备安装阶段，在进行地下一层冷水机组吊装时，发生了设备坠落事件。设备机组重 4t，采用人字桅杆吊运，施工人员将设备运至吊装孔滚杆上，再将设备起升离开滚杆 20cm，将滚杆撤掉。施工人员缓慢向下启动倒链时，倒链的销钉突然断开，致使设备坠落，造成损坏，直接经济损失 30 万元。经过调查，事故发生的原因是施工人员在吊装前没有对吊装索具设备进行详细检查，没有发现倒链的销钉已被修理过，并不是原装销钉；施工人员没有在滚杆撤掉前进行动态试吊，就进行了正式吊装。

问题：

（1）安全检查的主要内容有哪些？

（2）安全检查的方法主要有哪些？如何应用？

（3）施工现场安全检查有哪些主要形式？

分析与解答：

（1）安全检查的主要内容：

查思想、查制度、查机械设备、查安全设施、查安全教育培训、查操作行为、查劳保用品使用、查伤亡事故的处理等。

（2）安全检查的主要方法：

"看"：主要查看管理记录、持证上岗、现场标识、交接验收资料、"三宝"使用情况、"洞口""临边"防护情况、设备防护装置等。

"量"：主要是用尺实测实量。

"测"：用仪器、仪表实地进行测量。

"现场操作"：由司机对各种限位装置进行实际动作，检验其灵敏程度。

（3）安全检查的主要形式：

① 项目每周或每旬由主要负责人带队组织定期的安全大检查。

② 施工班组每天上班前由班组长和安全值日人员组织的班前安全检查。

③ 季节更换前由安全生产管理人员和安全专职人员、安全值日人员等组织的季节劳动保护安全检查。

④ 由安全管理小组、职能部门人员、专职安全员和专业技术人员组成对电气设备、机械设备、脚手架、登高设施等专项设施设备、高处作业、用电安全、消防保卫等进行专项安全检查。

⑤ 由安全管理小组成员、安全专兼职人员和安全值日人员进行日常的安全检查。

⑥ 对塔式起重机等起重设备、人货两用施工升降机、脚手架、电气设备、吊篮，现浇混凝土模板及支撑等设施设备在安装搭设完成后进行安全验收、检查。

【案例 16-10】

背景：

某 5A 智能化综合建筑群，集酒店、办公、公寓、餐饮、娱乐、购物为一体，位于城市繁华闹市区，总占地面积 14790m²，建筑面积 18.3 万 m²，工程结构为全现浇框架-剪力墙结构，局部为钢结构，由地下室、酒店、写字楼、公寓和裙房五部分组成。该项目土方施工阶段正值春季。该市春季经常有 4 级以上的大风，偶尔还有沙尘暴发生。为此承包商采取了积极的措施，如洒水降尘、覆盖坡面等，尽量减少对附近居民的不良影响。但是由于该项目规模庞大，土方施工期较长，仍不可避免地会出现扬尘现象，招致附近居民怨声不断。

问题：

（1）建筑施工常见的重要环境因素有哪些？

（2）施工现场空气污染的防治措施有哪些？

（3）环境管理体系运行过程中培训工作应包括哪几方面的内容？

分析与解答：

（1）建筑施工常见的重要环境因素：

噪声、粉尘、废弃物（建筑垃圾和石棉瓦等危险废弃物）、废水、废气（装修阶段产生的气味等）、化学品等。

（2）施工现场空气污染的防治措施：

① 施工现场垃圾渣土要及时清理出现场。

② 高大建筑物清理施工垃圾时，要使用封闭式的容器或者采取其他措施处理高空废弃物，严禁凌空随意抛撒。

③ 施工现场道路应指定专人定期洒水清扫，形成制度，防止道路扬尘。

④ 对于细颗粒散体材料（如水泥、粉煤灰、白灰等）的运输、储存要注意遮盖、密封，防止和减少飞扬。

⑤ 车辆开出工地要做到不带泥砂，基本做到不撒土、不扬尘，减少对周围环境污染。

⑥ 除设有符合规定的装置外，禁止在施工现场焚烧油毡、橡胶、塑料、皮革、树叶、枯草、各种包装物等废弃物品以及其他会产生有毒、有害烟尘和恶臭气体的物质。

⑦ 机动车都要安装减少尾气排放的装置，确保符合国家标准。

⑧ 工地茶炉应尽量采用电热水器。若只能使用烧煤茶炉和锅炉时，应选用消烟除尘型茶炉和锅炉。

⑨ 大城市市区的建设工程已不容许搅拌混凝土。在容许设置搅拌站的工地，应将搅拌站封闭严密，并在进料仓上方安装除尘装置，采用可靠措施控制工地粉尘污染。

⑩ 拆除旧建筑物时，应适当洒水，防止扬尘。

（3）培训应包括以下最基本的内容：

① 提高认识的内容：认识环境问题的重要性；国家或地方法律、法规、标准；本组织的环境方针政策；现行状况的差距。

② 提高环境技能的内容：了解岗位的环境因素及其影响；掌握减少环境影响的技能技术；紧急状况应采取的措施。

③ 明确工作内容及程序的内容：明确工作内容及程序的内容；明确报告路径；违背工作程序的后果。

十七、识别、分析施工质量缺陷和危险源

（一）专业技能概述

1. 施工质量缺陷

根据国际标准化组织（ISO）和我国有关质量、质量管理和质量保证标准的定义，凡工程产品质量没有满足某个规定的要求为质量不合格；而没有满足某个预期的使用要求或合理的期望为质量缺陷。工程中通常所称的工程质量缺陷，一般是指工程不符合国家或行业现行有关技术标准、设计文件及合同中对质量的要求。

2. 施工危险源

（1）危险源辨识与风险评价

危险源辨识是识别危险源的存在并确定其特性的过程。施工现场危险源识别的方法有：专家调查法、安全检查表法、现场调查法、工作任务分析法、危险与可操作性研究、事件树分析、故障树分析等，其中现场调查法是主要采用的方法。

（2）危险源辨识的方法

1）专家调查法是通过向有经验的专家咨询，调查，辨识分析和评价危险源的一类方法。其优点是简便易行，其缺点是受专家的知识、经验和占有资料的限制，可能出现遗漏。常用的有头脑风暴法和德尔菲法。

头脑风暴法是通过专家创造性的思考，从而产生大量的观点、问题和议题的方法。其特点是多人讨论，集思广益，可以弥补个人判断的不足，常采取专家会议的方式来相互启发交换意见，使危险、危害因素的辨识更加细致、具体。常用于目标比较单纯的议题，如果涉及面较广，包含因素多，可以分解目标，再对单一目标或简单目标使用本方法。

德尔菲法是采用背对背的方式对专家进行调查，主要特点是避免了集体讨论中的从众性倾向，更代表专家的真实意见。要求对调查的各种意见进行汇总统计处理，再反馈给专家反复征求意见。

2）安全检查表法，实际就是实施安全检查和诊断项目的明细表。运用已编制好的安全检查表，进行系统的安全检查，辨识工程项目存在的危险源。检查表的内容一般包括分类项目、检查内容及要求、检查以后处理意见等。

安全检查表法的优点：简单易懂，容易掌握，可以事先组织专家编制检查项目使安全检查做到系统化、完整化，缺点是一般只能做出定性评价。

3）现场调查法，通过询问交谈、现场观察、查阅有关记录，获取外部信息，加以分析研究，可识别有关的危险源。

询问交谈，对于施工现场的某项作业技术活动有经验的人，往往能指出其作业技术活动中的危险源，从中可初步分析出该项作业技术活动中存在的各类危险源。

现场观察，通过对施工现场作业环境的现场观察，可发现存在的危险源，但要求从事现场观察的人员具有安全生产、劳动保护、环境保护、消防安全等法律法规知识，掌握建设工程安全生产、职业健康安全等法律法规、标准规范知识。

查阅有关记录，查阅企业的事故、职业病记录，可从中发现存在的危险源。

获取外部信息，从有关类似企业、类似项目、文献资料、专家咨询等方面获取有关危险源信息，加以分析研究，有助于识别本工程项目施工现场有关的危险源。

检查表，运用已编制好的检查表，对施工现场进行系统的安全检查，可以识别出存在的危险源。

（3）危险源识别应注意事项

1）充分了解危险源的分布，从范围上讲，应包括施工现场内受到影响的全部人员、活动与场所，以及受到影响的毗邻社区等，也包括相关方（分包单位、供应单位、建设单位、工程监理单位等）的人员、活动与场所可能施加的影响。从内容上，应涉及所有可能的伤害与影响，包括人为失误，物料与设备过期、老化、性能下降造成的问题。从状态上讲，应考虑三种状态：正常状态、异常状态、紧急状态。从时态上讲，应考虑三种时态：过去、现在、将来。

2）弄清危险源伤害的方式或途径。

3）确认危险源伤害的范围。

4）要特别关注重大危险源，防止遗漏。

5）对危险源保持高度警觉，持续进行动态识别。

6）充分发挥全体员工对危险源识别的作用，广泛听取每一个员工（包括供应商、分包商的员工）的意见和建议，必要时还可征求设计单位、工程监理单位、专家和政府主管部门等的意见。

3. 专业技能要求

通过学习和训练，能够识别、分析基础、砌体、混凝土结构、装饰装修、屋面及防水工程中的质量缺陷；能够识别施工现场与物的不安全状态有关的危险源，提出处置意见；能够识别施工现场与人的不安全行为有关的危险源，提出处置意见；能够识别施工现场与管理缺失有关的危险源，提出处置意见。

（二）工程案例分析

1. 识别、分析基础、砌体、混凝土结构、装饰装修、屋面及防水工程中的质量缺陷

【案例 17-1】

背景：

某地下室混凝土墙体开裂，导致在工程出现漏水现象。

问题：

请分析原因并提出处理方案。

分析与解答：

（1）裂缝渗漏的调查

混凝土表面的裂缝，开始出现时极细小，以后逐渐扩大，裂缝的形状不规则，有竖向裂缝、水平裂缝、斜向裂缝等，地下水沿这些裂缝渗入室内，造成渗漏。

（2）裂缝原因分析

混凝土裂缝既有收缩裂缝，也有结构裂缝，主要原因有：①施工时混凝土拌合不均匀或水泥品种混用，收缩不一而产生裂缝；②所采用的水泥安定性不合格的现象；③设计考虑不周，建筑物发生不均匀下沉，使混凝土墙出现裂缝；④混凝土结构缺乏足够的刚度，在土的侧压力及水压作用下发生变形，出现裂缝。

（3）处理方案

地下室混凝土结构裂缝的处理方法通常有直接堵漏法和间接堵漏法和灌浆法等。本案因混凝土裂缝较深，拟采用压力灌浆补缝法。

（4）处理方法

1）原材料

水泥：32.5 等级普通硅酸盐水泥。

砂：粒径不大于 1.2mm，用窗纱过筛即可。

胶：108 胶，固体含量 12%，pH 值为 7～8。

或采用水玻璃：相对密度为 1.36～1.52，模数为 2.3～3.3。

或二元乳液：固体含量为 5%，配制聚合物砂浆。

2）施工工艺

施工工艺为：灌浆孔准备→封缝→清孔→灌浆→封堵灌浆孔。

灌浆孔用砖墙打眼机成孔，孔深 10～20mm，直径 30～40mm 用 1.27m（1/2 英寸）铁管放入孔中，周围堵塞水泥砂浆，抹平压实，待砂浆初凝后，拔出铁管，即形成灌浆孔，其间距视裂缝宽度而定。裂缝宽<1mm，孔距为 200～300mm；裂缝宽为 1～5mm，孔距为 300～400mm；裂缝宽大于 5mm，孔距为 400～500mm。

封缝，可用水泥砂浆或灌浆用砂浆封堵。

清孔，打眼成孔后用风管清孔；封缝后，灌水清孔。

灌浆，自下而上逐孔灌浆，全部灌完后停 30min，再进行二次补灌。灌浆压力为 0.2～0.3MPa。最后，用 1:3 水泥砂浆封堵灌浆孔。

【案例 17-2】

背景：

某框架结构厂房，主体结构完成时，发现部分构件混凝土强度不足，实测混凝土强度结果后，有不少柱混凝土强度等级仅达 C27～C29，个别柱为 C25。

问题：

试进行原因分析和处理。

分析与解答：

（1）原因调查和分析

混凝土强度不足的原因有很多，但本案的原因经调查主要是以下方面：

1）水泥的用量不足。因本案混凝土是现场搅拌，在搅拌混凝土时，并没有每盘称量水泥的用量，导致水泥的用量不能满足配合比的要求。

2）石子的含泥量过高。现场用的石子没有按要求认真清洗，含泥量过高。

3）浇筑未分层，捣实不充分。柱子高度大，浇筑时直接从柱顶向下浇灌，产生了分层离析现象，无法按层捣实。

（2）处理方案

经有关人员对设计复核验算后，确定凡混凝土强度等级小于 C30 的，均采用螺旋筋约束柱法进行加固；其中该八层厂房，3～8 层共有 26 根柱需作加固。加固中采用 φ4 钢筋连续缠绕成螺旋状，柱上下端各 1/3 柱高的螺距为 15mm，中心 1/3 高的螺距为 20mm。螺旋筋与后加的 4φ20 纵向钢筋采用间隔点焊。然后用 C30 细石混凝土填实原柱与螺旋筋之间的空隙，柱表面抹平后，再用 1:2.5 水泥砂浆压平抹光 14～15mm 厚的保护层。

加固设计时，按普通钢筋混凝土轴心受压柱与配置螺旋式间接钢筋的钢筋混凝土轴心受压柱承载能力相等的原则，计算螺旋筋用量。

（3）施工方法

1）原柱表面凿毛，柱棱角凿成圆弧，用清水配合钢丝刷将柱表面清洗干净。

2）由上向下并向一个方向旋转，将 φ4 钢筋紧紧地缠绕在柱上，螺距必须符合前述要求。绕几圈后，将 φ4 钢筋点焊在纵向筋上，要防止 φ4 钢筋烧熔或断面削弱。

3）检查缠绕后的螺旋筋，发现有不紧固处，用钢模楔紧。

4）在柱核心与螺旋筋表面抹一层高强度水泥浆，然后自下向上按螺距填塞高强度细石混凝土，边填边仔细捣实。

5）检查合格后，抹水泥砂浆保护层，并压实抹光。

【案例 17-3】

背景：

某小区砖混结构住宅楼工程，建筑层数为 6 层，檐高 16.9m，地面采用细石混凝土，施工过程中，发现房间地坪起砂，质量不符合要求。

问题：

（1）该工程质量问题会造成什么危害？

（2）试分析造成该质量通病的原因及采取的防治措施。

分析与解答：

（1）质量问题会破坏地面的使用功能，不能正常使用。

（2）原因分析

1）细石混凝土水灰比过大，坍落度过大。

2）地面压光时机掌握不当。

3）养护不当。

4）细石混凝土地面尚未达到足够强度就上人或机械等进行下道工序，使地面表层遭受摩擦等作用导致地面起砂。

5）冬期施工保温差。

6）使用不合格的材料。

（3）防治措施

1）严格控制水灰比。

2）正确掌握压光时间。

3）地面压光后，加强养护。

4）合理安排工序流程，避免过早上人。

5）在冬期施工条件下做地面应防止早期受冻，要采取有效保温措施。

6）不得使用过期、受潮水泥。

【案例 17-4】

背景：

某住宅楼项目，砖混结构6层。由于工期紧，装修从顶层向下施工，给水排水立管从首层向上安装，四层卫生间防水施工结束后，排水立管安装。六层卫生间墙面瓷砖贴完后，需重新在墙里埋水管。3单元楼梯间水泥砂浆地面上人过早，后多处起砂。

问题：

（1）四层卫生间防水存在哪些隐患？为什么？

（2）六层卫生间墙里埋水管会造成什么损坏？

（3）3单元楼梯间地面成品保护应如何做？

分析与解答：

（1）四层卫生间防水存在漏水隐患。因为在已经施工完成的防水层上开洞穿管，再修补防水层，不能保证防水层的整体性。

（2）六层卫生间墙里埋水管会造成墙体结构、抹灰、防水层、瓷砖等的损坏。

（3）3单元楼梯间地面成品保护方法：封闭养护至规定时间后，方可上人。

2. 识别施工现场与物的不安全状态有关的危险源，提出处置意见

【案例 17-5】

背景：

某工程建筑面积 42700m²，框架结构，箱形基础，地下1层，地上8层。按施工进度计划要求现场正在搭设扣件式钢管脚手架。施工员发现新购进的扣件表面粗糙，商标模糊，有的已显锈迹。施工时，有的扣件螺栓滑丝，有的扣件一拧，小盖口就裂了。施工员对此批扣件的质量产生了怀疑。

问题：

（1）事故隐患该如何处理？

（2）为防止安全事故的发生，请问施工员应如何处理此危险源？

（3）对脚手架工程交底与验收的程序提出处置意见。

分析与解答：

（1）事故隐患的处理：

1）项目经理部应对存在隐患的安全设施、过程和行为进行控制，确保不合格设施不使用、不合格物资不放行、不合格过程不通过，组装完毕后应进行检查验收。

2）项目经理部应确定对事故隐患进行处理的人员，规定其职责和权限。

3）事故隐患的处理方式包括：停止使用、封存；指定专人进行整改以达到规定要求；

进行返工，以达到规定要求；对有不安全行为的人员进行教育或处罚；对不安全生产的过程重新组织。

4）验证：项目经理部安检部门必要时对存在隐患的安全设施、安全防护用品整改效果进行验证；对上级部门提出的重大事故隐患，应由项目经理部组织实施整改，由企业主管部门进行验证，并报上级检查部门备案。

（2）为防止安全事故的发生，施工员应该：

1）马上下达书面通知，停止脚手架的搭设。

2）现场封存此批扣件，不得再用。

3）向有关负责人报告并送法定检测单位进行检验。

4）扣件检验不合格，将所有扣件清出现场，追回已使用的扣件，并向有关负责人报告追查不合格产品的来源。

（3）脚手架工程交底与验收的程序：

1）脚手架搭设前，应按照施工方案要求，结合施工现场作业条件和队伍情况，做详细的交底。

2）脚手架搭设完毕，应由施工负责人组织，有关人员参加，按照施工方案和规范规定分段进行逐项检查验收，确认符合要求后，方可投入使用。

3）对脚手架检查验收应按照相应规范要求进行，凡不符合规定的应立即进行整改，对检查结果及整改情况，应按实测数据进行记录，并由检测人员签字。

3. 识别施工现场与人的不安全行为有关的危险源，提出处置意见

【案例 17-6】

背景：

某建筑公司承揽了部分工程项目的施工任务。2020 年 5 月 19 日，施工人员进行基础回填作业时，由于回填的土方集中，致使该工程一侧的保护墙受侧压力的作用，呈一字形倒塌。经调查，在基础回填作业中，施工人员未认真执行施工方案，砌筑的墙体未达到一定强度就进行回填作业。在施工中，现场管理人员对这一现象又未能及时发现，监督检查不力。

问题：

（1）简要分析造成这起事故中与人的不安全行为有关的原因。

（2）基础施工阶段，就施工安全控制要点提出处置意见。

分析与解答：

（1）造成这起事故的人的原因：

1）施工人员违反施工技术交底的有关规定，防水墙体未达到一定强度就开始进行回填，且一次回填的高度超过规定要求，回填的土方相对集中。

2）负责施工的管理人员，对施工现场安全状况失察。

（2）基础施工阶段，施工安全控制要点有：

1）挖土机械作业安全。

2）边坡防护安全。

3）降水设备与临时用电安全。

4）防水施工时的防火、防毒。

5）人工挖扩孔桩安全。

4. 识别施工现场与管理缺失有关的危险源，提出处置意见

【案例 17-7】

背景：

某住宅小区工程，其中 23 号、24 号两栋高层住宅由某建筑集团公司承建，均为地下 1 层，地上 18 层，建筑面积 31000m²，框架-剪力墙结构，2020 年 9 月 1 日工程正式开工。2021 年 5 月 9 日晚 10：00 左右现场夜班塔吊司机在穿越在建的 24 号楼裙房的上岗途中，因夜幕降临，现场管线较暗，不慎从通道附近的⑬～⑭轴间的 1.5m 长、0.38m 宽没有加设防护盖板和安全警示的洞口坠落至 2.3m 深的地下地面，由于地面土质松软，司机只受轻伤。

问题：

（1）由于管理缺失，该现场存在哪些安全危险源？

（2）安全警示标牌的设置原则是什么？

（3）对施工现场通道附近的各类洞口与基槽等处的安全警示和防护有哪些处置要求？

分析与解答：

（1）该现场存在安全危险源：事发地点的光线较暗，洞口没有加设防护盖板，临近处也没有设置相应的安全警示。

（2）安全警示标牌的设置原则是标准、安全、醒目、便利、协调、合理。

（3）施工现场通道附近的各类洞口与基槽等处除了设置防护设施与安全标志外，夜间还应设红灯警示。

十八、调查分析施工质量、职业健康安全与环境问题

（一）专业技能概述

1. 分析施工质量问题

建筑工程由于工程质量不合格、质量缺陷，必须进行返修、加固或报废处理，并造成或引发经济损失、工期延误或危及人的生命和社会正常秩序的事件，当造成的直接经济损失低于 5000 元时称为工程质量问题；直接经济损失在 5000 元（含 5000 元）以上的称为工程质量事故。

建筑工程由于施工工期较长，所用材料品种又十分繁杂，同时，社会环境和自然条件各方面的异常因素的影响，使产生的工程质量问题表现形式千差万别，类型多种多样。虽然每次发生质量问题的类型各不相同，但是通过对大量质量问题调查与分析发现，其发生的原因有不少相同或相似之处，常见的质量问题发生的原因归纳起来，最主要的有以下八个方面，在这些问题中，最频繁出现的是施工与管理方面的问题。

（1）违背建设程序。

（2）违反现行法规行为。

（3）工程地质勘察失真。

（4）设计计算差错。

（5）施工与管理不到位。

（6）使用不合格的原材料、制品及设备。

（7）自然环境因素。

（8）结构使用不当。

问题原因分析是确定问题处理措施方案的基础。正确的处理来源于对问题原因的正确判断，只有对提供的调查资料、数据进行详细、深入的分析后，才能由表及里、去伪存真，找出造成缺陷的真正原因。为此，质量管理人员应当组织设计、施工、建设单位等各方参加事故原因分析。

2. 职业健康安全与环境

职业健康安全是指影响工作场所内员工、临时工作人员、合同方人员、访问者和其他人员健康安全的条件和因素。职业健康安全管理体系是总的管理体系的一部分，便于组织对与其业务相关的职业健康风险的管理。它包括为制定、实施、实现、评审和保持职业健康安全方针所需的组织结构、策划活动、职责、惯例、程序、过程和资源。

环境是指组织运行活动的外部存在，包括空气、水、土地、自然资源、植物、动物、

人，以及它们之间的相关关系。环境管理体系是整个管理体系的一个组成部分，包括制定、实施、实现、评审和保持环境方针所需的组织的结构、计划活动、职责、惯例、程序、过程和资源。

3. 专业技能要求

通过学习和训练，能够分析判断施工质量问题的类别、原因和责任；能够分析判断安全问题的类别、原因和责任；能够分析判断环境问题的类别、原因和责任。

（二）工程案例分析

1. 分析判断施工质量问题的类别、原因和责任

【案例 18-1】

背景：

某工程基坑填方出现橡皮土，从而造成建筑物不均匀下沉，出现开裂。直接经济损失4800元。经调查还得知承包单位将裙楼部分转包给等级相等企业施工完成。

问题：

（1）分析填方出现橡皮土的原因。

（2）如何防止填方出现橡皮土？

（3）该质量问题责任如何划分？为什么？

分析与解答：

（1）造成填方橡皮土的主要原因有：在含水量很大的黏土或粉质黏土、淤泥质土、腐殖土等原状土地基上进行回填，或采用上述土料进行回填时，由于原状土被扰动，颗粒之间的毛细孔被破坏，水分不易渗透和散发。当施工气温较高时，对其进行夯击或碾压，表面易形成一层硬壳，更阻止了水分的渗透和散发，使土形成软塑状态的橡皮土。这种土埋藏越深，水分散发越慢，长时间内不易消失。

（2）防止措施

1）夯（压）实填土时，应适当控制填土的含水量。

2）避免在含水量过大的黏土、粉质黏土、淤泥质土和腐殖土等原状土上进行回填。

3）填方区如有地表水，应设排水沟排水；如有地下水，地下水水位应降低至基底0.5m以下。

4）暂停一段时间回填，使橡皮土含水量逐渐降低。

5）用干土、石灰粉和碎砖等吸水材料均匀掺入橡皮土中，吸收土中的水分，降低土的含水量。

6）将橡皮土翻松、晾晒、风干至最优含水量范围，再夯（压）实。

7）将橡皮土挖除，然后换土回填夯（压）实，回填 3：7 灰土和级配砂石夯（压）实。

（3）该事故主要责任在分包商。总承包商负连带责任。因总承包商将主体工程转包给他人，违反了《建筑法》及《建设工程质量管理条例》的相关规定。

2. 分析判断安全问题的类别、原因和责任

【案例 18-2】

背景：

某公司承接了小区 9 号楼的施工任务。2021 年 9 月 16 日，电焊工张某在工地 9 层楼梯间进行配电箱避雷跨接作业。电焊机原来放在 11 层，他本应从楼内将焊机移到 9 层或从内拉线进行作业，但张某图省事欲将电焊机从 11 层通廊外扔向 8 层通廊，结果焊把线落到了 8 层通廊顶槽内，王某就从 9 层窗口去够焊把线，因重心失稳，不幸从 9 层窗口坠到首层采光井顶板上，当场死亡。经调查，电焊工张某是刚刚来此做工不久的农民，虽然经过了培训，考核合格，但还未拿到特种作业上岗证。该项目安全管理工作涣散，制度执行不力，缺乏对职工进行安全生产有关法律、法规知识的培训教育，造成施工人员在法律知识和安全意识上淡漠，违章冒险蛮干。

问题：

（1）分析造成这起事故的原因。

（2）简述分部工程安全技术交底的要求和主要内容。

分析与解答：

（1）这起由高处坠落所引起的事故主要原因如下：

1）作业中缺乏相互监督，无人制止违章行为，反映出该施工单位安全管理不到位。

2）违反了特种作业人员必须持证上岗的规定。

3）对作业人员未进行安全生产法律、法规的教育，安全培训工作不到位。

4）电焊工张某缺乏安全常识，自我保护意识差，违章、冒险、蛮干。

（2）分部工程安全技术交底要求：

安全技术交底工作在正式作业前进行，不但口头讲解，而且应有书面文字材料，并履行签字手续，施工负责人、生产班组、现场安全员三方各留一份。安全技术交底是施工负责人向施工作业人员进行责任落实的法律要求，要严肃认真地进行，不能流于形式。交底内容不能过于简单，千篇一律，应按分部分项工程和针对具体的作业条件进行。

安全技术交底内容：

1）按照施工方案的要求，在施工方案的基础上对施工方案进行细化和补充；

2）对具体操作者讲明安全注意事项，保证操作者的人身安全。

3. 分析判断环境问题的类别、原因和责任

【案例 18-3】

背景：

某写字楼项目位于城市中心地带，一期工程建筑面积 30000m²，框架-剪力墙结构，箱形基础。施工现场设置一混凝土搅拌站。由于工期紧，混凝土需用量大，施工单位自行决定实行"三班倒"连续进行混凝土搅拌和浇筑作业，周边社区居民对此意见很大，纷纷到现场质询并到有关部门进行投诉，有关部门对项目部进行了经济处罚，并责成项目部进行了整改。

问题：

（1）建筑工程施工常见的引发噪声排放的重要因素有哪些？

（2）《建筑施工场界环境噪声排放标准》规定的建筑工程结构施工阶段的噪声限值是多少？

（3）施工现场因特殊情况确实需要夜间施工的，应该怎么办？

分析与解答：

（1）建筑工程施工常见的引发噪声排放的重要因素主要有施工机械作业、模板拆除、清理与修复作业、脚手架安装及拆除作业等产生的噪声排放。

（2）建筑工程结构施工阶段噪声限值：白天施工不允许超过 70dB，夜间施工不允许超过 55dB。

（3）夜间施工措施：施工现场因特殊情况确实需要夜间施工的，除采取一定降噪措施外，还需要办理夜间施工许可证明，并公告附近社区居民。

十九、记录施工情况，编制相关工程技术资料

（一）专业技能概述

记录施工情况包括：记录分部分项工程名称、开工时间、完成时间、施工工艺、完成情况、未完成情况、未完成原因及其他情况等。

施工资料是建筑工程在工程施工过程中形成的资料，包括施工管理资料、施工技术资料、施工进度及造价资料、施工物质资料、施工记录、施工试验记录及检测报告、施工质量验收记录、竣工验收资料8类。施工员在施工中首先会碰到并应保存好施工中工程技术等原始资料，如隐蔽工程资料、技术核定单等。

专业技能要求：通过学习和工作实践，施工员应能够填写施工日志，编写施工记录；能够编写分部分项工程施工技术资料，编制工程施工管理资料。

（二）工程案例分析

1. 填写施工日志，编写施工记录

【案例 19-1】

背景：

某写字楼工程，工程设计为剪力墙结构，抗震设防烈度8度，结构和内隔墙采用加气混凝土砌块。根据场地条件、周围环境和施工进度计划，本工程采用商品混凝土，加工厂、堆放材料的临时仓库以及水、电、动力管线和交通运输道路等各类临时设施均已布置，基础工程施工完成，工程进入施工阶段。

问题：

（1）什么叫施工日志，施工日志有何作用？

（2）怎样记施工日志？举例说明。

分析与解答：

（1）施工日志及其作用

施工日志是现场施工管理人员每天工作的写实记录。作为现场的项目经理、项目工程师（施工员）、质量员、安全员等均应作施工日志。施工日志是自工程开工之日起，到竣工验收全过程的最原始的记录和写实，是反映工程施工过程中的具体情况。作为项目施工的管理人员，尤其是项目工程师（施工员）更应作为一项重要工作来抓。施工日志是建筑产品的说明书，在必要时将对工程起重大的作用。

施工日志的作用包括以下几个方面：

1）施工日志是工程实施的写照，这份原始资料是当工程有什么问题或需要数字依据

时的查考辅助资料。

2）施工日志是施工实践行为表述和记录的"档案"。

3）施工日志也是施工人员积累技术经济经验，总结工程教训，增长才干的自我财富。如工程中如何处理某个技术问题的，如何解决和保证某个分项质量等。

4）施工日志是施工人员提高文字书写水平的一个"练兵场"，也是工程完成后书写工程或技术小结的查考依据，还是今后撰写论文的锻炼基础。总之，施工日志不可忽视。

（2）施工日志的记录方法

1）记录当天的重要工作情况。但目前表格式的施工日志形式，局限性太大。作为施工人员可用练习本记录后摘录至现行表格式的框内，对号入座。内容大致为日期、天气、温度、主要工作及形象进度。

2）记录当天的主要技术、质量、安全工作。内容如技术要求、图纸变更、施工关键、质量情况、有无安全隐患及事故以及如何处理解决的。

3）进行技术交底的情况、资料质量情况、配合比情况等均应有所记录。

4）对施工日志的书写记录应实事求是，真实可靠。字迹应清楚，态度应认真。

按目前常用格式记录的施工日志，实例见表 19-1。

施工日志   表 19-1

20　年　月　日

气候	上午	下午	温度	最高	最低	平均
	晴	晴		22℃	14℃	18℃
工程形象进度	今天施工框架二层柱子支模。正在进行 A 轴及 B 轴两列模板支撑，尚有 C 轴在做准备工作，支三层平台的支模排架也开始定位，并往上运输支模钢管及扣件					
施工班组操作部位	柱模支撑由××班组进行人员共 24 人。 柱子断面尺寸为 400mm×400mm，均用九夹板胶合板木模支撑以保证混凝土外观良好，板内侧均已涂刷隔离剂					
工程质量情况	下午对已支柱模进行检查，在高度 1.5m 以下部分支撑箍间距 600mm，1.5m 以上间距 800mm，符合模板施工方案。柱模底一侧已留清扫孔，总体质量良好					
安全生产	全天无安全事故，但安全检查时，发现外侧临边的防护有些地方尚应加固补齐					
技术交底，材料构件进场，工程变更，混凝土、砂浆试块制作等，其他记事	支模前对柱子轴线等均进行了复核，复核图纸要求。支模工作亦进行了交底，交底书已存档，并经××组长签字。 记事：在浇混凝土前别忘了清扫出柱内脏物，及湿润底部已浇的混凝土，并封好下部清扫孔模板					

2. 编写分部分项工程施工技术资料，编制工程施工管理资料

【案例 19-2】

背景：

某写字楼大厦是一座现代化的智能型建筑，框架-剪力墙结构，地下 3 层，地上 27

287

层，建筑面积 5.6 万 m²，施工总承包单位是某建筑公司，由于该工程设备先进，要求高，因此该公司将机电设备安装工程分包给香港某公司。

问题：

(1) 该工程施工技术竣工档案应由谁上交城建档案馆？

(2) 香港某公司的竣工资料直接交给建设单位是否正确？为什么？

(3) 建设方在工程档案管理方面的职责是什么？

(4) 该工程施工总承包单位和分包方香港某公司在工程档案管理方面的职责是什么？

分析与解答：

(1) 该工程施工技术竣工档案应由建设单位上交城建档案馆。

(2) 不正确。因为按规定香港某公司的竣工资料应先交给施工总承包单位，由施工总承包单位统一汇总后交建设单位，再由建设单位上交到城建档案馆。

(3) 建设方在工程档案管理方面的职责：

1) 在工程招标及与勘察、设计、施工、监理等单位签订协议合同时，应对工程文件的套数、费用、质量、移交时间等提出明确的要求。

2) 收集和整理工程准备阶段、竣工验收阶段形成的文件，并应进行立卷归档。

3) 负责组织、监督和检查勘察、设计、施工、监理等单位的工程文件的形成、积累和立卷归档工作。

4) 收集和汇总勘察、设计、施工、监理等单位立卷归档的工程档案。

5) 在组织工程竣工验收前，应提请当地的城建档案管理机构对工程档案进行验收。未取得工程档案验收认可文件，不得组织竣工验收。

6) 对列入城建档案馆接收范围的工程，工程竣工验收后 3 个月内，向当地城建档案馆移交一套符合规定的工程档案。

(4) 工程档案管理方面的职责分工：总承包单位负责收集、汇总各分包单位形成的工程档案，并应及时向建设单位移交。分包单位应将本单位形成的工程文件整理、立卷后及时移交总承包单位。

【案例 19-3】

背景：

某建筑装饰工程，竣工资料列入城建档案馆接收的范围。施工合同约定的施工内容包括：建筑地面、抹灰、门窗、吊顶、轻质隔墙、饰面板（砖）、幕墙、涂饰、裱糊与软包工程等。开工前，项目经理主持编制施工组织设计，制定了质量控制资料的编制计划，质量编制计划的内容包括：施工文件、竣工图和竣工验收文件，竣工资料不少于 3 套。工程于 2020 年 10 月 1 日竣工。

问题：

(1) 项目经理主持编制的质量控制资料编制计划内容是否全面？

(2) 2021 年 2 月 10 日，建造师负责将该工程的质量控制资料移交建设单位。请问该建造师移交资料的时间合理吗？

分析与解答：

(1) 不全面。因为质量控制资料——工程文件包括工程准备阶段文件、监理文件、施工文件、竣工图和竣工验收文件。本案例资料编制的内容没有包括工程准备阶段文件和监理文件。

（2）不合理。因为对列入城建档案馆接收范围的工程，工程竣工验收后 3 个月内，建设单位向当地城建档案馆移交一套符合规定的工程档案。因此施工单位应在竣工验收 3 个月内，向建设单位移交本单位形成的符合规定的工程文件。

二十、利用专业软件对工程信息资料进行处理

（一）专业技能概述

1. 工程信息资料管理

工程信息资料管理是指对信息资料的收集、整理、处理、储存、传递与应用等一系列工作的总称。管理信息资料的目的就是通过有组织的信息流通，使决策者能及时、准确地获得相应的信息。

项目的信息资料包括项目经理部在项目管理过程中的各种数据、表格、图纸、文字、音像资料等，在项目实施过程中，应积累以下项目基本信息：

（1）公共信息：包括法规和部门规章制度，市场信息，自然条件信息。

（2）单位工程信息：包括工程概况信息，施工记录信息，施工技术资料信息，工程协调信息，过程进度计划及资源计划信息，成本信息，商务信息，质量检查信息，安全文明施工及行政管理信息，交工验收信息。

2. 工程项目信息资料管理工作的原则

在进行建设工程信息管理中应遵循以下基本原则：

（1）标准化原则。项目的实施过程中信息的分类应统一，信息流程规范，控制报表力求格式化和标准化。

（2）有效性原则。项目管理人员所提供的信息应针对不同层次管理者的要求进行适当加工，针对不同管理层提供不同要求和浓缩程度的信息。

（3）定量化原则。建设工程产生的信息不应是项目实施过程中产生数据的简单记录，应该经过信息处理人员的比较与分析。

（4）时效性原则。建设工程的信息都有一定的生产周期，如月报表、季度报表、年度报表等，这都是为了保证信息产品能够及时服务于决策。

（5）高效处理原则。通过采用高性能的信息处理工具，尽量缩短信息在处理过程中的延迟，项目管理人员的主要精力应放在对处理结果的分析和控制措施的制定上。

（6）可预见原则。建设工程产生的信息作为项目实施的历史数据，可以用于预测未来的情况，项目管理者应通过采用先进的方法和工具为决策者制定未来目标和行动规划提供必要的信息。如通过对以往投资执行情况的分析，对未来可能发生的投资进行预测，作为采取事先控制措施的依据，这在工程项目管理中也是十分重要的。

3. 工程项目信息流程

（1）自上而下的信息流

自上而下的信息流，是指主管单位、主管部门、业主、工程项目负责人、检查员、班

组工人之间由上向其下级逐级流动的信息，即信息源在上，接受信息者是其下属。这些信息主要是指建设目标、工作条例、命令、办法及规定、业务指导意见等。

（2）自下而上的信息流

自下而上的信息流，是指下级向上级流动的信息。信息源在下，接受信息者在上。主要指项目实施中有关目标的完成量、进度、成本、质量、安全、消耗、效率等情况，此外，还包括上级部门关注的意见和建议等。

（3）横向间的信息流

横向流动的信息指项目管理工作中，同一层次的工作部门或工作人员之间相互提供和接收的信息。这种信息一般是由于分工不同而各自产生的，但为了共同的目标又需要相互协作互通有无或相互补充，以及在特殊、紧急情况下，为了节省信息流动时间而需要横向提供的信息。

（4）以信息管理部门为集散中心的信息流

信息管理部门为项目决策作准备。因此，既需要大量信息，又可以作为有关信息的提供者。他是汇总信息、分析信息、分散信息的部门，帮助工作部门进行规划、任务检查、对有关专业技术问题进行咨询。因此，各项工作部门不仅要向上级汇报，而且应当将信息传递给信息管理部门，以有利于信息管理部门为决策做好充分准备。

（5）工程项目内部与外部环境之间的信息流

工程项目的业主、承建商、监理单位、设计单位、建设单位、质量监督主管部门、有关国家管理部门和业务部门，都不同程度地需要信息交流，既要满足自身的需要，又要满足与环境的协作要求，或按国家规定的要求相互提供信息。

4. 收集信息的加工整理

对收集信息进行加工，是信息处理的基本内容。其中包括对信息进行分析、归纳、分类、计算比较、选择、建立信息之间的关系等方面的工作。

5. 工程项目文档管理

项目管理信息大部分是以文档资料的形式出现的，因此项目文档资料管理是日常信息管理工作的一项主要内容。工程项目文档资料是有形的，是信息或数据的载体，它以记录的方式存在，具有集中、归档的性质。对项目文档资料作科学系统的管理，能使项目实施过程规范化、正规化，提高项目管理的工作效率，确保项目归档文件材料的完整性和可靠性。项目文档资料管理是具体的，它的工作主要包括文档资料传递流程的确定，文档资料登录和编码系统的建立，文档资料的收集积累、加工整理、检索保管、归档保存和提供利用服务等。

工程项目文档资料包括各类有关文件，项目信件、设计图纸、合同书、会议纪要、各种报告、通知、记录、鉴证、单据、证明、书函等文字、数值、图表、图片以及音像资料。

（1）项目文档资料的传递流程

确定项目文档资料的传递流程是要研究文档资料的流转通道及方向，研究资料的来源、使用者和保存节点，规定传输方向和目标。项目管理班子中的信息管理人员应是文档资料传递渠道的中枢，所有文档资料都应统一归口传递至信息管理者，进行集中收发和管理，以避免散落和遗失。信息管理人员在将接收到的文档资料经加工整理，归类保存后，再按信息规划规定的传递渠道传递给文档资料的接收者。同时，信息管理人员也应按照文档资料的内容，有目的把有关信息传递给其他相关的接收者。当然，项目管理人员根据需要随时都可自行查阅经整理分类后的文档资料。

作为负责项目文档资料的管理人员必须熟悉各项项目管理的业务，通过研究分析项目文档资料的特点和规律对其进行科学管理，使文档资料在项目管理中得到充分利用，提供有效服务。除此之外，信息管理人员还应全面了解和掌握项目建设的进展情况和项目管理工作开展的实际情况，结合对文档资料的整理分析，对重要信息资料进行摘要综述，编制相关工程报告。

（2）项目文档资料的登录和编码

信息分类和编码是文档资料科学管理的重要手段。任何接收或发送的文档资料均应予以登记、建立信息资料的完整记录。对文档资料作登录，就把它们列为项目管理单位的正式资源和财产，可以有据可查，便于归类、加工和整理，并可通过登录，掌握归档资料及其变化情况，有利于文档资料的清点和补缺。

为便于登录和归类，利用计算机对项目文档进行管理，需要对文档资料进行统一编码，建立编码系统，确定分类归档存放的基本框架结构。为文档资料所赋予的独特的识别符号如字符和数字等，就可给出信息资料的编码，而编码结构则是表示文档资料的组成方式和相互间的关系。

（3）项目文档资料的存放与项目文档

为使文档资料在项目管理中得到有效的利用和传递，需要按科学方法将文档资料存放与排列。随着工程建设的进程，信息资料的逐步积累，数量会越来越多，如果随意存放，需要时必然查找困难，且极易丢失。存放与排列可以编码结构的层次编码作为标识，将文档资料一件件、一本本地排列在书架上，位置应明显，易于查找。

为做好项目建设档案资料的管理工作，全面、完整地反映工程建设和项目管理的工作活动和成果，客观记录项目建设的整个历史过程，充分发挥档案资料在项目建设、项目建成以后的使用管理，以及项目维护中的作用，应将文档资料整理归档、立卷、装订成册。工程项目、信息资料经过科学系统地组合与排列，才能成为系统的、完整的文档。为项目管理服务；同时，作为归档保存的项目文件。

6. 专业技能要求

通过学习和工作实践，施工员应能够利用专业软件输入、输出、汇编施工信息资料；利用专业软件加工处理施工信息资料。

（二）工程案例分析

1. 利用专业软件输入、输出、汇编施工信息资料

【案例 20-1】

背景：

某钢筋混凝土框架结构住宅楼工程，建筑层数为 16 层，施工现场项目部采用资料管

理专业软件进行施工信息资料管理。

问题：

（1）工程资料管理软件有哪些特点？

（2）输入、输出、汇编施工信息资料应注意哪些事项？

分析与解答：

（1）工程资料管理软件的特点

1）软件提供了快捷、方便的施工所需各种表格（材料试验记录、施工记录及预检、隐检等）的输入方式。

2）具有完善的施工技术资料数据库的管理功能，可方便地查询、修改、统计汇总。

3）实现了从原始资料录入到信息检索、汇总、维护、后期模板添加、修改、删除等一体化管理。

4）所有表格与 Excel 兼容，方便调整修改，所见即所得的打印输出。

5）软件内置了自动填表功能，工程的相同信息可以很方便填写，不必重复录入，大大减轻了工作量。公用信息用户可以只进行一次定义，所有新建表格自动填写。软件中增加了 Windows 中没有的特殊符号字体库，弥补了 Windows 系统不能输入建筑特殊符号的缺陷。

6）软件提供的表格多，满足各种用户的需求，同时可以免费升级当地表格库。

7）软件自身内置了国家的最新验收规范和填表说明，查阅方便，而且规范，资料可以自由复制、粘贴。

8）用软件来管理日常的资料，以目录树的形式调用，比较系统化，软件有关键词表格查询，可以瞬间找到所需要的表格。方便查询，大大减轻资料员的工作量，同时提高工程进度，真正为建设单位、监理单位、施工单位带来收益。

（2）输入、输出、汇编施工信息资料注意事项

1）选择合适的专业软件。专业软件运行的软硬件环境；软件安装是否简便，采取B/S 方式还是客户端；操作界面友好性；数据的导入/导出方式；软件与平时工作的吻合度；能否满足施工现场工程信息资料的输入、输出、汇编等；专业软件是成熟生产还是专门为本公司定制；软件的兼容性、容错能力；软件与其他系统的数据接口，如何保证数据的统一。

2）信息的输入。输入方法除手动输入外，能否用 Excel 等批量导入，能否采取条形码扫描输入；信息输入格式；继承性，减少输入量。

3）信息的输出。输出设备对常用打印设备兼容；能否用 Excel 等批量导出，供其他系统分析使用；信息输出版式，根据用户需要可否自行定制输出版式。

4）信息的汇编。根据需要可对各类信息进行汇总统计；不同数据的关联性，源头数据变化，与之对应的其他数据都应自动更新。

2. 利用专业软件加工处理施工信息资料

【案例 20-2】

背景：

某写字楼工程，地下 3 层，地上 24 层，框架-剪力墙结构，首层中厅高 12m。施工现

场采用专业软件进行施工信息资料管理。

问题：

（1）请建立新建工程施工资料管理平台。

（2）施工现场如何进行物资采购和使用等方面的管理？

分析与解答：

（1）新建工程施工资料管理

选择建设工程资料管理软件，新建工程所有关于此工程的表格会存放在此工程下面。点击"新建工程"，根据工程情况输入工程名称（上海某写字楼资料表格），确定后进入表格编制窗口。

确定之后进入资料编制区软件显示接口，如图 20-1 所示。

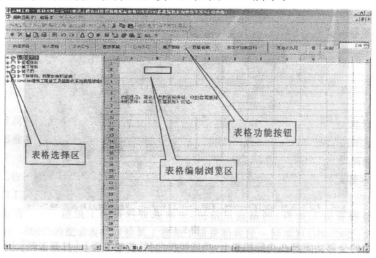

图 20-1　资料编制区软件显示接口

1）表格选择区

《建筑工程资料管理规程》中所有表格都在表格选择区中，资料类别包括基建资料、监理资料、施工资料、竣工图、工程资料，档案封面和目录，市政、建筑工程施工质量验收系列规范标准表格文本、安全类表格、智能建筑类表格。

2）表格功能选择区（图 20-2）。

图 20-2　表格功能选择区

在表格功能选择区中，根据需要，完成新建表格、导入表格、复制表格、查找表格、删除表格、展开表格等操作。读者根据各功能提示信息，完成相关工作。

（2）施工现场物资采购和使用等方面的管理

根据工程规模、进度计划、物资计划，制定物资采购计划，进行物资使用情况记载，采用专业软件进行统计分析。利用专业软件进行如下工作：

1）制定物资采购计划，根据审批的物资采购计划安排采购。

2）按规定的流程审批物资领用，随时掌握物资库存情况。

3）根据库存情况及工程需要物资，微调物资采购计划，使物资满足施工方面的需要。

4）定期分析数据，减少浪费和库存的积压，向领导提供决策依据。

5）根据工程资料报备的需要，打印输出相关数据。

主要参考文献

［1］ 危道军. 施工员岗位知识与专业技能(第二版)[M]. 北京：中国建筑工业出版社，2017.

［2］ 危道军. 工程项目管理(第5版)[M]. 武汉：武汉理工大学出版社，2021.

［3］ 危道军. 建筑施工技术(第三版)[M]. 北京：科学出版社，2021.

［4］ 危道军. 建筑施工组织(第五版)[M]. 北京：中国建筑工业出版社，2021.

［5］ 危道军. 招投标与合同管理实务(第四版)[M]. 北京：高等教育出版社，2021.

［6］ 危道军，胡永骁. 建筑工程制图(第二版)[M]. 北京：高等教育出版社 ，2018.

［7］ 全国二级造价工程师(湖北地区)职业资格考试培训教材编审委员会. 建设工程计量与计价实务[M]. 北京：中国建筑工业出版社，2022.

［8］ 全国二级造价工程师(湖北地区)职业资格考试培训教材编审委员会. 建设工程计量与计价实务习题集[M]. 北京：中国建筑工业出版社，2022.

［9］ 危道军主编. 二级注册建造师继续教育教材管理综合[M]. 武汉：武汉理工大学出版社，2019.

［10］ 全国二级建造师执业资格考试用书编写委员会. 建筑工程管理与实务[M]. 北京：中国建筑工业出版社，2021.

［11］ 全国二级建造师执业资格考试用书编写委员会. 建设工程施工管理[M]. 北京：中国建筑工业出版社，2021.